本书由中国城市规划设计研究院资助出版

场景营城：理论与实践

王忠杰　高　飞　王　璇等　著

U0302964

科学出版社

北京

内 容 简 介

"场景"是目前规划设计界讨论的热点话题，"场景营城"是城市规划领域在中国存量更新阶段，以人为核心，提质生活、转化生态、赋能生产，通过舒适物系统的人性化设计，实现高质量发展的全新技术方法。本书围绕场景营城，介绍了场景理论的来源、全球实践经验及在中国的发展，阐述了场景营城的内涵价值、技术体系、规划方法和实施路径，并通过国内的实践案例介绍了场景营城在城市更新、促进消费、生态保护、乡村发展等领域的多元运用。

本书可作为高等院校城乡规划、景观设计、经济、管理等相关学科的科研与教学参考用书；也可供规划、设计相关行业从业人员和管理人员参考。

审图号：GS京（2024）2152号

图书在版编目（CIP）数据

场景营城：理论与实践 / 王忠杰等著. -- 北京：科学出版社，2025. 1.
ISBN 978-7-03-080045-9

Ⅰ. TU984.2

中国国家版本馆CIP数据核字第2024FZ6825号

责任编辑：石　珺 / 责任校对：郝甜甜
责任印制：徐晓晨 / 封面设计：楠竹文化

科学出版社 出版
北京东黄城根北街 16 号
邮政编码：100717
http://www.sciencep.com
北京建宏印刷有限公司印刷
科学出版社发行　各地新华书店经销
*
2025年1月第　一　版　　开本：787×1092　1/16
2025年1月第一次印刷　　印张：16 1/2
字数：385 000
定价：178.00元
（如有印装质量问题，我社负责调换）

王忠杰

中国城市规划设计研究院副总工程师、风景院院长，教授级高级工程师，北京林业大学特聘校外博士生导师。兼任国家长城文化公园规划建设专家委员会委员，住建部科技委园林专家委员会委员兼秘书长，中国风景园林学会规划设计分会会长，《中国园林》《自然保护地》《风景园林》杂志编委。

主要研究方向为国家公园与城市生态保护建设、滨海地区资源保护利用、城市更新与城市绿地公园景观规划设计。合著和译著了《园境》《催化与转型："城市修补、生态修复"的理论与实践》等书籍；独著和合著论文 30 余篇。

主持和参与了"黄帝陵国家文化公园总体规划""三亚两河景观规划设计"等 50 余项规划设计项目。荣获住建部华夏建设科技进步奖，住建部优秀城乡规划设计奖，中国风景园林学会优秀规划设计奖、科技进步奖等。

高飞

中国城市规划设计研究院风景院景观所所长，河北雄安新区勘察设计协会城市设计分会副理事长，商务部商业步行街专家组成员。

长期从事城市规划设计工作，负责参与规划设计百余项，包括雄安新区、武汉、重庆、合肥、青岛、福州、成都、张家界、乌鲁木齐、威海、北海银滩、杭州西溪等重要城市和片区的发展战略研究、总体规划、详细规划及城市更新，荣获全国和省级规划设计奖项十余项。近年来，侧重于城市场景营建研究工作，主持了重庆市"山水之城 美丽之地"场景营城规划及重庆观音桥商圈、重庆三峡广场商圈、武汉江汉路步行街、呼和浩特塞上老街等多个重要城市片区的场景营建与品质提升设计工作。

王璇

中国城市规划设计研究院高级工程师，注册城乡规划师。主要研究方向为场景营城、城市更新与品质提升、城市公园绿地开放共享等。

多次荣获中国城市规划学会、中国风景园林学会、山东省、福建省、北京市优秀规划设计奖一等奖。多次参与中国勘察设计协会工程建设团体标准、中国风景园林学会团体标准等各类标准规范的撰写工作。参与撰写《海岸带规划》等专著，在《城市规划》《中国园林》等各类核心期刊发表专业论文十余篇。

编写组成员名单

王忠杰　高　飞　王　璇　吕　攀
束晨阳　付彦荣　吴　岩　李路平
郗凯玥　王雪琪　邓　妍　杨芊芊
陈凯翔　李云超　郭　旭　甄仕奇
唐正艺　韩燕敏

序 一

中国的城镇化，在过去四十五年的高速发展过程中，总体上解决了住房、交通、市政等方面"有没有"的问题，带动了 7 亿农民进入城市，新增 400 余座城市，基本完成外延扩张——"乡土中国"变身"城市中国"，创造了世界城市发展史上的奇迹。但随着我国社会主要矛盾的变化，人民群众对更好的居住条件、更优美的生活环境、更完善的公共服务等充满期待，城市建设的要求已经从"有没有"向"好不好"转变。面对人民的新要求，提高城市的品质，以发展质量为核心，进而才能促进中国城镇化高质量发展。

最近几年，特别是 2020 年以后，我国人口总量在下降，城镇化发展速度在减缓，在 2000～2020 年间，我国城镇化率年均增长 1.39 个百分点；从 2020 年起，近 3 年来城镇化率年均增长 0.76 个百分点，城镇化已从"大规模、快速化"转向"中低速、微增长"的时代。在此背景下，如何激发市场活力，促进城市再发展，是未来我国在"十四五""十五五"时期城市建设的题中要义。面对发展的新要求与新变化，谋划好城市发展的新动力是当务之急。

从"七普"人口调查来看，我国人口增长最快的城市是深圳、成都、广州、郑州、西安、杭州、重庆……城市的繁荣动力终究是人的聚集，而开放、包容与多元的场景，是孕育载体也是发展契机，广州生活场景多样且丰富，深圳就业场景多元且活力，上海文化休闲场景多姿且全时，成都交往场景多态且活泼。近年来，如"特种兵式旅游""怕冷的南方人纷纷去哈尔滨过冬""公园 20 分钟效应"……等城市"热搜"表明，城市场景与人群消费"双向奔赴""相互成全"。新经济带来新消费，新消费引来新人群，新人群激发新空间。通过善待人、吸引人，促进人的全面发展，才能真正带动城市的经济和社会发展，才能使城市在竞争中保持长久的活力。

2024 年中央经济工作会议，提出"大力提振消费，提高投资效益，全方位扩大国内需求"的新要求。为满足新消费需求，要服务好新市民、新青年，更重要的是空间场景的新塑造，以建设丰富多彩的城市空间、培育丰富多元的消费场景，提供丰富多样的城市服务，盘活既有空间资源、提升城市活力与品质，留下人、留住人。

如何让城市发展焕发新的生机？如何以创新的视角挖掘城市潜力，构建城市的未来竞争力？这些新思考，贯穿在《场景营城：理论与实践》这本书的探索与实践中。将"场景"作为连接城市空间、消费需求与生活方式的重要媒介，以场景塑造城市品质的新思路，为正在发生深刻转型的中国城镇化提供了新方法。

王凯

2024 年 10 月于北京

序 二

　　风景园林行业落实以人民为中心的发展思想的重要切入点和举措就是建设为人民服务的园林。这种多样化的、精细化的园林服务，需要多种多样的场景来实现。风景园林场景可以回应人民群众对生态环境的迫切需求，可以带给人民群众不可替代的情绪价值，可以传承中华民族特有的文化气质，可以作为城市繁荣和乡村振兴的有效途径，更是落实生态文明和美丽中国建设的专业视角。

　　让风景园林场景融入城乡大生态，守住安全底线。按照人与自然和谐共生的发展理念，合理规划城乡蓝绿空间和公园绿地系统布局，构筑生态基础设施体系，维护城乡生态安全格局。着力修复城乡破损生态，提升城乡生态环境质量，完善生态服务功能。积极应对气候变化，促进全周期降碳增汇减排，加强生物多样性保护，提升城市安全韧性水平。

　　让风景园林场景盘活城市资产，促进城市繁荣。尊重城市发展规律，运用风景园林理念和方法，探索城市绿色发展新模式，推动园林城市、公园城市、花园城市等实践。持续推进公园增量发展和更新提质。提升公园和绿地空间的利用水平，推动多元融合发展，塑造新的消费空间，提升城市活力和竞争力。

　　让风景园林场景拥抱百姓生活，营造百姓园林。坚持人民群众需求导向，推进城市体检评估和更新改造。拓展公园和绿地的综合服务功能，创造新业态、带动新消费。建设人民群众身边的绿道、口袋公园、小微绿地和公共空间，推动各类绿地开放共享。拓展社区、街区、园区、公共活动空间的园林场景建设和更新改造，加强园林和公共空间供给，提升人民群众的幸福感和获得感。

　　让风景园林场景传承文化基因，打造文化名片。关注园林文化价值，梳理各类园林相关文化遗产资源。加强园林文化遗产的挖掘整理、保护传承和活化利用，塑造当代的园林精品，强化中华民族文化气质，丰富人民群众的精神乐园。加强园林文化国际交流，讲好中国园林故事，让中国园林成为国际交往的靓丽名片。

　　让风景园林场景倒逼制度创新，提升治理能力。鼓励公众参与相关法规和政策的制订。科技赋能风景园林创新，支撑行业转型发展，服务人民群众。畅通风景园林专业向社会传播的渠道。通过社会广泛参与，营造共谋共建、共治共享的风景园林行业治理新格局，推动社会治理能力提升。

　　让风景园林场景布满城市、乡村，服务千家万户，装点美丽中国。

2024 年 11 月于北京

序　三

截至 2023 年底，我国常住人口城镇化率达到 66.16%，城镇化进入"下半场"。随着我国经济转型，经济发展的逻辑发生深刻变化，地方政府已经意识到，要不断提高城市的品质和优质公共服务，才能吸引到更多的人才，只有有了人才，才能吸引更多的企业前来投资和兴业，进而推动经济社会发展。

如何提升城市品质与服务？从中西方的城市建设来看，营造城市场景是一个共性。

场景，是诗文画作里人居空间的精彩展现。《秋登宣城谢朓北楼》："江城如画里，山晚望晴空。两水夹明镜，双桥落彩虹。"诗人李白写景状物，站在楼上望见景色，远处的桥梁与晴空相映成画，勾勒出如画的江城和山晚的秋色。《清明上河图》，张择端描绘了北宋时期汴京，商贾云集、船只络绎、摊贩酒楼临河而立，熙熙攘攘的市民生活场景，展现了古代城市的活力繁荣。

放眼国际，后工业化时代，技术的进步，解放了人们的生产方式，催生了"场景"。特里·克拉克、丹尼尔·亚伦·西尔等芝加哥社会学派学者提出了"场景理论"，场景是"生活娱乐设施"的组合，传递着文化和价值观，能够吸引相同价值取向的人群前来居住、生活和工作，最终推动城市更新和经济社会发展。

场景营城，能够细化使用人群的需求度与颗粒度，契合我国城市规划建设，从指标约束的"均质普遍配套"走向需求定制的"个性适配需要"。特别是在当前城市发展进入到城市更新重要时期，城市已经从"有没有"向"好不好"转变，通过场景规划，改善人居环境，增进人民福祉，提升城市魅力、活力与竞争力；并通过场景建设，搭建有效市场、有为政府、多方参与的对话平台，以解决问题、创造价值、促进城市高质量发展。

《场景营城：理论与实践》一书，第一，从"场景"出发，基于国内外的场景认识论，阐释场景的实践路径作用，具有一定的前沿性。第二，该书将中国城市规划设计研究院编制的全国首个"场景规划"——《重庆中心城区"山水之城　美丽之地"场景营城规划》总结成书，展现了"中规智库"在城市规划建设上的技术独创与创新探索。第三，以"场景规划"为方法论，在诸多"中规作品"中应用实践，形成覆盖城乡、增存量并重、多尺度、多维度的规划设计应用，具有指导性与传播性。

希望该书的出版不仅能帮助读者理解场景理论的内涵和应用，还能引发更多关于城市未来规划建设发展的思考与探索，为持续探究更好地满足人民日益增长的美好生活需要、推动城市高质量发展提供参考。

杨保军

2024 年 10 月于北京

前　　言

"场景"是目前规划设计界讨论的热点话题，"场景营城"是中国城市规划设计研究院在中国城镇化发展下半场的创新型技术方法。

当前，中国的城镇化已经步入从"规模扩张"向"效益提质"的存量更新阶段，培育新产业、新税源已经成为政府的核心关注点，着力塑造高能级的产业、高品质的生活。在此背景下，空间内容的策划成为城市规划的新业务领域，要把握城市从建设到运营的全生命周期，从城市规划对土地及空间的建设管控转向对产业及内容的动态策划，最大化兑现空间价值，赋能城市新质生产力发展，更精细、更精准的满足人民对美好生活的需要！

因此，中国城市规划设计研究院总结凝练五年来在场景营城领域的专项研究，整理在重庆市、成都市、武汉市、江苏省、呼伦贝尔市、宜川县等省市县的场景营城实践，撰写出版了《场景营城：理论与实践》，作为"中规智库"系列作品，为中国城市规划设计研究院建院 70 周年献礼，祝愿我院生日快乐，青春永驻！

本书分为上、中、下三个篇章。上篇分为四章，介绍了场景理论的由来与发展，以及场景营城的现实意义；中篇分为三章，介绍了场景营城的战略与体系、建设与实施以及融资与运维；下篇分为四章，介绍了场景营城在不同城市建设领域的运用与发展，助力城市消费、城市更新、生态保护与乡村发展。全书的理论与实践内容具有较高的创新性和实操性，可以帮助城市规划从业者、城市管理者和感兴趣的读者更好地理解场景营城，共同学习，共同探讨。

本书尚存待提升之处，敬请各位读者朋友提出宝贵意见和建议，我们将不断完善书中的观点和内容，为场景营城规划设计方法的发展贡献微薄之力。

在此特别感谢全国工程勘察设计大师、中国城市规划设计研究院王凯院长，中国风景园林学会理事长、住房城乡建设部原总工程师李如生，全国工程勘察设计大师、中国城市规划学会理事长、住房城乡建设部原总经济师杨保军，中国城市规划设计研究院纪委书记张立群，对本书编写工作的指导与支持。

全书总体框架由王忠杰和高飞制定，并由王忠杰、高飞、王璇、束晨阳、付彦荣对全书进行了统稿和修改整理。本书还邀请了工作伙伴对书中部分章节进行了编写，参与本书撰写的主要同志分工如下：第一章由郗凯玥、王璇撰写；第二章由吕攀撰写；第三至六章由王璇撰写；第七章由王璇、吴岩、李云超、唐正艺、甄仕奇撰写；第八章由吕攀、邓妍、王雪琪撰写；第九章由杨芊芊、陈凯翔、郭旭、韩燕敏撰写；第十章由李路平、吕攀撰写；第十一章由吕攀撰写。他们为本书的出版付出了辛勤的劳动，在此对他们的工作表达衷心的感谢！

2024 年 12 月

目　录

1979 年，挪威建筑学家诺伯格舒尔茨在《场所精神》中对场景有所涉及，认为场景即是物化的场所精神。2002 年，拉普卜特提出场景构成作为概念化环境的方式之一，将其定义为人的行为活动在空间中的瞬间印象，将人的行为纳入到场景设计中。可见，场景即在场所中加入人体验的成分。而场景理论的研究，最早可追溯到 1983 年以美国特里·克拉克为代表的新芝加哥学派所领衔的"财政紧缩与都市更新"研究项目（Fiscal Austerity and Urban Innovation, FAUI Project），他们对纽约、伦敦、东京、巴黎、首尔、芝加哥等 38 个国际性大城市、1200 多个北美城市进行了研究，发现影响未来城市增长发展的关键因素已由传统工业向休闲娱乐产业转变，并在期间发表了一系列专著，系统地阐述了国际上首个分析城市文化、美学特征对城市发展作用的理论工具，即场景理论。

　　该理论认为，场景建设依附于丰富且相互关联的舒适物系统。场景的舒适物系统包括物质层面的空间要素和精神层面的氛围要素，如生态景观环境、配套设施、文化品质、服务内容、活动策划等，甚至包括场景中公众的精神状态。这些舒适物要素形成的特定场景蕴含着不同的文化价值取向和生活方式，从而吸引不同的人群前来居住、生活和工作，获得愉悦和自我价值实现的成就感，最终以人力资本的形式带动城市更新与经济发展。场景理论是对城市发展规律和内在动力的长期追认，而非主动创造，具有极强的时代适应性和科学性。

　　场景营城作为完整全面准确贯彻我国新发展理念的城市空间治理新哲学、新美学，更加注重以人为本，更加关注人民群众的获得感、幸福感、安全感，符合以人为核心的新型城镇化要求，是我国城市空间高质量发展的一种创新模式。

上　篇　场景何来——场景与场景营城

第一章

场景理论研究

一、什么是场景

在后工业时代城市发展新旧动能转化时期，以扩大消费为导向的场景营造，成为城市品质提升和文化塑造的新路径，使得空间生产与激发经济活力、引导人群行为、满足美好生活需要紧密结合在一起，成为当下人居环境领域研究的热点之一。

场景最初指戏剧、电影中的场面，后因其概念具备的隐喻特征而逐步为社会学、传播学、营销学、心理学等学科所使用。从既往研究成果来看，场景是描述表征复杂社会关系的、由空间中景物等硬要素和空间氛围等软要素共同构成的人周围景物关系的总和（许晓婷，2016）。由于英汉互译的缘故，中文"场景（理论）"一词习惯性的标准对应英文是的"scene"或"scenescape"，但实际上两种语言中实际含义为"场景"的概念不限于此：中文译为"场景"的梅罗维茨"媒介场景理论"对应的英文词语是"situation"；互联网"场景时代（Age of Context）"的提出者罗伯特·斯考伯及国内吴声所提出的互联网经济领域的"场景"概念，英文均译为"context"；此外，在英语中的同源词汇还有"scenario"，中文常翻译为"情景"或"情景理论"。由于当下对于"场景"问题的探讨很大程度上来自于对外界信息的接受和反馈，而"场景理论"更是属于西风东渐的舶来品。为了深究"场景"概念的内涵逻辑，本书对于场景概念的研究将不囿于中文语境，而从广义的"scene+"视角对场景及其相关理论进行梳理。

在学术理论研究中，"场景"为主题的理论研究主要集中在传播学、城市学和营销学三个领域（表 1-1）。

表 1-1　场景相关概念及内涵

概念领域	概念表述	相关理论及概念	概念内涵
传播学	situation	戈夫曼"拟剧理论"、巴克"行为场景理论"、梅罗维茨"媒介场景理论"	社会行为组织的范围和媒介
	context	斯考伯"场景时代"、吴声"场景革命"	互联网构建的人物互联关系背景
城市学	scene/scenescape	克拉克"场景理论"	城市舒适物设施的组合

续表

概念领域	概念表述	相关理论及概念	概念内涵
营销学	scenario	沃克"情景分析法"	建立在各种关键假设的分析平台
	servicescape/contextual marketing	"服务场景""场景营销"	提供客户所需信息的地点

总体来看，场景具有深厚的社会学渊源，其核心注重于表达建立"万物相连"的人本思想，强调重塑人、事、物之间的相互关系与作用机理。这种人本导向的思维模式逐渐被其他学科引入并拓展丰富了其技术和理论方法，后逐步在传播学、市场营销、信息技术等领域有了广泛的应用。人本位性质的新经济形态兴起（如消费主义、享乐主义）和具备时域性、靶向性、互动性的互联网技术发展是这个过程的主要推动力。21 世纪初，城市社会学运用"场景"概念表达具有社会文化属性的城市空间，而后逐渐成为城市规划学科的关注热点。

（一）场景的发展与演变

场景概念的研究大致可以划分为四个阶段。

第一阶段以 20 世纪 50 年代为标志，其概念原指戏剧、电影中的"场面"，为美国社会学家戈夫曼（E. Goffman）于 1959 年的著作《日常生活中的自我呈现》（*the Presentation of Self in Everyday Life*）中首次提出，用于表达具有影响人的行为活动效应的周围景物关系的总和。社会学导向的场景概念偏向于表达社会空间之于人的作用力，具有代表性的理论有：社会学家埃尔文·戈夫曼（E. Goffman）的"拟剧理论"、生态心理学家巴克（R. Barker）提出的"行为场景理论"、传播学者梅罗维茨（J. Meyrowitz）的"媒介场景理论"。戈夫曼认为社会场景和人们紧密相关，场景规定了我们的行动；他著名的"前台 / 后台"理论将人的社会行为与环境关系比喻为戏剧表演的前台行为和后台行为，说明了社会环境对人际传播和人际交往之间的约束力。巴克从行为学和心理学视角研究了行为与环境的关系，认为环境所具备的物质特征支持着某些固定的行为模式，这种行为模式与个体差异无关（林玉莲和胡正凡，2006）；他将这样的环境称为场所，场所与其中人的行为共同构成了行为场景。传播学者梅罗维茨继承戈夫曼"场景"概念的同时，对其所述的时间、地点、面对面交往等客观限制因素进行了扬弃，认为应当转向对更广泛、更有包容性的"信息获取模式"的研究。梅罗维兹的场景是指一种由媒介信息环境而形成的行为和心理的环境氛围，聚焦于人际交往之间信息传播媒介形式的研究。

第二阶段以 20 世纪 60 年代末传播学领域首次将"场景"作为实用性概念为标志。场景作为一种系统的连接状态和对相关性的刻画与描述方式，常被用作模拟或预测未来变化的方法，以及在预设定基础上对战略选择的研究。具有代表性的有：由荷兰皇家壳牌公司（Royal Dutch /Shell Group of Companies）首先使用的情景战略规划，以及

1971 年由沃克（P. Wack）正式提出的用于企业战略分析中的"情景分析法（Scenario Analysis）"。约翰·卡罗尔（J. Carroll）在人机交互领域提出了以场景为基础的设计理念（Scenario-Based Design），即通过故事的形式生动形象地迅速描绘用户执行任务时的大致情况。

第三阶段以 20 世纪末、21 世纪初信息技术发展为契机，注重将场景作为互联网时代一种新的传播媒介进行探讨，这一阶段的研究正是基于梅罗维茨媒介场景理论的新媒介实践。在《即将到来的场景时代》（*Age of Context: Mobile, Sensors, Data and the Future*）一书中，罗伯特·斯考伯（R. Scoble）和谢尔·伊斯雷尔（S. Israel）提出了依托于互联网技术应用的"场景五力"理论。与之相似，国内吴声在其所著的《场景革命》（*Contextual Revolution*）中，基于场景的传播学特征以及消费时代商业规律，分析其在互联网经济运行中的影响，提出了基于场景的商业营销思路和方法。他认为场景成为"以人为核心的"、新的"价值交换方式和生活方式的表现形态"，而互联网正是其中"连接不同个体制造场景的工具"。立足于互联网经济实践，他提出了"四即"的场景构建方法论，重构传统商业模式中的产品、营销、渠道、定价策略以及流量获取的模型——产品即场景，分享即获取，跨界即连接，流行即流量。

第四阶段是自 21 世纪以来，场景概念与思维方式逐步渗透到建筑空间领域，特里·克拉克针对文化空间提升城市品质与经济活力的能力提出"场景理论"。场景理论的社会学理论逻辑建立在理查德·佛罗里达（R. Florida）、爱华德·格莱泽（E. Glaeser）、特里·克拉克（T. Clark）、丹尼尔·西尔弗（D. Silver）等学者的研究之上。佛罗里达提出在后工业时代城市社会经济模式的主角由工业阶层的商人和工厂主，变成了"创意的提供者"，如科学家、工程师、建筑设计师、作家、画家、音乐家等等，"创意阶层"（Creative Class）成为推动城市发展的中坚力量。他在《创意阶层的崛起》（*The Rise of Creative Class*）一书中，指出创意阶层的兴起和集聚意味着创新创意活动的发生。格莱泽进一步聚焦城市人才的流动规律，在《城市的胜利》（*Triumph of the City*）一书中指出：后工业城市优势体现在吸引高素质人群的能力上，而这种吸引人才的元素不是传统理论强调的经济性因素，而是城市所能提供的文化与生活方式，即城市生活条件（urban amenity）或城市生活品质（local quality）。特里·克拉克和丹尼尔·西尔弗在其所著的《*Scenescapes: How qualities of Place Shape Social Life*》（译名《场景：空间品质如何塑造社会生活》）一书中，首次将场景概念与城市空间和城市建设关联起来。他们基于对城市生活服务设施（舒适物）和地方生活品质的既往研究，通过对加拿大和美国纽约、芝加哥、旧金山等大城市中设施与社会效应的关联分析，总结提出了具有一定社区空间结构、代表人们所具有的种族、阶层、性别、教育背景等个体特征、表征社会文化特征的"场景"概念。特里·克拉克将这种通过文化社会特征带来经济效益产出的特殊城市空间命名为"场景"，希望通过场景具有的文化与价值观"吸引"特定社会特征的群体前来消费、生活和定居，从而带来社会人口结构的变化，刺激新的消费方式从而实现城市生产结构向知识经济转化。

（二）场景、空间与舒适物

新芝加哥学派的场景理论提出场景舒适物（amenity）包括五种要素：邻里社区（neighborhood）；物质结构（physical structures），即城市基础设施；多样性人群，比如由于种族、阶级、性别和教育情况等差异而划分的群体（persons labeled by race，class，gender，education，etc.）；前三个元素以及活动的组合（the specific combinations of these and activities）；场景中所孕育的文化价值观（legitimacy，theatricality and authenticity）。场景五大构成体现了场景作为完整社会空间所具备的经济、文化、社会属性（三者本质上也是场景理论的基础构架）的现实投射，也更加便于抽象社会概念的理解。但在区别和识别场景时，克拉克提出了另外一套指标体系——场景文化特征体系。通过借用社会学领域经典文化研究的理论，以"真实性（authenticity）""合法性（legitimacy）""戏剧性（theatricality）"三个主要维度为基础，构建"3个主维度，15个次维度"用于评价和测度场景的指标体系（表1-2）。

表1-2　场景理论的特征维度及意义内涵

三个主维度	维度内涵	次维度
真实性（authenticity）	场景所符合的地域客观风格	理性（rational） 本土（local） 国家（state） 社团（corporate） 种族（ethnic）
合法性（legitimacy）	场景所符合的信仰或者道德的特征	传统主义（traditionalistic） 自我表现（self-expressive） 实用主义（utilitarian） 超凡魅力（charismatic） 平等主义（equalitarianism）
戏剧性（theatricality）	场景所传达与个人形象相关的特征	亲善（neighborly） 正式（pannal） 展示（exhibitionistic） 时尚（clamorous） 违规（transgressive）

这种不单以具体设施而是通过设施组合的场景特征，让由场景特征所代表社会福祉的社会指标与客观的城市经济发展指标建立起联系，提供了一种通过开发方法来比较、衡量和培养城市生活品质的方法思路。而舒适物评价在此之前也已经是一种较为成熟的社会学分析方法，通过对舒适物组合分析可以把握场景特征。

专栏 1-1

　　三种场景特征维度具有权威的社会学研究基础："真实性"取自齐美尔对于社会唯识论的批判，将社会视作个体之间互动的过程，"真实性"的建构依赖于个体与社会的相对关系；"戏剧性"取自戈夫曼对个体行为模式的认识，认为人都在不同的社会舞台上扮演大量不同的社会角色，当人们进入某种环境时会自发地调整自己的行为模式以符合环境，即行为的"表演性"特征；"合法性"取自韦伯对于社会秩序和规范的经典讨论，韦伯所谓的合法秩序（legitimate order）是由道德、宗教、习惯（custom）、惯例（convention）和法律（law）等构成的，代表着潜意识中人的行为与偏好的根源。国内学者针对三个主维度进行了本土化尝试："合法性"体现了人们行动的目的，即对"善"的感觉；"戏剧性"是人们看待别人以及被人看待的方式，即对"美"的认识；"真实性"则是对个体身份的界定和认同，即对"真"的感受。中国文化语境下"真善美"的评价标准为国内学者理解场景理论提供了便利，并取得了较为广泛的认同和运用。

　　场景理论通过场景特征体系建立了一条分析城市文化特征分布与城市发展状况关系的技术路径。克拉克在《场景》一书中展示了如何通过舒适物设施数据（黄页，*yellow page*，简称 YP，原指纸张为载体所印制的电话号码本，由于记录的邮政编码区号与城市空间位置挂钩，引申为舒适物的区域分布数据，与国内研究常用的 POI 消费热力点数据类似），通过统计纽约、芝加哥、洛杉矶等大城市设施分布，结合设施的场景特征水平，形成了城市间的空间场景特征对比分析。在此之上可以进行很多社会特征分析，例如研究纽约市相比于其他城市"迷人"特质的来源；分析城市人口特征、经济状况与各类场景特征之间的关系等（图 1-1）。

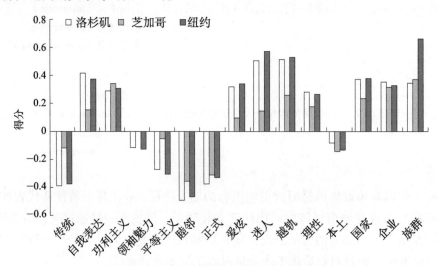

图 1-1　洛杉矶、芝加哥、纽约场景特征的比较（Silver et al., 2016）

专栏 1-2 ·····

　　带有空间位置属性的场景舒适物可以在区域空间结构上展现城市或片区的文化特征。如专栏图 1-1 显示了多伦多和蒙特利尔的人口普查部门三个场景维度的水平：理性主义、自我表达和越轨。关于每个城市的三种场景特征表达，颜色越暗则分值越高，颜色越亮则分值越低。通过与地域空间结合的可视化场景特征，我们可以清晰明了地分析城市空间所展现的不同文化特征，并结合该空间中的人群活动和社会因素，进而剖析城市空间中潜藏的社会分异。综上所述，场景提供了将文化特征转变为空间要素关系、量化属性、进行数据分析等方法，为理解和分析城市社会特征、空间特征提供了便利。

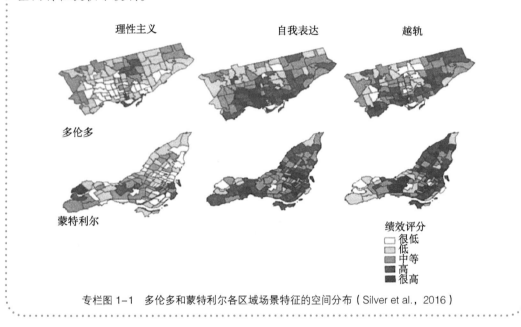

专栏图 1-1　多伦多和蒙特利尔各区域场景特征的空间分布（Silver et al.，2016）

二、场景的内涵特征

　　场景在当前空间规划学科领域中独树一帜，为表述其概念意义，需要进一步强化其概念特征、明确其与既有空间概念（如场地、场所）之间的区别。从各个专业的研究与应用来看，总体来讲场景是一种表达技术或服务集成的描述性概念，尤其着重于突出其外部的社会或经济价值效益。在传播学领域，场景是依托于信息技术的传播手段；在营销学领域，场景是一种拉近顾客与产品距离的展销方式；在城市学领域，是刺激城市消费、利用城市规划和管理手段谋求不同"舒适物"的最佳组合。通过对"场景"不同领域概念和理论的综合分析，提取出三点"场景"共性特征：经济属性、技术属性、文化属性（表 1-3）。

表 1-3 "场景"概念属性分类

学科领域	概念属性		
	经济属性	技术属性	文化属性
传播学	互联网经济	互联网 / 物联网技术	网络社交文化
营销学	商品 / 体验经济	精细化服务供给	消费文化
城市学	地方消费	舒适物规划设计	社会群体文化

（一）场景的经济属性：地方消费

并非所有的都市设施都能够成为"场景"的分析对象，"场景"中的设施应该定位于消费取向，而不是定位于生产取向（徐晓林等，2012）。场景的本质是消费与供给的环境，与人的精细化需求供给相对应，并通过谋求社会效应的扩大化而从中获取超越以往的经济效益。在芝加哥学派的城市发展动力假说中，城市增长已经经历了从"土地和资本存量增加"的资本管理模型向"人的技能与知识的提高"的人力资本模型的发展变化，并正在向着"舒适物组合"的城市场景模型转变。而场景发展模式的根本在于人口结构的定向改变，通过吸引高级人力资本即"创意阶层"服务于后工业时代城市发展（图 1-2）。

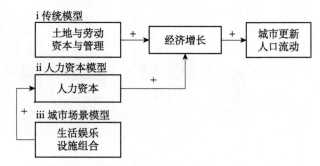

图 1-2 城市发展的三个连续模型（吴军，2015）

场景蕴含着决定城市发展与竞争力的特殊人群——创意阶层的地方消费主义价值观：创意阶层选择一个地方，除看中这个地方提供的工具性功能如求学、就业与创业以外，越来越重视其提供的生活消费休闲和娱乐等目的性功能；将一个地方作为整体进行选择性消费的行为，体现了明显的地方消费主义特征（王宁，2014）。场景现象的存在即是证明城市中设施供给在不断回应后工业时代以娱乐、休闲、文化为导向的地方消费需求。

场景作为地方消费载体最为典型的体现是城市文旅消费地。尤其近年来各地本土的生活化日常在信息差和网络营销的加持下，摇身变为一种令人向往的生活方式，蒙上了一层前卫而又浪漫的光晕，成为新一代年轻人竞相追捧的热点。专属的"Citywalk"路线串联起一个又一个城市景点，文化符号包装的商业空间也开始应运而生，"可吃可逛可玩"的"场景一条龙"成为城市文旅魅力的新名片。

（二）场景的技术属性：舒适物规划设计

不论是传媒领域的"场景五力"还是营销领域的"消费场景"，都依托于互联网时代信息技术的辅助与支持，场景的产生离不开相应技术手段发展的红利。面向城市空间建设的场景理论认为，地方生活的质量可以基于居住在其中的居民感到舒适的程度来决定。从这个意义上说，本土消费品的主要特征是各种生活便利设施的组合，即舒适物系统（吴军，2015）。舒适物概念源于经济学，通常是指使用或享受的时候能够带来愉悦的相关商品和服务。舒适物表达的正负社会效益是观察社会集体消费与资本作用规律的直观对象，舒适物是用于解释社会流动、城市吸引力、社会平等和空间正义等问题的概念工具。在城市空间中，舒适物系统所构成的空间场景是社会生活与消费发生的主要场所。

对舒适物的运用成为当前城市中消费空间快速生产的技术手段：以体验塑造为核心，以场景舒适物为对象营造出若干城市消费为导向的场景。不同于以往的城市设计分析方法将环境切割为若干具有一定功能的实体要素，场景的分析方法从文化意义的层面将空间解构为具有独立意义的舒适物，再如"连字成句"一般，将表达不同文化特质的单一符号组合为具备一定文化意义的"故事体验"。因此场景是一种从"意义"和"功能"两个层面对舒适物进行统筹规划设计的新型空间形式。基于舒适物的场景营造，表现为利用城市规划设计和管理手段谋求不同"舒适物"的最佳组合。

（三）场景的文化属性：社群文化特征

在全球化时代，各个地方出售的商品在质量和功能上没有实质性的差别，因此重点不是向消费者展示商品本身，而是为其创造一种"引人入胜的消费体验"或者一种消费的"氛围"（杨振之和邹积艺，2006）。消费文化理论认为消费主义的意识形态会带来人的异化和社会分类分化的现象（Sklair，1994）。在现代社会中，社群是集体经过重塑后的产物，人们因共享的认知或兴趣而自发聚集形成社群。每一个文化消费机会，每一个文化场景，对不同的群体都有不同的价值，对不同社群属性的人具有强度不一的吸引力。文化特征为载体的新型交往方式逐步取代传统的"生活圈""社交圈"，社群内的个体具有极高的归属感和"圈内认同"，近年来"圈地自萌""同好""出圈"等流行语言也应运而生。

场景利用人的社群属性，通过舒适物配置塑造社群认同，从而实现人群的聚集。场景以舒适物作为文化符号，构建起专属于不同社群圈层的一方天地，人们的选择价值观与偏好带来特定的"文化场景溢价"（Yáñez et al.，2001），让城市这座文化熔炉不断焕发生机与活力。

（四）场景特征辨析

场景是突出价值效益的空间概念，是具有良好外部价值效益的高品质生活服务设施的集合（虽然当前克拉克及其他学者倾向于使用"舒适物"作为"amenity"的中文释义，用于突出其经济社会效益，但本质依旧是城市规划设计中的公共服务设施）。文化属性是场景的突出特征，不仅是满足城市人群地方消费需求的空间，还为不同的社会群体提供了一个分享文化价值、展示生活方式的地理空间，让消费成为一种社会意义构建的过程，是让社区生活环境与创造性群体等优秀人力资源有机联系的城市文化实体（表1-4）。

表 1-4 场景、场地、场所空间概念属性辨析

概念名称	概念定义	泛"场景"属性分类		
		经济属性	技术属性	文化属性
场景（scene）	场景理论：城市空间中具有一定文化特征的舒适物集合	地方消费	主观舒适性	社群文化
场地（site/area）	具有一定设计功能的项目用地（《民用建筑设计术语标准 GB/T50504—2009》）	无明显指向	工程合理性	无明显指向
场所（place/arena）	狭义：有现象氛围的真实空间（俞孔坚，2000）	无明显指向	无明显指向	文化氛围（场所感）
	广义：活动的处所（《新华词典》）	文娱体育活动	无明显指向	无明显指向

总体来看，空间研究视角下的场地、场所、场景是意义不断深化迭代的一组概念，后者依次在场地这一地理空间属性和工程技术属性为主的概念上叠加了文化、经济的内涵。

场地，是建筑工程中表达项目用地和施工对象的概念，具有工程技术属性。按照《民用建筑设计术语标准 GB/T50504—2009》中的规定，其定义是：具有一定设计功能的项目用地。场地的评价标准主要由其与工程建设相关的物理属性所决定，例如《岩土工程勘察规范（GB50021—2001）》将场地按照场地地质条件的复杂程度分为三个等级。

场所，具有狭义与广义之分：广义的场所是指活动的处所，包含活动空间或场地，以及人群和活动；狭义的场所特指由诺伯格·舒尔茨（Norberg Schulz）所提出的场所精神（Genius Loci），该理论属于建筑现象学与人文地理学的交叉领域。场所理论和场所精神的本质在于构建空间体验的个人感知与群体、社会意识形态之间的联系。如果空间能反映空间中个人、家庭、或团体的生活体验和记忆，从而把个体与更大一层次的集体记忆和价值相关联，空间就能成为文化和精神价值的承载物。场所是"表达生活情境"的艺术作品，满足了人们"方向感"和"认同感"的精神需求，具有明显的文化情境属性。

场景，是出现于后工业时代城市发展转型时期，用于表述城市空间中具有一定文化特征的舒适物集合的概念。场景具有经济属性，在信息技术与消费经济的双重力量的助推之下，空间投资者在场所的社会价值中发现了商机，将场所的文化意义作为资本扩大生产的关键要素，包装成为以文化内涵为特色，提供消费体验的场所空间。空间产生经济效益的逻辑非常清晰，传统的环境心理/行为学试图通过掌握人认知环境要素的规律性特征来创造符合人的认知规律、能产生积极的环境感受的城市空间。这种情感的正向反馈标志着环境建设品质，对应着空间产品的价值。场景的文化属性让空间场景的价值逻辑与一般的空间略有不同，相比放之四海而皆准的空间满意度标准，场景将精细化

供给水平作为评价空间的标准；在洞悉了消费者精神需求的本质是社会关系构建的基础上，将文化作为圈定社会关系（即社群或圈层）的工具，通过舒适物规划设计的技术手段实现文化价值观产品的定向匹配，刺激消费者产生获得感与满足感，从而提升空间场景的价值。

场景构建了经济属性、技术属性（文化产品的精准投放，即舒适物的规划设计）和文化属性三个空间特征之间的因果逻辑关系，而这正是场地、场所等空间概念所不具备的特征；这三点属性的共存赋予了"场景"作为概念的价值，确立了其研究意义。

三、场景的价值规律

空间生产理论是新马克思主义政治经济学派阐述空间产生背后的社会动力机制的理论，证明了空间产生于客观的社会生产过程（社会关系），指明控制着空间生产的权力的表象是意识形态符号，为空间生成与演变研究奠定了理论基础。空间场景的产生也可使用空间生产理论框架进行分析，通过空间场景产生的社会动力机制分析，明确了其存在的客观规律，论证了空间场景的现实意义。本研究基于"生产与消费同一"（空间的生产和消费可以说是同时进行的，服务的生产离不开消费者）规律，通过对空间场景"生产—消费"过程进行分解辨析，发现在空间场景中，价值通过文化消费的经济行为在空间与人的互动过程中传递，贯穿于空间建设、体验、感知的全过程。空间场景的价值内化为舒适物，在体验过程中转移，外化为主观的心理认同（图1-3）。

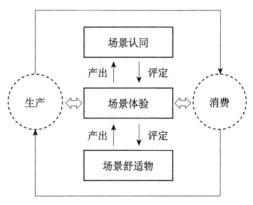

图1-3 空间场景生产与消费循环机制

（一）场景是一种空间产品

空间的"产品化"一词最早出现在建筑设计领域，将建筑作为一种满足业主需求的产品产出。后现代信息化时代的到来让公众拥有了平等获取知识和信息，相对自由地表达自我的机会；个人或群体意志及其相伴而来的价值标准，成为实现产品价值扩大化的契机。新时代的"产品"指在媒介助推的（社会）文化浪潮中不断推陈出新的空间产品，例如不胜枚举的"网红建筑"。这些建筑借助于媒介的信息收集和传播能力，产生的价值回报远超一些业内公认的优秀作品，成为资本追捧的热点。当这种受价值驱使的"投机行为"从建筑逐步蔓延到城市空间，迎合群体意志的空间便成为了空间场景。

场景是以人居环境科学中空间设计与建设管理思路为基础，是通过文化符号（舒适物）进行配置满足体验者精神需求并以此创造价值的空间产品和空间模式。场景是价值效益导向的概念，是情感化设计的空间实践；空间场景的构成——"舒适物"的概念也带有消费理性的内涵，与人们的支付意愿密切相关。场景通过舒适物内含的文化特征吸引着具有文化消费诉求的群体，人们不仅消费空间的实用价值同时更重要的是舒适物所表征的文化价值取向；空间场景的消费成为一种社会活动，彰显人们的价值地位、品味和态度。从狭义的经济消费视角来看，城市和消费空间的商业价值越来越多地被他们所提供的舒适物所定义，空间场景则意味着消费机会与商业价值的扩大。从广义的地方消费视角来看，城市舒适物的供给水平表现为社会群体共享所产生的总体效果，决定了人们对城市空间的满意程度和随之产生的一系列如务工、定居、投资等经济决策。

场景从本质上来看是空间市场化的产物，顺应了后工业时代多元碎片化消费需求和弹性灵活的空间需求，见证了以资本利益为动力、以社会关系（以文化价值观为区分的社群圈层等）为表象，通过需求端的细分倒逼供给端的空间产品更新迭代的过程。从表象上来看，空间场景是具有生产与消费能力的创意人群主观对城市空间进行评价、挑选，最终形成的客制化的产品设计方案。

（二）场景的消费方式：场景体验

城市社会学的基本原则和假设之一是认为存在一种面向城市社会群体的城市体验形式，或"作为一种生活方式的城市主义"。"人们规划的不是场所，不是空间，也不是形态；人们规划的是一种体验"。"体验"一词的产生同 19 世纪传记文学的兴起间有着紧密的联系，用于表达哲人及艺术家们通过他们对艺术生活的经历来理解他们的作品。"如果某个东西不仅被经历过，而且还使自身在现象上获得某种继续存在的价值或意义，那么从艺术经验的角度，这种经历它就属于体验"（杨振之和周坤，2008）。这种对"体验"的理解充满了对精神价值的重视，"对艺术作品的体验让我们获得一种意义的丰满，这种意义丰满不只是属于这个特性的内容或对象，而是更多地代表了生命的意义整体"。

空间场景的体验是生产与消费的中间过程和价值的行为载体。生产空间场景最终是为了成为人们的消费对象，体验是空间场景的生产消费的路径也是营造的根本目的，场景作为一种围绕特定文化打造的空间产品，通过预设的某种体验让消费者感受到与这种文化密切相关的心理"刺激"，从而构建起其与消费者之间的价值转换关系。体验是文化消费主体与作为文化象征意义（符号）系统的场景舒适物通过个体文化消费行为进行创造、转换和连接的过程。体验是在客观世界中解决以"人"为核心的经验与存在的塑造手段，也是场景价值循环的主要过程。体验具有连接消费者的物质消费需求和精神消费需求的功能，是商品从物质使用价值到象征意义的实现路径。

（三）场景的消费对象：文化符号

从生产视角来看，空间开发者通过对符号编码与意识形态表达规律的把握，塑造迎合消费需求的文化特征空间。从消费的视角来看，空间场景区别于一般生产的空间在于融入其中的符号成为了文化消费的对象：人们消费着空间场景中的空间符号，消费着被编码于其中的文化特征，而空间场景舒适物设施本质上是表征文化特征的符号系统。

表征（representation）是符号的基本取向，表征和文化表征是两位一体的不同表达（邹威华和伏珊，2013），理解为传达文化意义的过程；而人对象征意义进行表征的活动促成了空间生产的符号化。现代哲学流派符号学认为，人是符号的动物，人类生活的典型特征，就在于人能发明、运用各种符号（杨振之和邹积艺，2006）。在消费体制的引导下，一种符号的异化统治行为开始显现：人们对物品符号性追求远超过了对物品本身功能需求。鲍德里亚认为消费系统并非建立在对需求和享受的迫切要求之上，而是建立在某种符号（物品/符号）和区分的编码之上。大卫·哈维认为，符号生产者以特定的物质性媒介把流动变化着的社会性质凝固下来，这种对情感或知识的操作和管制是实现社会规训的有效途径——对审美取向等意识形态的规训和控制的手段。创意阶层的文化消费价值观的空间场景从设计理念、审美特征、街区风貌和空间要素等方面能极大推动城市空间品质的提升。

空间场景即是在消费主义控制下、依照社会的象征意义标准所生产出的符号系统。总体来看，城市空间单元的表征本质上是场景空间构成要素，场景表征空间是人们直接体验和经历的空间，是复杂的象征系统，是符号系统和想象空间。相似的概念可以类比城市符号学对空间符号意义表达的研究，将空间的意义效应称作空间环境的"可读性"，强调了空间价值的产生来自于体验者与空间之间"读"与"被读"的互动关系。体验者在"读"的过程中领悟空间符号要素间的相互联系，并最终形成对特定城市空间的具体而深刻的感知；空间"被读"的过程中释放空间符号表征的文化意义，最后收获体验者的感知反馈。

二者构建了基于感知的"文化—反馈"关系，体验者对于符号文化意义的认同水平即决定了空间的价值意义。场景的舒适物在表征形式上即类比于文化消费空间的建筑和环境符号。空间开发者通过对符号编码与意识形态表达规律的把握，塑造迎合消费需求的文化特征空间，将文化价值作用于生产的过程，即是以符号生产为核心的文化消费空间生产过程。

（四）场景的价值标志：认同心理

人们从事消费活动是为了某种功能利益，也可能是为了某种象征属性，所以产品的价值除了其功能意义外，还有重要的社会和心理意义。在空间场景的产品逻辑中，"认同"成为预期的消费者心理状态，成为调动消费积极性、提升消费意愿的目标。

人文地理学研究的"情感转向"研究主张人对时间和空间的感知都是以情感为指引的（高权和钱俊希，2016）。"情感的商品化"是体验产品的实质，人们选择体验的空间是他们对愉悦感有强烈期待的空间，通过对他们所认同的文化特征符号的体验消费从而获取情感价值（张朝枝，2018）。消费者在遵循"我是谁"进行消费行为决策的过程中，通过对消费空间的感知与体验，解读消费空间中的文化建构及其意涵，从而建构自我情感与价值认同（左迪等，2019）。认同形塑的目的是将空间中的群体与他者区分，同时获得自身观念与价值观的延续（朱竑等，2012），从而达到情感上的归属与满足的个体社会化过程。

"认同"的词义来源于拉丁语"idem"，指相同或相似，是一个具有反思性的自我意识概念，是对某事物区别于其他所有事物的认可（谢晓如等，2014）。消费社会学对认同与消费关系的理论认识可以总结为"消费与认同互构"（王清华，2020），认为消费者通过符号消费占有文化资本，以此获得期待的自我认同和社会认同。

四、场景的构成方式

（一）舒适物是场景的基本

"舒适物"（amenities）一词最初来源于经济学，与"消费"有关，通常是指使人感到舒心愉悦的客观事物、状态或环境。在城市空间中的舒适物衍生成为表达一定文化风格特质的空间要素，能够唤起空间体验者的特定正面情感，例如喜爱、向往、感动等等，由此"爱屋及乌"地对舒适物所构成的场景产生依恋和认同的价值倾向，并产生消费意向和体验行为。

专栏 1-3

　　首尔城市发展研究所基于新芝加哥学派的场景理论模型，从城市场景的五个不同子维度（传统场景、波西米亚场景、魅力场景、民族场景和全球场景）对首尔市区的 424 条街道舒适物数据进行采集和整理（专栏图 1-2）。研究对场景语言作出了修改，以适应东亚地区自身的文化格局，并绘制了首尔大都市区详细的场景分布图。结果表明，汉江以北的首尔部分（韩语称为"江北"）更传统，而汉江以南的部分（韩语为"江南"）更迷人和国际化。

　　研究进一步分析了场景如何影响居民的价值观和身份，探索首尔不同社群的特征、偏好和品位。研究发现，那些生活在得分最高的场景中的人，尤其是魅力、波西米亚和全球场景，拥有更多的职业，往往对文化消费更敏感。这表明场景得分最高的地区可以更好地吸引创意阶层，创造就业机会和经济发展的可能性更高。最后，研究讨论了场景与房价之间的关系。利用首尔市的公寓价格数据，研究表明，首尔的公寓价格分布受场景因素的影响很大（Jang Wonho, 2012）。

　　他们的研究证实了在场景理论能够更好地描述城市自身所具备的独特性，并能与城市人口和社会发展研究紧密结合。

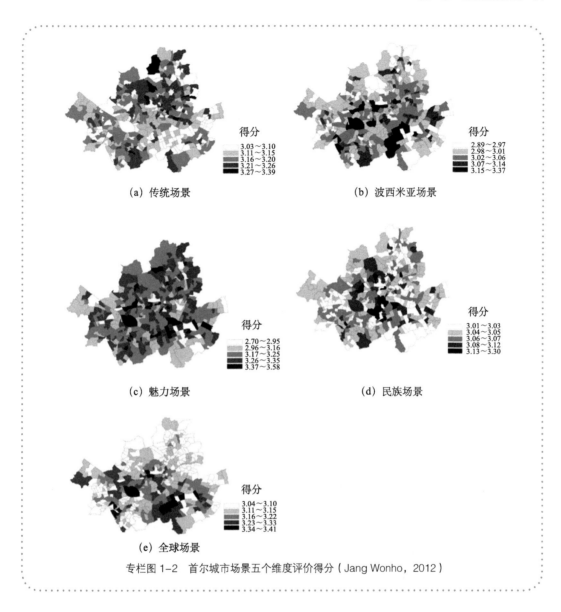

(a) 传统场景

得分
3.03~3.10
3.11~3.15
3.16~3.20
3.21~3.26
3.27~3.39

(b) 波西米亚场景

得分
2.89~2.97
2.98~3.01
3.02~3.06
3.07~3.14
3.15~3.37

(c) 魅力场景

得分
2.70~2.95
2.96~3.16
3.17~3.25
3.26~3.35
3.37~3.58

(d) 民族场景

得分
3.01~3.03
3.04~3.05
3.06~3.07
3.08~3.12
3.13~3.30

(e) 全球场景

得分
3.04~3.10
3.11~3.15
3.16~3.22
3.23~3.33
3.34~3.41

专栏图 1-2　首尔城市场景五个维度评价得分（Jang Wonho, 2012）

当前的城市空间环境中广泛存在着与舒适物相类似彰显文化特质的生活服务设施，它们在有形与无形之中影响着空间的形象表达，塑造着环境品质，影响着人们的行为。舒适物的存在为城市空间提供了独特的气质和特色，从影响空间感知的角度重塑着城市文化特征、角色和价值。随着空间研究的社会文化转向，空间研究开始通过将一些影响人们空间感知、具备社会效益的空间要素进行归纳、总结、利用的方式来更好地认识和建设城市空间和场所。新芝加哥学派的场景理论所介绍的"舒适物"概念，是能够用来识别和梳理具备一定地域文化特色和可感知性的城市空间的理论途径和技术手段。

舒适物可以是一种具有代表性的空间形式，例如充满阳光的集市，小贩吆喝、排起长龙的街边小店，广场上、胡同里"就地开张"的摊位，构成了烟火浓郁的日常生活场景，让人不禁想跻身其中。

　　舒适物可以是具备实用功能的服务设施，例如小资白领频频出入的咖啡厅、精致小巧的街心花园甚至是充满设计感的街道家具，构成了闲适宜居的繁华都市场景，让人不禁想驻足停歇。

　　舒适物也可以是具备文化意象的装饰性要素或符号，例如橱窗陈列的精致尚品、彻夜长明的霓虹灯、多彩绚丽的店招，构成了前卫时尚的未来都市场景，让人为之着迷。

（二）舒适物配置与空间品质塑造

　　场景营造即是对空间环境中舒适物的组合配置，舒适物的美学特征、文化特质、社会效应能够提升城市人群的归属感与认同感，塑造场所精神，发挥连带经济效益。舒适物作为象征意义的符号载体，通过规律性的组合配置形成彰显一定文化意象特征的场景，让空间服务功能完善和文化品质提升双管齐下，同时实现需求的满足和心理的满意，是空间品质提升的现实路径。

　　（1）舒适物配置实现了人的定向集聚和服务的精准供给，有助于优化空间服务的便捷性和有效性，提升社会经济效益。2017年中共中央和国务院颁布《中长期青年发展规划》拉开"人才大战"序幕，全国100多个城市先后出台人才新政，2022年初已有87座城市提出建设"青年发展型城市"，以招揽高水平人力资本为目的纷纷亮出"青年友好"招牌，瞄准年轻人群青春、时尚、叛逆的文化底色，通过"够炫、够靓、够潮流"的文化消费设施和烟火十足的夜经济商区提振城市吸引力，塑造了一批批博人眼球的"网红场所"。

　　（2）舒适物配置能够维护多元文化生态，是提升城市包容性和软实力的重要手段。后工业时代的物质繁荣带来了文化的井喷，越来越多的亚文化流行形成了以文化圈层为核心的新社交模式。见证了互联网时代来临的"数字原住民"——Z世代为首的青年群体，基于亚文化认同的社会交往模式异军突起，极大提升了社会的文化异质性水平，也对传统文化和意识形态带来了一定冲击。在社会的文化环境急速转变时期，各式风格的舒适物及其营造的各色场景成为不同亚文化团体在宏观社会文化结构中生根发芽的沃土，成为社会多元结构稳定的重要支撑。

　　（3）舒适物配置展示了时下的文化风尚，有助于塑造多元共融的城市空间风貌。城市与社会、经济、人文因素息息相关：建筑是"活的历史"，容纳一定时期的空间、功能和人的活动，反映着社会发展阶段的真实面貌；城市也是"历史的切片"，布局、结构、风貌伴随着时代更替，被后世不断赋予新的价值和意义。一方面，舒适物能够适应一定时期的消费趋势，引导培育新型消费形态，形成新的消费增长极。另一方面，通过舒适物实现不同时代文化符号的"跨时空对话"，塑造城市空间和文化新与旧的对立统一，满足新时代人群的物质与情感需求，是城市空间微更新的主要手法之一。

　　（4）舒适物配置是实现人群情感调动、提升满意度的最直接手段，通过舒适物个性化配置实现对人群情感和行为的引导设计。美国认知心理学家唐纳德·诺曼（D. Norman）最早提出"情感化设计"这个概念，他认为情感化设计产品投射着消费者的活动、思想、感觉、渴望、目标、习惯和价值观（丁俊武等，2010），"将情感融入产品设计，将解决设计师们的长期困扰，即产品的实用性和视觉性的主要矛盾"。舒适物既是空间中独立存在、通过有效地调用或者配置产生积极效应的情感设计产品，又是空间中与体验者个体情感互联的最小单元，善用舒适物的象征意义满足人们更高层次的精神需求，是一种人本主义的空间营造方式。

（三）基于舒适物配置的场景营造

专栏 1-4

　　舒适物构成了场景，场景的品质和文化特征由舒适物所决定。舒适物作为文化符号将一定的文化意象和空间类型相结合；场景进一步将不同的舒适物结合形成功能与意义兼顾、"神形兼备"的城市空间，塑造具有统一文化价值表达的空间场域。

　　场景是具有明确文化意象的消费空间，它可以是为目标客群服务的定制产品，也可以是以表达特色为初衷、吸引对应兴趣人群的衍生产品。文化特征是连接个体与社群的纽带，为此场景营造的核心不在于功能的实现，而更侧重于意向的表达。场景营造以文化表征为目的区别于以往的以使用功能为主导的空间设计，传统的"尺度、功能、布局"等空间特征不再适用于界定场景的营造特征，而需要基于对舒适物特征的深刻认知，形成一套可复制能实操的设计方法。

　　场景是城市中社群交往的多样场所，以舒适物为模块搭建，以获取"圈内人"的社群认同为目标。通过获取符合目标群体认知的符号（舒适物），剖析其情感和动机等要素，让场景与消费者达成一种情感的共鸣和对话的默契，能够大幅度提高场景设计的效率和成功率。为此，场景营造的核心不只是简单的功能植入，而是为满足社群交流和情感互动需要所创造的社会交往环境，符合社群期待与认知的空间和设施是场景营造的先决条件。场景营造的设计思路需要从使用功能转为社群需求，可以概括为几点。

　　1）设置有针对性的体验主题

　　体验的产生通常不是自发的而是诱发的，在一个具备"领域感"的空间里，体验者接受到来自特定空间环境所传递的特殊情感诱因，激活其美好回忆或期望，使其得到体验满足（陈萍萍，2010）——这种具备明显异质特征和清晰边界特征的空间特质即为"体验主题"。体验主题需要与消费者脑海中所积淀的主题认知相符，对主题进行筛选的过程也是谋划长期经营内容的过程，需要使场景主题与项目调性相符。

　　（1）基于设计条件选择主题：向内挖掘潜在资源提升稀缺性与替代门槛，根据项目定位、地理位置、环境、历史人文资源等，寻找高适配性的主题。

　　（2）基于目标客群选择主题：在人群画像分析目标受众的需求、偏好和行为习惯的基础上有的放矢，可以优先选择社群关注度较高、有一定粉丝人气积累的主题。

　　（3）基于趋势热点选择主题：洞察行业趋势、追随时代关注焦点，有助于从同类竞品中脱颖而出。运用品牌、IP影响力为场景建立坚实的舆论基础，通过借势、联名等方式复刻经典和热门的主题。

2）配置符合主题的要素和舒适物

进行情感性活动的前提是调动消费者的主观能动性——识别、感知、互动。个人与空间的互动是非语言沟通的重要方式，尤瑞（Urry）认为在旅游体验中充斥着符号的采集过程；符号是主体与客体之间信息交换的媒介，成为体验者找寻、审视、移情的对象。在场景中，舒适物承担起了空间符号的作用，可以环境布置、人物配景、销售产品、体验活动等形态存在。然而，体验主题是抽象的，舒适物是具象的，因此需要依据"体验主题"的物化与深化选定适合的舒适物设施。

（1）抓取主题包含的固有要素：收集并复现主题中的经典元素，让消费者能够快速识别到特定主题，实现场景与目标客群的迅速匹配。比如"忠于原著"是当前文学、影音、ACG社群中的一种特征趋势，拥有这种偏好的"原著党"对自身身份具有强烈认同，尤其关注对于原著内容甚至细节的"还原"程度。创作中标志性的角色、物品、地点都能够让这类消费者联想到对应的情节内容，从而引发社群成员的交流，在理论意义上达成了场景社交属性的构建。

（2）用主题元素包装和"二创"的衍生要素：基于主题原作进行艺术处理和加工的二次创作，有利于植入消费并增加特色。比如跨界联名是营销创新的热门方式，通过联名合作品牌可以一方面互相导流，在目标社群熟悉的主题中加入预期植入的商业项目，让品牌和产品更容易被消费者接受；另一方面，引导消费者尝试由多种文化符号诠释的创新生活方式和消费体验，从而实现一种全新的文化符号的生产，让表征新生活风尚的场景扎根于现代社会体系中。

（3）主题元素与功能要素的嵌合：在服务设施、业态配置以及建筑选型、结构、装饰细部或者室外场地的形式设计中加入文化风格和符号元素，呈现出主题意向的同时发挥主体功能。这种功能性嵌合要素成为搭建场景空间系统的结构性组成，相比于直接作为消费对象的主题产品在意义上更加确切和具象，更加贴近新芝加哥学派作为场景空间设施载体的舒适物（amenity）概念。

3）舒适物组合与多样互动体验供给

伴随着社交媒体、网络直播等电子触媒和即时消费的兴起，消费者的满意阈值在噱头、花样、流量等"财富密码"的重复刺激下不断攀升，传统以商品为核心的消费方式难以满足口味越发挑剔的消费者，产生惊喜和激情的体验消费过程成为消弭线下与线上差距的可选方式。场景本质是一种空间体验产品，创造让趣味相投的人们"破壁"的社交场所，通过舒适物丰富感官体验、促进互动参与来提升场景的"在场感"尤为重要。

（1）体验内容与感知预设。通过预先设定与特定主题相关的体验内容，将其拆解为来自身体的感官感知，通过重组并调配相应的舒适物设施，从而在设计预期的场景体验中实现感知的多样性和深度。如交互艺术是数字技术与艺术结合衍生的新媒体艺术形式，综合调动视、听、触、嗅等多感官，改变对事物惯有的感知习惯，通过不同的感知途径让人产生新的认知体验，打破传统媒体平白的叙事方式，从而激发观众参与的积极性与能动性。

（2）设计多种体验方式。"体验经济"理论创始人约瑟夫·派恩和詹姆斯·吉尔摩根据参与度和对象距离两个参数作为体验分类标准：他们利用"从被动到主动，从吸引到浸入"来描述一般体验和深度体验的差别。虽然场景的目标是引导人们主动参与，但事实上体验的深度没有绝对的高低之分，其效用与消费者主观偏好、行为意向密切相关，具体的体验方式也仍需要考虑项目定性、设备条件、运营维护成本等因素。比如近年来"沉浸式体验"热度不减，低硬件需求如通过游戏化的方式引导近距离交往，或较高硬件需求如通过 AR/VR 技术打造 360° 环境氛围，两种方式均能够在保有距离的情况下增强游客对于场景的认知和好感。

（3）互动场地与人物设置。场景中互动不仅可以看作是消费过程中最重要的"服务"环节，同时服务提供者自身作为"人"的社会属性也同时满足着游客的潜在社交需求。游客在互动过程中体验"被理解""被关照""被认同"的正向情感，体验过程中对互动对象的印象往往决定了全程的满意程度，因此"人"的要素也可以成为场景中的舒适物，他们既可以是专业的服务人员如近年来文旅项目中火出圈的 NPC（从业人员扮演的角色），也可以是同样被场景所吸引的前来游览消费的社群成员。互动场地设计需要考虑包括情节、环境、位置等并结合感知配置相应舒适物设施；人物设置需要考虑形象、剧本、点位、相关培训等。

（四）小结

综上所述，场景是一种满足人的认同心理需求的空间产品，以舒适物装置营造文化意义场域，使个人与群体之间建立了身份与价值认同，进而激发人的感知和情感，并诱导人的体验和消费行为。

而场景营城是在我国促进消费的发展背景下，在城市规划领域以场景理论为基础，以场景空间塑造为主要手段的规划设计新方法。

第二章

全球经验

一、交往场景促进城市更新——巴黎新桥与林荫大道

巴黎是法国的首都，法国的政治、经济、文化中心。法国在 2023 年继续保持其全球国际游客数量第一的位置，旅游业约占法国国内生产总值的 8%。按照场景理论来看，巴黎的城市"舒适物"系统完备，形成了诸多城市场景，带动了旅游资源向着城市资产的转变。

巴黎在自中世纪以来的发展中，经历过多轮城市规划改造，但始终保留了特有的历史空间与城市肌理，同时也实现了现代化的基础设施建设。其中由亨利四世发起的都市改造计划，为 16 世纪末战后巴黎的振兴带来了新的机遇，至今仍有着深远的影响。在诸多改造项目中，巴黎新桥可称为其中的经典代表之一。若昂·德让在《巴黎：现代城市的发明》写道："新桥是社会平衡器；新桥不仅仅是一座桥，也是巴黎成为现代巴黎的起点。"

（一）巴黎新桥建设基本情况

图 2-1　西岱岛与新桥（2009 年）

塞纳河中的西岱岛（法语：Île de la Cité），是巴黎城的起源，巴黎圣母院就位于该岛的最东端。1607 年，亨利四世在西岱岛的最西端，建造了一座区别以往形制的桥梁，因其是近百年来在塞纳河上的第一座桥，故此得名"新桥"。

新桥（法语：Pont Neuf）长 278 米，宽 28 米，与巴黎圣母院相距仅有 750 米，新桥是连接塞纳河两岸的重要交通要道，经过新桥再到香榭丽舍大道仅 4 公里（图 2-1）。

（二）建设历程

早在 1550 年，法国国王亨利二世就希望在塞纳河上建造一座新的桥梁，这是因为当时的圣母桥（Pont Notre-Dame）负荷过大。但后来因为成本过高，这个计划并未实现。

亨利三世继位后，在 1577 年，其决定建造这座桥梁，并在 1578 年率先动工了四座桥墩。新桥的建造经历多次变动，设计方案几经易稿，在开工仅一年后，就因为想要增加桥上房屋而加宽桥面调改了设计方案。这一变动，也导致桥墩必须加宽，光桥墩加宽改建就花费了近九年时间才完成。后续相关工程停摆，在 1588 年再次动工，但又因为法国宗教战争爆发，又延迟到 1599 年，最终直到 1607 年新桥才完工，新上任的亨利四世举行了正式揭幕。

与同时代的大多数桥梁一样，新桥遵循了罗马的传统惯例，由一系列短小拱桥所组成。区别以往桥梁上方建造房屋的传统做法，新桥是真真正正，按照现今所讲的"桥"的形象与功能建造而成，因而其交通通行属性大大加强。

在新桥建造完成时，交通相当繁忙。在后续一段较长的时期中，新桥始终是巴黎最宽的桥梁。而后，新桥历经多次的修复及更新，但其功能作用、历史风貌得到了充分的保护。1889 年，新桥被列为历史古迹，1991 年，又列入了联合国教科文组织世界遗产。在 1994 年至 2007 年间，新桥进行一次大规模修复，以庆祝新桥完工 400 周年[①]。

（三）建设评述

新桥以新技术和新理念将巴黎带入了一个新时代，在设计、建造新桥中所形成的诸多理念在日后巴黎走向现代化的路上得到进一步的经验借鉴。17 世纪，是巴黎走向现代的起步阶段，而诞生于此时的新桥则成为了现代化的象征符号。无数有关新桥的谚语流传下来：人们会以"在新桥上叫喊"来表示把消息传递给更多人；以"造新桥"来表示艰巨的任务；以"一千年后，新桥还是新桥"来表示一件事千真万确……作为巴黎走向现代的起点，新桥已经深深地融入了巴黎的城市记忆[②]。

回顾新桥的建设使用过程，形成了三方面的特征，在巴黎长期的城市发展演化过程中，以新桥为空间载体，培育了诸多城市场景记忆，营造了巴黎独特的城市氛围。

1. 改变了传统桥上建房的工程样式，让桥回归交通属性

新桥的建立改变了传统中世纪桥梁工程样式。自中世纪以来，在巴黎和伦敦等城市，在桥梁上修建商业和居住建筑极为普遍。以巴黎 Pont au Change 桥为例（图 2-2），该桥上建设了三层楼房，人们生活于此，然而在 1616 年，一场大洪水冲走桥面上的所有房屋。而后，经路易十六下令，这座桥又被重建，房屋又被重新建造，直至 1788 年才被拆除。

图 2-2　Pont au Change 桥（1660 年）
引自：https://parisianfields.com/2014/03/09/paris-
bridges-mirrors-of-history/

① https://zh.m.wikipedia.org/zh-hans/%E6%96%B0%E6%A9%8B_（%E5%7%B4%E9%BB%8E）
② https://www.sohu.com/a/568784366_100121900

在新桥建造之前，西岱岛连接塞纳河两岸的五座跨河桥都是底层商铺、上层住宅的结构样式，塞纳河两岸的其他桥梁甚至建造了三、四层。桥上建房，是受限于当时局促的城市空间，因而人民不得不集约利用桥梁；而后，随着巴黎老城区从不到两公顷的西岱岛上跨过塞纳河向外扩展，加上水患风险，市民陆续迁移，桥终于可以不用再承载居住、商业等功能。在"新桥"建成后，纯粹的交通性桥梁得到了人们的认可，原有的五座桥上建房屋的老桥也就慢慢被拆除①。

同时，新桥由传统木质建造变为石材建造，建造材料的转变，为交通提供更稳固的承载。在新桥开始建设以前，巴黎已有的桥梁多为木桥，桥面狭窄且承重能力有限。法国宗教战争以后，国内秩序趋于稳定，经济社会迅速发展，特别是在首都巴黎，不断繁荣的商贸往来使人们跨越塞纳河的需求日益增加，而旧有的中世纪桥梁却无法支撑沉重的大型货车通过。加之，生活条件的改善，私家马车又成为了越来越多人出行的选择，在 1600 年到 1700 年这一百年间，巴黎的马车从不足 10 辆暴增超过 20000 辆，交通工具数量井喷式地增长，也使得现有的桥梁不堪重负。基础设施建设的滞后与城市"车辆"迅速增长之间的矛盾，直到今日仍是一个"城市病"问题，然而在四百年前，亨利四世便在给设计新桥的工程师们下达的指示中，就包括了要考虑桥梁的承重能力，新桥应由石材建成，尽可能多地满足车辆的通过需求的要求②。

除了桥屋形制、交通功能的改变外，新桥的建立，重新定义了巴黎与塞纳河的关系。宏伟的新桥作为塞纳河上的首座单跨桥，比当时巴黎城内一条城市街道还宽阔。新桥的宽阔，缓解了巴黎马车出行的交通压力，也为市民、游客往来塞纳河两岸提供了便利。

在中世纪的桥梁上，行人与马车混合而行，秩序极为混乱，时常有人命丧于疾驰而过的马车车轮下。为保护行人安全，减少交通事故的发生，新桥开辟了人行道，即在桥梁两侧将路面垫高，以抬升的桥面空间划定为行人步行的专属区域，按照当今的城市道路交通规划做法，即实现了"人车分流"，虽然这一现代做法在当今习以为常，但在新桥建成的年代，1607 年，无疑是具有创新革命性的意义。在城市交通出行中，处于弱势的行人安全开始得到设计者、执政者的关注。此外，在新桥两侧，还设置了 20 个出挑的"圆包"，即"观景挑台"，此举不仅丰富了桥体的空间形态，更成为了市民、游客临河观景远眺的休闲交往空间③。

2. 形成公共开敞空间，促进了无阶级化的公众聚集

作为塞纳河上现存的最古老的桥梁，新桥是每个到访巴黎的游客必去的景点之一，而早在 18 世纪初，新桥便已获得了这样的地位。当时的游客从外省乃至国外来到巴黎，都会来到新桥目睹风采。富有者会购买有关新桥的精美画作，普通人也都会带些新桥的小挂件作为纪念品，新桥成为了法国人、欧洲人对于巴黎的独特记忆。将新桥称为巴黎走向现代的起点，除了技术上的革新，更重要的是新桥对巴黎城市空间与市民生活的影响。

新桥改变了以往巴黎与塞纳河的关系，为市民游人提供了一种前所未有的临河观景

---

① https://www.sohu.com/a/568784366_100121900

② https://www.sohu.com/a/568784366_100121900

③ https://www.sohu.com/a/568784366_100121900

审美体验。昔日的桥梁，一般由私人出资建设，对经济收益的考虑往往多于交通和观景方面的需求。桥梁上密布着商铺和住宅，不仅狭窄拥挤，更阻碍了人们欣赏塞纳河的壮阔景观。新桥由政府出资，桥上没有任何房屋，人们可以驻足在人行道上，尽情欣赏塞纳河两岸迷人的风景。无论是王公贵胄还是贩夫走卒，都惊叹于新桥所带来的城市景观的变化。

亨利四世对这项政府工程颇为满意，他特意委任意大利工匠制作一座自己的骑马铜像，立于新桥西侧的方台，以标榜自己的丰功伟绩。尽管铜像揭幕时亨利四世已经去世，但是他的骑马雕像屹立在新桥之上，深受巴黎人民的喜爱。站在新桥上，在亨利四世铜像前，目之可及眺望卢浮宫大画廊，塞纳河游船荡漾掠过，法兰西的浪漫风情席卷而来①。

新桥是一个开放、平等的公共空间，任何社会阶层的人都可以来这里散步、观景。各个阶层的人前往新桥，欣赏塞纳河两岸的美丽风光，新桥也因此成为了巴黎第一个真正意义上的公共娱乐空间。1610 年冬天，时年 16 岁的旺多姆公爵——亨利四世的私生子，就曾在桥上与人"打雪仗"，像普通人家的少年一样享受青春的快乐。

夏日时节，新桥成为了市民赤身纳凉的"首选地"。新桥桥基下的阴影区，为巴黎人，特别是贫苦的巴黎人提供了避暑的绝佳去处，来此晒日光浴、游泳、洗澡的人络绎不绝。在 1716 年炎热的夏天里，大量"赤身裸体"的日光浴者出现在新桥附近的河岸上，以至于政府不得不出动警察来制止此"有伤风化"的行为，甚至当时还颁布了相关禁令。时至今日，新桥附近还时常可见戏水、晒太阳的人群身影。

同时，迷人的风光吸引了熙熙攘攘的游人，这也为不法分子提供了可乘之机，发生在新桥上的盗窃案数量急剧增加，其中最令人意想不到的是盗窃男士的斗篷。斗篷，在当时是财富与地位的象征，因用料精细、做工考究而价值不菲。穿着新斗篷的人，大都免不了要到人流密集的新桥炫耀一番。但，每当驻足于新桥的观景台，陶醉于塞纳河美景的绅士们回过神来，可能自己的新衣早已不见了踪影。一些有钱人甚至会在通过新桥时，雇佣保镖来保护自己的斗篷。当时的斗篷盗窃如此猖獗，以至于偷斗篷的盗贼都获得了专门的诨号"铜马像下的侍臣"，因为盗贼经常会埋伏在亨利四世的雕像附近。

尽管存在诸般问题，但毫无疑问，新桥促成了社会阶层的"聚集"与"融合"，并起到了社会平衡器的作用。自落成之日起，巴黎人便难掩对新桥的热爱，以它为背景的戏剧、画作、纪念品等层出不穷，新桥俨然已成为巴黎的灵魂。法国作家，热尔曼·布里斯（Germain Brice）在 1684 年出版的《城市旅游指南》中曾写道，"游客一直惊讶于桥上的匆忙和拥挤，并且能看到不同阶层和打扮的人，这让人们看到巴黎的伟大和美妙"②（图 2-3）。

（四）林荫大道建设及成效

除了巴黎新桥外，19 世纪时期由奥斯曼等人牵头的巴黎改造，也同样为巴黎现代化

---

① https://www.sohu.com/a/568784366_100121900
② https://www.sohu.com/a/568784366_100121900

进程塑造了多样的场景，带动了后续城市开发建设。

　　巴黎改造，又称奥斯曼工程，是指 19 世纪时期，法国塞纳省省长——乔治·欧仁·奥斯曼和拿破仑三世在位时所做的法国规模最大的都市规划。该改造，主要在 19 世纪 50 年代至 70 年代，包括了拆除拥挤的脏乱的中世纪街区、修建宽敞的街道、林荫道、修建大的公园和广场、建造新的下水道，喷泉和建设水渠以及将巴黎市区向周围郊区拓展等，涵盖了巴黎各方面的巨大工程（图 2-4）。此次改造使得巴黎被认为是现代都市的模范，极大的改变了巴黎的城市格局。虽然，这项工程在当时遭到激烈反对，奥斯曼本人也在 1870 年被拿破仑三世撤职，但改造工程还是按计划开展并一直持续到了 1927 年。如今巴黎的街道空间形态，很大程度上应归功于奥斯曼的整修①。

图 2-3　新桥上的来往人群车流（1872 年）

引自：https://www.nga.gov/collection/art-object-page.52202.html

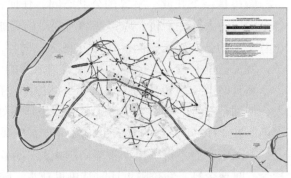

图 2-4　巴黎改造时修建的大道、街道和公园

引自：https://www.apur.org/en

　　林荫大道，是一种带有行道树且道路宽度较宽的大街，一般路幅单向至少要达到两车道，双向至少要四车道，并设有行人和自行车专用道。1859 年，巴黎的人行道里程只有 263 英里长，10 年以后则增至 676 英里，林荫大道的里程数占当时道路总里程的 1/4。道路两侧的树木总量从 1852 年的 5 万棵增至 1869 年的 9.5 万棵。林荫大道，提升了巴黎的城市绿化率，在奥斯曼离任时，巴黎的树木覆盖面积已达到 200 多英亩②。正是奥斯曼修建的林荫大道，极大地改善了巴黎的环境，成为巴黎的特色③。

　　此外，奥斯曼还在道路旁设置了路灯、公共厕所、长椅、遮篷、凉亭、垃圾箱、喷泉式饮水器等城市家具。18 世纪末，巴黎只有 1200 盏油灯，1830 年至 1848 年间，煤气灯普及，但也极为有限；到 1856 年初，奥斯曼成立了巴黎照明和煤气公司，负责建设路灯照明系统，这样路灯才从 1853 年的 1.24 万盏增至 1869 年的 3 万盏。公共厕所也由于城市用水供应的增加而增加。此外，随着林荫大道的建设，沿路两侧各种商品亭、书报亭也建立起来，更先进的地段，还设立了一批路面自动洒水设施……这些城市家具，助力了巴黎的城市现代化的进程④。

────────────

① https://www.sohu.com/a/568784366_100121900

② 1 英亩 ≈ 40468.88 平方米

③ https://www.sohu.com/a/568784366_100121900

④ https://www.sohu.com/a/568784366_100121900

（五）场景效能分析

巴黎的场景效益，不单单是如新桥、林荫大道等系列改造项目的罗列堆砌，而是以各个项目的更新改造所衍生出的围绕着城市服务、公共生活展开的系统性场景建构。一个个场景，拼合促进了巴黎市民重新回归城市公共空间，引发了人的聚集，培育了城市的创新活力，为老城区提供了新生活、新感受。

用场景理论来看，其发挥了空间的文化价值魅力，注入了新的功能业态与氛围培育，并且激发了旅游、休闲、游憩的空间价值，促进城市活力的打造。

1. "老屋新生"历史建筑地区孵化创新空间

在巴黎市区，大约75%的建筑建于1914年前，85%的建筑建于1975年前，受到保护的古建筑有3816座，法定保护区的面积达到全市用地的90%，由此，巴黎的城市空间才呈现出特有的历史风貌特征[①]。

巴黎老城区，经过新桥、林荫道等改造后，进一步彰显了城市独特历史人文魅力，成为了各个鲜活"场景"的发生器。一座座历史建筑、一片片历史地区，通过保护性更新，与现代化功能改造，改变了以往"衰败破损""杂乱不堪"的刻板印象，形成了适合生活，特别是年轻人需要的城市文化交往空间，带动了巴黎老城焕发新的活力。

通过巴黎建筑历史分布、与巴黎青年创新空间的叠加分析，如图2-5所示，图中橙色、黄色、蓝色点与蓝色、紫色等色块出现重叠较多，即上述点所代表的咖啡厅、灵活办公空间、小微企业孵化器等城市创新性空间，与色块所代表的老城区历史建筑，存在高度重合，以此说明老城区的历史建筑在当前巴黎城市发展之中，特别是在场景理论的舒适物中，发挥着独特优势，更多的"老屋新生"，老建筑中融入了青年人喜欢的阅读交往等创新空间。

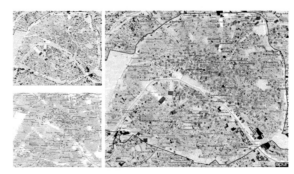

图2-5 巴黎老城历史建筑与创新空间分布分析
引自：改绘自 https://www.apur.org/en

2. "文化聚人"文化设施助力人口回流

文化，高度地、集中地体现了人类的智慧和才华，城市文化体现了一个城市的底蕴、创新能力和影响力。城市，依托大学、图书馆、博物馆、影剧院、音乐厅、画廊、文化艺术研究院（所）等设施，开展文化活动，进行文化成果的交流与展示。但文化活动又不仅仅局限于此，巴黎作为世界时尚之都，以及各类国际级赛事的举办地，其广义的文化活动还包括时装周、体育赛事等。同时，作为精致法式生活的窗口——巴黎，在咖啡厅、电影院、展览馆也无时无刻不上演着各种艺术碰撞的活动。致力满足居民的文化需求，建构文化消费活动场景，才能挖掘出城市发展的活力源泉，塑造良好的城市形

---

① http://www.urbanchina.org/content/content_7720303.html

象（蔡尚伟和江洋，2019）。

狭义的巴黎市只包括原巴黎城墙内的 20 个区，面积为 86.928 平方公里，虽然面积只为巴黎都会区的 0.5%，但是集结了巴黎市域近 60% 的文化设施。通过对人群分布、文化设施点位的叠加分析（图 2-6），可以看出，巴黎市民对文化设施有强烈的趋向性，文化服务设施吸引人口聚集。

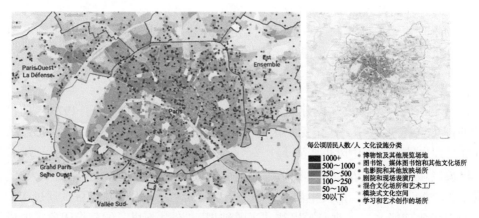

图 2-6 巴黎文化设施与人口密度叠加图

引自：改绘自 https://www.apur.org/en

文化普惠，让巴黎老城在国际上大放异彩，巴黎拥有 4773 个文化场所，占大巴黎都会区文化场馆的 63%，在法国国内和国际上都展现了非凡的艺术和文化服务能力。在巴黎老城，每 10 万人就拥有 220 个文化场所，该指标是巴黎大区同类指标的 4 倍之多。巴黎以其 103 家博物馆和 53 个展览场馆而闻名。文化设施与人群的聚集带动了文化产业的欣欣向荣，巴黎有 523 家书店，其中 363 家为各类专业书店；按照空间分布来看，塞纳河畔的书店就有 254 家，此外沿塞纳河还有 82 家出版社。在艺术品贸易领域，巴黎有 1295 家美术馆，是法国本土的 94%，此外，还有 42 家拍卖行。

巴黎城区，是世界领先的旅游目的地，因其涵盖了巴黎大都会中访问量最大的前 40 个旅游景点。景点的高密度分布以至每年 5030 万过境游客的绝大部分人群在巴黎城区多日过夜停留，这也因此促进了旅游服务业就业。每日在巴黎工作、学习、娱乐和消费的人数达到 350 万人，是其常住人口 217 万的 165%。

在巴黎，有建筑、绘画、雕塑，时装等文化思想的碰撞，所有来访者都有低门槛获取文化资源的途径通道，政府鼓励公众阅读、创作和艺术欣赏。城市的包容与分享的氛围，使得游客都能很好融入其中，外来人员的融入进而又促进城市的多元化发展，塑造了城市多元融合且和谐的形象氛围[①]。

3. "临街而商""涉水而憩"休闲游憩激发消费活力

巴黎慢行路网体系完善，其拥有超过 2300 公里、不同宽度的人行道，城市中的"老街旧巷"与城市休闲服务业、餐饮业交融交互（图 2-7）。

---

① http://www.urbanchina.org/content/content_7720303.html

塞纳河沿线滨水岸线"可参与""可停留""可互动"。在近年的城市规划中,把岸线"还给行人"成为了政府改造工作的共识。

大众对水与自然的向往成为滨水空间发展的巨大动力,大型公共开敞空间成为滨水开发项目的引擎。20世纪 80 年代以来,巴黎市区新增多个大型绿地公园,使河流与城市开发项目紧密联系。如贝西公园和雪铁龙公园等,作为塞纳河沿线大型绿色空间,将人们日常生活、场所记忆、现代文化活动和生态环境密切联系,河流、绿地等空间向城内延伸,为密集的城市开辟了疏朗的蓝绿通道。雪铁龙公园通过坡

图 2-7　巴黎商业消费设施分布
引自:https://www.apur.org/en

地处理、高架铁路等措施,将公园直接打通至河岸,体现良好的连续性和可达性。

在巴黎左岸协议开发区项目之后,自 2010 年起,巴黎市政府开始启动塞纳河岸线整治行动,旨在将部分用作机动车道的岸线空间"还给行人",丰富岸线空间的功能性以及加强塞纳河的生态可持续发展。

2013 年,巴黎市宣布将塞纳河左岸奥赛博物馆至阿尔玛桥之间的滨河快速道对机动车辆关闭,改造为"塞纳河畔"景观大道。全新的景观大道绵延 2.3 公里,占地面积 4.5 公顷。景观大道上不仅店铺林立,露天餐座、帆布帐篷、铁皮小屋随处可见,供游客市民免费使用。左岸景观大道的改造大获成功,促使巴黎市政府将眼光投向塞纳河右岸。

图 2-8　塞纳河改造前后
引自:https://threadreaderapp.com/thread/1614711109168005120

2016 年 9 月,巴黎市议会通过了将塞纳河右岸的乔治 - 蓬皮杜滨河快速道改造为人行道的计划,改造路段全长 3.3 公里。现如今,改造后的塞纳河是一个能够展现巴黎的艺术和浪漫的地方,是文人墨客和艺术家的诞生之地,人文气质非常显著,是理想化的艺术圣地[①](图 2-8)。

如今,塞纳河沿岸景观已成为巴黎旅游的必经之地,体验沿河景观和丰富滨水活动成为巴黎人民生活的一部分(洪菊华,2019)。

---

① https://www.163.com/dy/article/G27SK1IO0538K2VR.html

（六）启示

巴黎一直以其独特的历史、文化和建筑而闻名。巴黎进行了一系列改造项目，以促进城市形态的转变、历史文化的传承、居民生活质量的提高，同时吸引更多的游客。在城市改造中，规划创新改造具有前瞻性，以至于能够穿越不同的时代，不同的历史空间，至今回看仍是令人称奇。从城市发展角度来看，各项改造盘活了土地价值，通过区域功能、产业结构、用地布局、交通系统、市政设施、居住环境等问题调整，结合城市运营，为城市挖掘空间的潜力，持续不断塑造城市场景。场景塑造，从关怀人文生活的角度切入，实现从物质空间的满足到文化精神的享受与丰盈。

二、公园场景引导城市开发——纽约中央公园

（一）中央公园基本情况

中央公园（Central Park）是纽约市曼哈顿中心的一座大型都会公园，位于上东区和上西区之间，是世界上最大的人造自然景观之一。中央公园是美国造访人数最多的都会公园，被誉为纽约的后花园。

公园最早是在 1857 年开放，当时的面积为 315 公顷。1858 年，弗雷德里克·奥姆斯特德以"草坪计划"（Greensward Plan）赢得了扩展公园的设计竞赛，最终纽约中央公园在 1873 年完工。

公园北面为中央公园北街（公园以西称大教堂大道，以东称 110 街），东面为第五大道，南面是哥伦布圆环及中央公园南街（第五大街道以东称 59 街），西面为中央公园西街（哥伦布圆环以南称第八大道）。内有数个人工湖、漫长的步行径、两个滑冰场、一个野生动物保护区、多处草地供各种体育爱好者使用，以及儿童游乐场。公园内，长10 公里的环园路，深受慢跑者、自行车骑行者喜爱。夏季，公园吸引许多游客身着泳装在草地上做日光浴。公园有 2.6 万棵树，275 种鸟类，60.7 公顷的湖面和溪流，93.34 公里的人行游步道，9.66 公里的机动车道。园内设有 1869 年建成的美国自然历史博物馆、1870 年建成的大都会艺术博物馆、1872 年建成的中央公园动物园等服务设施。

（二）建设历程

1. 纽约中央公园建设背景

纽约市位于美国纽约州东南部，是美国人口最集中的城市。依托天然深水港——纽约港优越的地理区位，造就了纽约市贸易经济的繁荣。19 世纪中叶，由于人口大量聚集，城市建设的不断加剧，一座座摩天大楼拔地而起，纽约这个新兴城市也产生了嘈杂、喧哗、拥挤的环境以及日益严重的空气污染等"城市病"。

1847 年，约瑟夫·帕克斯顿（Joseph Paxton）设计了开放式的伯肯海德公园（Birkenhead Park），自此掀起了英国的公园运动。加之，从欧洲来纽约谋生的新市民不断在纽约宣扬伦敦、巴黎、维也纳等皇家园林已向公众开放……随着人们对健康意识、环境意识的觉醒，生活、工作在纽约的市民，越加渴求新鲜的空气和美好的自然环境，追寻自然、崇尚自然的浪潮在纽约掀起。在这种形势下，新闻记者威廉·布莱恩特，联合著名风景园林设计师唐宁在《纽约邮报》积极要求市政府为公众建造一个大型公园，自此开启了中央公园建设计划。

2. 中央公园从方案到建成

为了圆纽约客一个自然梦，纽约市议会制定法律保证大公园的建立，并在 1856 年取得了中央公园购地许可证。1857 年，纽约政府以设计竞赛的形式，开展了中央公园的方案征集，最后，由奥姆斯特德（Frederick Law Olmsted）与建筑师卡尔弗特·沃克斯（Calbert Vaux）所做的"绿草坪（Greensward）"方案赢得首奖，开启了中央公园从设计方案到建设成型的过程（图 2-9）。

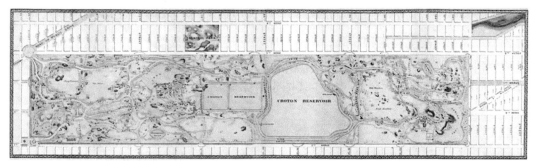

图 2-9 中央公园原型 – 草坪计划（1868 年）

引自：https://en.wikipedia.org/wiki/Central_Park

奥姆斯特德的设计理念，旨在创造一个实用、自然的公园，配合现有的城市规划交通路网，打造景观与建筑融合的城市绿色界面；公园种植本土植物，提供游人散步、休闲、运动等功能。设计了以田园风光为主要特色的公园风貌，并首创了下穿式的道路交通模式，使原有的四条城市道路从地下穿过公园，解决了城市交通问题，又确保了公园空间的完整性。公园内部也采取了人车分流的交通体系，为游人创造了更加安宁的游览空间。奥姆斯特德和沃克斯还精心设计了连续过渡的公园空间，将游人从拥挤热闹的城市，逐渐引导到充满自然活力的公园。

在建成开放的初期，中央公园并非真正意义上市民共享的城市公园，而是服务于精英阶层需要的精英公园。主要是因为，无论是从建设构想、选址、规模等等，自始至终受到主政者、富商们的影响，普通市民阶层并没有参与决策的渠道。中央公园早期的游客，也绝大多数都是占城市人口比重 5% 的上流阶层，因为只有他们才有经济实力乘马车观光；也因为只有他们才能有更多的休息日。当时的工人每周仅有一天的休息日，并且前往公园的车费、在公园里滑冰、餐饮等消费，对工人来说算是一笔不小的开支，中央公园对于普通市民是可望而不可及的"奢侈品"。

3. 中央公园管理规则的制定与实施

1873 年，随着中央公园正式对外开放，越来越多地被平民所使用。为了避免游客的滥用和破坏，奥姆斯特德敦促公园委员会制定了有关公园管理和利用的一系列规则。公园规则内容广泛，几乎涵盖了公园管理和利用的各个方面。如，快跑、马车野蛮行驶、赌博、叫卖以及"粗俗语言"等不良行为，都在禁止之列；强调公园的公有财产属性，公园内的一切空间设施，所有树木、灌木、水果、花朵，都是公有财产。当时的公园，重要的行为约束就是"限速"，禁止了诸多运动活动，其目的是禁止在公园中进行任何竞技体育项目或比赛，主要是为了延续"绿草地"设计方案的理念，以游客欣赏自然风景为主。随着时间的推移，中央公园委员会又在规则中增加了一些新的内容，例如禁止在池塘里钓鱼和游泳，禁止放鞭炮和弹奏乐器，禁止展示任何标识、旗帜和图片，禁止张贴任何说明条和通知等。

为了确保中央公园相关规定的效率，奥姆斯特德还组建了一支以监督为主的中央公园警察队伍。对公园警察进行岗前培训，引导陌生游客参观公园的诸多细节。在公园警察的巡逻下，有效地遏制了违规事件在中央公园内发生的数量。

然而，规定也是不断调整变化的。如，早期的公园仅支持观赏类被动娱乐的活动，游客不允许在草地上行走和躺卧；此后，随着管理观念的转变、市民休闲生活的需要，运动活动在公园内允许开展，并不断丰富；曾经禁止公众集会等严格的规定也逐渐放宽，娱乐设施和零售摊位在公园内开设起来。

4. 中央公园的衰败与复兴

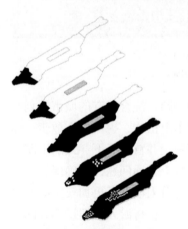

图 2-10　纽约发展历史脉络
引自：http://io.morphocode.com/
urban-layers/

随着公园的投入使用，中央公园面对着各种的新问题。由于市民游客大量增加、中央公园委员会解散、时任纽约市政府的忽视以及公共预算的削减等原因，从 19 世纪 70 年代末至 20 世纪 30 年代初，资金不足、管护人员匮乏和公园使用过度等问题；另一方面垃圾、涂鸦、高犯罪率等社会问题频发，纽约政府部门甚至对于公园内的破坏行为及垃圾堆放都不加理会，种种原因加剧恶化了公园的环境，公园进入了严重衰退的时期（图 2-10）。

1934 年，当共和党的费雷罗·瓜迪亚（Fiorello Henry La Guardia）被选为纽约市市长后，萧条的中央公园，终于有改变了。他联合了当时五个和公园有关的部门，并委托知名建筑大师罗伯·摩西斯（Robert Moses）负责整顿公园。在一年间，摩西斯除了整顿中央公园外，也连同其他公园一并整理：他重新种植了草坪花卉，移去枯萎了的树木，重新喷砂墙壁以及维修桥梁等等。摩西斯认为，公园应该用作消遣用途，其对奥姆斯特德的"草坪规划"进行了共享开放的理念更新，而后建设了十九个游乐场、十二个球场及手球场。依托罗斯福新政及公众捐款，摩西斯筹得到相关资金用以维护公园日常运维，这使得中央公园再次热闹起来。

到 1980 年，为中央公园可持续发展，妥善管理以及稳定的资金以维持公园运维，纽约中央公园成立了保护管理委员会。在中央公园的维护和更新中，数以百万计的资金不断地投入，以保持公园的活力与生命力。在中央公园保护管理委员会成立之初，实施了 5000 万美元的振兴计划：对重要的景观进行恢复和改造，并且专门雇用 3 名工人持续三年对涂鸦进行清除。在治安方面，部署骑警，加强巡逻，有效打击和控制了犯罪发生概率，使公园焕发新的活力。公园管理委员会通过与纽约市政府签订的管理合约，以个人和公司社会机构捐助形式，筹集资金承担了 85% 以上的运作预算。同时，每一年公园都会专注于对自然环境科学、公园历史等等宣传，提供多项教育计划，为各种机构和群体提供娱乐活动、志愿者培训等活动，促使公众积极参与到公园建设维护、经济资助等行列中来。

5. 中央公园对城市生活的意义

今天的中央公园，在外观上，延续保持了 19 世纪的样貌，并更加契合市民日常休闲、生活健身需要。从方案到建设，中央公园形成了三个特点。第一，丰富的功能分区。作为超级大公园，为了满足各类人群的需要，设计考虑容纳种种需求，划定了以人的活动为需求的功能分区。包括动物园，戴拉寇特剧院，毕士达喷泉，绵羊草原，眺望台城堡，草莓园，开放水域等景点活动。第二，先进的道路系统。纽约中央公园景观道路系统和周边城市道路系统融会贯通。由于公园体量规模较大，所以公园在东西向设计了 4 条交通线，采取下穿的形式与城市道路进行联系。公园内部有一条约 9.6 公里长的环形车道，以及密集的二级、三级路网，系统组织均匀地疏散游人，使游人一进园就能沿着各种道路快速达到自己理想的场所。第三，自然的山水布局。奥姆斯特德钟爱英国的"田园式"景观，而中央公园与古典园林有个明显的不同，就是最大限度地弱化轴线，基本保持了原有的地貌，尊重原始场地（图 2-11）。

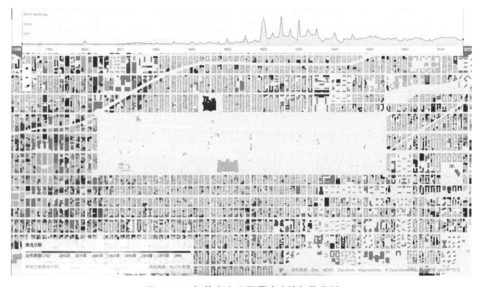

图 2-11 纽约中央公园周边建筑年代分析

引自：http://io.morphocode.com/urban-layers/

中央公园的设计师奥姆斯特德曾讲，"一个城市要想在世界都市里占有一席之地，就必须更加注重人类劳动的更高成果，而不是仅仅注重那些赚钱的行业。城市里应该有大量的图书馆，教堂，俱乐部和酒店，不能只为一般的商业服务，也要为人文、宗教、艺术和学术服务。"他还说，"公园四周的大楼即使高得比中国的长城高两倍，我的设计也可以保证在园里看不到这些大楼。"他的设计中有山有水，营造出自然绿色的公园风光。

如今的中央公园成了纽约人的"天堂"，夏季人们可以在湖上泛舟，冬季在结了冰的湖面上溜冰。

如果设计者看到今天人们那么热衷于在公园中的活动或许会感到大为惊奇和欣慰，因为当初的设计旨在为人们创造更丰富的活动设施。

（三）价值估算

1. "显性"价值

奥姆斯特德是最早开展"公园可以提高财产价值"相关研究的人之一。1856年，也就是公园开工前一年，奥姆斯特德估计中央公园周围的三个区域价值2640万美元。公园于1873年竣工后，公园周边的物业价值达到了2.36亿美元。他用这些数字来证明，虽然成本超过了最初的150万美元预算达到1390万美元，但是是合理且具长效回报的。他曾设想，在公园投入使用的几年中税收收入足以弥补建设中央公园的成本。

纽约中央公园服务于城市，带动了物业价值增值。根据2015年，中央公园保护协会委托编写的题为《中央公园效应：评估中央公园对纽约市经济贡献的价值》的报告显示，中央公园为最近的街区的房产市场价值增加了超过260亿美元。具体来看，中央公园及周边临近地区房产价值占据了纽约房产价值的18%（2014年）。从公园向外的街区，按照物业价值划分为4个地区，随着距离公园的近远增加，平均物业价值呈现逐级下降。如，1区（下图绿色区域）的物业价值，超过3区（紫色区域）26%、4区（橙色区域）72%（图2-12～图2-14）。纽约市财政部的财产税评估数据显示，住宅靠近公园会提高其价值，距离公园150米范围内，能大约提升物业价值的5%。这一规律在纽约中央公园附近更为显现，根据房价统计，中央公园周边所有毗邻社区的房屋售价中位数合计为122万美元，而第一排街区的房屋售价中位数为140万美元，相差27万美元，整个公园第一排街区的单位售价中位数比附近每个地区的售价高出22%，在最昂贵的区域，即上东区的Lenox Hill，这一差距拉大到93%（图2-15）。

公园带动城市建设发展与人才聚集。中央公园，见证了曼哈顿中城发展的脉络，引领地产住宅建设，同时培育旅游，带动餐饮、住宿业发展，为纽约国际金融发展奠定了空间基础。

中央公园周边人群平均中位数达到22万美元，比南侧曼哈顿中城高出约69%（图2-16）；公园周边建设强度虽然不足曼哈顿中城45%（图2-17），但从房产价值来看基本与中城房产持平，按照每平米价值换算，公园周边是中城房产价值的2倍（图2-18）。

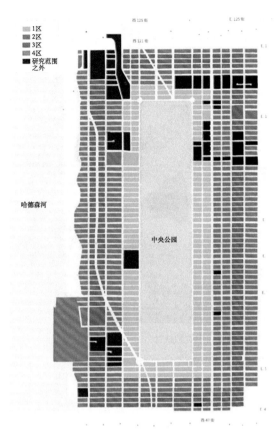

图 2-12 中央公园周边税收分区情况

引自：THE CENTRAL PARK EFFECT:Assessing the Value of Central Park's Contribution to New York City's Economy

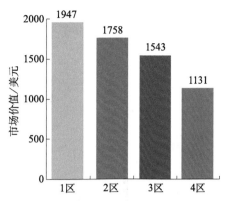

图 2-13 公园四个街区平均每平方英尺的市场价值统计

引自：THE CENTRAL PARK EFFECT: Assessing the Value of Central Park's Contribution to New York City's Economy

中央公园地区
$154.2 (18%)

其余曼哈顿地区
$185.3 (22%)

其余纽约市地区
$518.6 (60%)

图 2-14 中央公园区域与纽约房地产市场价值分析

引自：THE CENTRAL PARK EFFECT: Assessing the Value of Central Park's Contribution to New York City's Economy

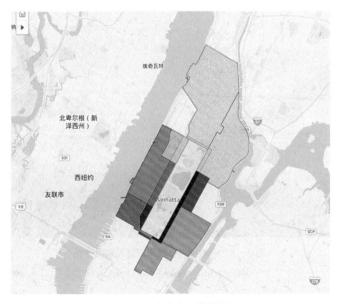

图 2-15 中央公园地价差异

引自：https://www.6sqft.com/to-live-across-from-central-park-youll-pay-25-more-than-every-bordering-neighborhood/

图 2-16 纽约中央公园周边人群收入中位数统计

引自：https://opening-hours.kpfui.dev/

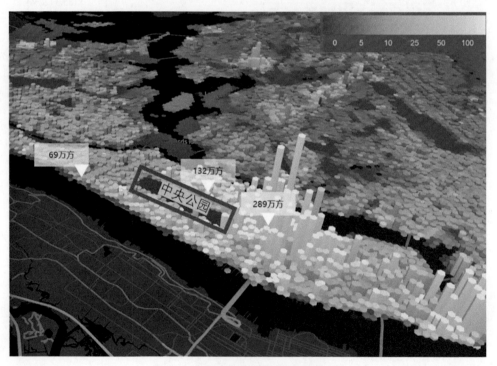

图 2-17 纽约中央公园周边建设强度分析

引自：https://opening-hours.kpfui.dev/

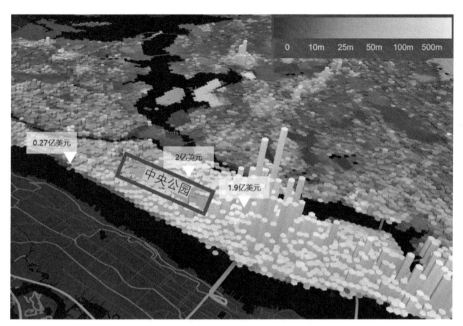

图 2-18　纽约中央公园周边房产价值分析

引自：https://opening-hours.kpfui.dev/

从用地布局看，沿公园效益最优的布局模式特征为：内圈层为居住用地与公共服务文化设施；中圈层的沿街布置住宅开发；外层为商业、办公用地。临近公园的多为居住用地，即所谓的"豪宅"，在公园中圈层，沿街分布带有底商的居住用地，用地混合性加强。

从设施分布看，公园周边设施聚集，更多为体育教育、儿童福利机构、图书馆、文化馆、健康服务等公益性项目。大量的服务设施，增强了公园与周边地区的联系，也为文化艺术体育活动的持续开展提供了空间支撑。从设施等级上看，受到城市发展历程的影响，从单一住宅用地不断拓展出商业、酒店等复合功能，公园南侧的曼哈顿中城集中布局了酒店，形成集群，600 米距离内大致包含 58 家酒店，1.96 万间客房，占曼哈顿区酒店总量的 34%。沿公园周边 300 米内，形成了大都会博物馆、古根海姆博物馆、现代艺术博物馆、美国自然历史博物馆、林肯中心、卡内基音乐厅等博物馆、艺术场馆分布密集区（图 2-19～图 2-22）。

图 2-19　纽约中央公园及周边用地类型分析

引自：https://zola.planning.nyc.gov/about/

图 2-20 纽约中央公园设施类型分布

引自：https://capitalplanning.nyc.gov/map/facilities#13.44/40.7792/-73.9744

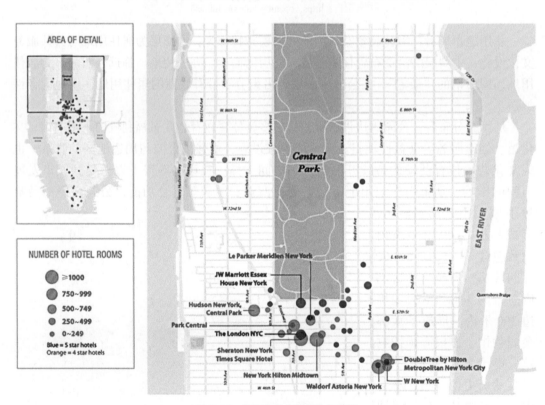

图 2-21 纽约中央公园酒店业分析

引自：THE CENTRAL PARK EFFECT: Assessing the Value of Central Park's
Contribution to New York City's Economy

图 2-22　纽约中央公园周边博物馆

引自：THE CENTRAL PARK EFFECT: Assessing the Value of Central Park's
Contribution to New York City's Economy

　　此外，中央公园将生态、人、建成环境，社会关系网络等，建立有效互动，提供人的福祉。公园的功能承载与使命担当，也为周边地区的再更新提供机遇。通过中央公园周边住宅开发项目统计，临近周边房产物业正进行着自发的自我更新，诸多老房子正进行着改造设计，以孕育新的发展契机，为未来的城市建设更新、业态更迭，提供新机会（图 2-23）。

图 2-23　中央公园周边住宅开发项目

引自：https://capitalplanning.nyc.gov/map/facilities#13.44/40.7792/-73.9744

2. "隐性" 效益

除物业价值提升外，中央公园作为纽约的形象标志，区别于摩天大楼给世人所展现的高耸入云的现代化建设强度表征，中央公园更多展现了纽约大都市自然惬意、休闲浪漫的形象。自 1908 年电影《罗密欧朱丽叶》在中央公园取景后，截至 2014 年，公园内 300 多个地点被用作电影取景地，形成了强有力的地标，承担了文化艺术、娱乐媒体宣传的职能，向全世界进行着宣传。

从保障就业看，纽约中央公园提供了约 686 个全职岗位，创造 6330 万美元经济产出；间接创造了 1345 个其他岗位，带来近 6750 万美元收入和 1.537 亿美元经济产出。此外，经常举办的各种活动，直接间接带动了 1871 个工位，带来近 8750 万美元收入，2.038 亿美元产出。环公园周边布局 58 家酒店，雇佣 1.54 万人，占曼哈顿酒店从业人员的 35%，收入达到了 9.95 亿美元。公园周边 43 家博物馆，年参观人数达到 1960 万人，博物馆相关全职、志愿者人员数量达到 6500 人，占纽约市博物馆从业人员的 60%。

从旅游人口与消费看，2014 年中央公园的参观总人数为 4180 万，平均每天近 11.5 万人次参观，特殊节庆活动吸引人口年均 110 万人次，假设该类人群中，36% 来自纽约以外地区则产生的食宿消费可达 7300 万美元。

公园成为市民休闲健身的地方，2014 年纽约市民使用公园人次达到了 2700 万人次，市民步行、慢跑其中，根据纽约市医疗保健费用和劳动生产率损失测算，公园促进了市民健康生活方式的形成，减少使用人群肥胖发病频率，从减少病症减少医疗支出来看，约减少 5300 万美元政府负担医疗费用支出。

（四）启示

纽约中央公园，以大型公园场景建设引导城市发展。从城市建设来看，中央公园的建设，改善了纽约市中心的生态环境，公园提供了良好的生态环境，激发城市居民更多参与户外活动，提高健康水平，以减少医疗开支，提高生产力。同时，促进了城市空间形态的重塑，提高了周边地区的房地产价值，促进了地产开发与城市建设。公园周边布局，如咖啡馆、商业街、文博公共服务等业态设施，可以吸引当地居民和游客，提高商业活动水平，增加就业机会。此外，公园是举办音乐会、艺术展览和文化节庆的理想场所，活动吸引人们聚集，进而推动城市文化氛围培育，城市旅游业的发展，为城市带来经济效益。

三、消费场景激活城市活力——伦敦牛津街

2023 年 7 月 24 日召开的中央政治局会议提出 "要积极扩大国内需求，发挥消费拉动经济增长的基础性作用"。消费是经济主体的最终需求，既是手段也是目的，是

一切经济活动的起点和落脚点。发挥好消费拉动经济增长的基础性作用，有利于促进经济平稳健康发展，有利于带动经济转型升级推动高质量发展，有利于更好满足人民日益增长的美好生活需要。

从中长期来看，我国居民消费仍有很大增长空间。当前中国最终消费占 GDP 的比重（即最终消费率）约 53%，最终消费中居民消费占比约 70%、政府消费占比约 30%。从最终消费率看，中国在 G20 国家中排序靠后，俄罗斯、土耳其、墨西哥等国最终消费率都在 70% 以上，美国、英国、日本等发达国家还要更高。与全球主要经济体相比，中国最终消费率的相对差距要超过 20%，相关差距说明我国的消费供给、消费形式还有一定的提档升级潜力，从 2023 年短周期看经济发展，积极扩大国内需求已经成为全社会共识，扩大内需的诸多方式中提振消费尤为重要。

城市商业街，作为城市消费的重要空间载体，因其适宜步行的特色街区环境、复合多元的商业业态组织、集中凝练的地方文化展示……成为了众多游客、市民休闲消费打卡的目的地，其是城市商业的缩影和精华，是一种多功能、多业种、多业态的商业集合体。当人们离开府邸，进入街道，商品的交易时刻发生，街道上各式各样的生活，与人发生交流，与城市进行着相互认同，消费的场景不断浮现……

诚然，受到互联网经济的影响与冲击，当下的实体经济正经历着结构性转型。无论国内外的商业街，大多处在从单一零售商业向体验性商业消费过渡的转型期。下面，通过对英国伦敦牛津街的演化及改造的实例研究，总结以消费场景激活城市活力的经验借鉴。

（一）基本概况

牛津街位于大伦敦地区的威斯敏斯特市，伦敦的西边、泰晤士河北岸，属伦敦中央活动区（Central Activities Zone，CAZ）。

牛津街，西端至大理石拱门，东端至图腾汉厅路，全长 2.4 公里。街道上，大型综合百货 10 家，零售店铺 222 家，结合南侧的邦德街、摄政街，形成牛津商业街区，每天吸引超 60 万人参观游玩，其中国际游客占比超 30%，街区年度营业额合计 91 亿英镑。

牛津街及所在地区是中央活动区重要商业活动空间，大伦敦最为繁华的地段。根据库什曼和韦克菲尔德公司发布的《伦敦房地产 2019 年年度报告》（*Central London Marketbeat Quarterly Report 2019*），伦敦零售商业街的年租金中，牛津街、邦德街的店铺年租金远超其他商业街道。

按照《伦敦总体规划（2017）》[*The London Plan（2017）*]的规划目标，在中央活动区内将打造西区国际中心和骑士桥两大国际中心。牛津街所在的西区国际中心，未来的发展定位为"具有全球示范意义的购物目的地"。

（二）历史演变

从 18 世纪开始的马车路到满足居住配套的社区商业街再到闻名世界的顶级购物街，牛津街的演化展现了伦敦零售业的历史演变（图 2-24 和图 2-25）。

罗马统治时期，牛津街为大伦敦西边的沼泽地带。公元 600 年，撒克逊人在考文特花园创建新城镇，牛津街为其西部定居点。1536 年，宗教统治时代瓦解，土地所有权转变，教堂属地转变为皇家狩猎园（今海德公园）。通往皇家狩猎场地的必经之路牛津街，因为时局的动荡，来往人群的复杂交汇，变成犯人处决地、盲流聚集地。

18 世纪，牛津伯爵将牛津街区收储开发，形成"住宅＋广场"的街巷格局，经过统一规划，街区周边的地产与娱乐业逐渐兴旺。19 世纪中后期，牛津街商业活动频繁加剧，约翰·刘易斯百货于 1864 年开业，自此牛津街的零售业兴盛发展。

同时，从各时期历史照片中可以总结，牛津街的发展基本经历了"居住开发吸引人口聚集、商业销售形成特色街区、美好生活品质追求带动设施更新与街道环境提升"等等发展脉络。

在最近 30 年间，牛津街又经历了显著的改造。1990 年前后，牛津街西段重整铺装，拓宽人行道，改善照明及增设街道家具。从 2009 年到 2011 年，牛津广场开展少车化改造，进一步强化了行人优先权。2012 年开始，牛津街东段成为改造升级的对象，并为规划的地铁伊丽莎白线的施工设站作出预留。

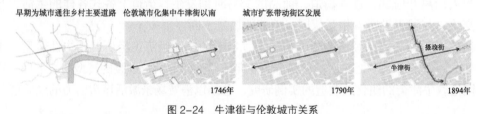

图 2-24　牛津街与伦敦城市关系

引自：*Oxford Street District Place Strategy and Delivery Plan 2018*

图 2-25　牛津街发展历史照片

（三）牛津街发展特点

回顾牛津街发展历程与特征，呈现出街区化、便捷化、在地化的主要特性。

以街区化支撑商业街，提供可游逛、全时性的逛街体验。

从街区尺度上看，东西向的牛津街，与交接的南北向的摄政街、邦德街，三条步行街构成西区零售休闲区的整体骨架（图 2-26）。

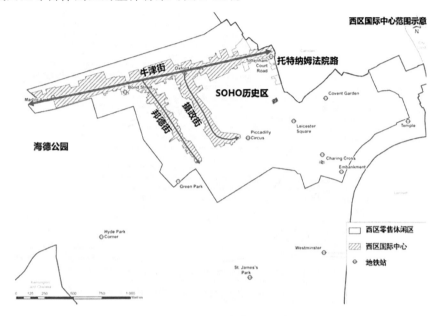

图 2-26 西区零售休闲区示意图

引自：*Oxford Street District Place Strategy and Delivery Plan 2018*

三街交会，形成购物街区，满足了人们逛街购物的物理空间需求。牛津街包括ZARA、Topshop、Follie、Tissot、Vodafone、Geox、Clarks 等主要面向青年的大众品牌，同时结合街上的多座大型百货商场 The House of Selfridge、John Lewis、Debenham、Fraser 等，满足了不同年龄段人的购物需求；摄政街主要包括 Longcham、Hamleys、Tommy Hilfiger、Sandro 等中端、轻奢品牌；邦德街则以包括 Christian Dior、Gucci、Hermes、CHANEL、Louis Vuitton 等国际一线奢侈品为卖点。通过梳理牛津街、摄政街、邦德街的商业品牌，三条街道品牌差异明显，客群消费档次梯度明显，形成良性的商业生态环境。

大流量人群聚集，地铁出行主导。

牛津街被评为英国最重要的零售地点和欧洲最繁忙的购物街。2.4 公里长的街道，地铁站 3 个，周边停车位共计 4000 个，公交站点分布密集。公交车、出租车不断行驶，人流、车流、货流等汇合交织。牛津街公交车的行驶速度通常不超过 7.4 公里 / 小时，与行人 5 公里 / 小时的速度基本持平，然而伦敦常规道路车速在 25～50 公里 / 小时。

现有游客的主要抵离方式绝大部分依靠地铁等公共交通。"牛津广场"是三条地铁线路交会的换乘站，也是伦敦流量最大的地铁车站之一。按照规划，正在修建的伊丽莎白线也将穿过该街，在附近设邦德街、托登宇宫路两站。伊丽莎白线是连通伦敦市东西两个机场、雷丁市、谢菲尔德市两座城市的主要地铁线路，其开通运营势必加速大伦敦地区的人口流动，同样也为处于中央活动区内的牛津街带来更多流量（图 2-27）。

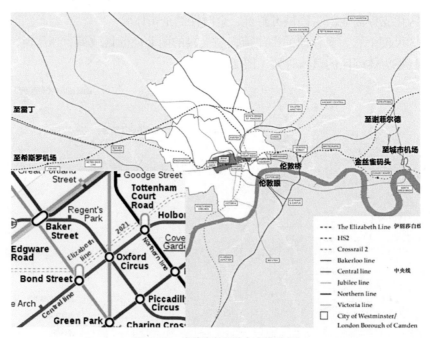

图 2-27　牛津街的区位与交通分析

引自：*Oxford Street District Place Strategy and Delivery Plan 2018*

除地下交通外，地面上为防止车辆拥堵，牛津街的大部分路段在高峰时段被指定为公交专用道。除周日外，牛津街全天从上午 7:00 至晚间 7:00 之间仅向公共汽车，出租车和自行车开放（图 2-28）。

图 2-28　牛津街公交站点现状分析图

引自：*Oxford Street District Place Strategy and Delivery Plan 2018*

就牛津街街道尺度而言，整条街宽约 27 米，人行空间平均宽度 8.5 米，步行空间局部略有扩大或缩小。牛津街两侧建筑高度在 27～48 米之间，高层建筑主要为大型百货，一般建筑底层为商业零售，上层为办公，街道 D/H 约为 1.3。因为路面通车，存在人、车共行的状态，整体来讲其街道尺度适中，对于步行逛街来说体验较佳。

商业提供就业，助力城市繁华烟火。

2016 年的相关数据显示，牛津街成为西区中人口就业与商业价值最为繁茂的街区。牛津街现有居住人口 1.25 万人，虽然街区面积为 162 公顷（表 2-1），仅占威斯敏斯特市域面积的 8%，却提供了 15.5 万就业岗位，其中专业服务人员占比达到 51%，零售业占 20%，地区生产总值 130 亿英镑，为该市总产值的 23%。

表 2-1　牛津街就业情况 2016 年

区域	面积 / 公顷	就业机会 / 个	就业密度 /（职位 / 公顷）
牛津街	75	85000	1130
牛津街区	162	155000	960
威斯敏斯特市	2100	730000	340
伦敦	157000	5200000	33

资料引自：*Oxford Street District Business Case*

（四）牛津街场景化改造行动

随着人们消费习惯的转变，传统步行街在当下也面临一定的改造需要，以回应人们的现代生活需求。2017 年，伦敦市长萨迪克·卡恩（Sadiq Kahn）就曾提出将牛津街改造为完全无车的商业步行街，并开展了相关概念设计。时至今日，虽然其无车化的畅想因为诸多原因未能实现，但在其规划中的相关成功改造经验对现代商业步行街，特别是顺应新时期消费习惯变化所需要的场景化改造策略具有启示作用。

2018 年，威斯敏斯特市政府出台《牛津街区改造策略和行动计划 2018》（*Oxford Street District Place Strategy and Delivery Plan 2018*），牛津街所在的经营管理单位西区公司出台《牛津街 2022 年实施方案畅想》（*Oxford Street 2022 the Vibrant Future*）（图 2-29）。两本规划方案相互顺承，形成"战略布局＋实施方案"的改造思路架构，形成交通、商业、空间提升等方面设计要点。两本改造方案相互配合，通过了有关部门及公众的意见表决，并获得政府及社会的资金扶持，为牛津街未来发展的行动指引。

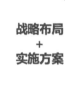

2018年《牛津街区改造策略和行动计划2018》
1. 混合使用土地
2. 街道和空间
3. 交通改善：步行、巴士、自行车、小汽车、出租车，空气改善，管理维护等
4. 道路识别性
5. 便利设施
6. 游憩空间
7. 建筑
8. 灯光
9. 景观
10. 文化和公共艺术

2019年《牛津街2022年实施方案畅想》
投入2.3亿英镑用于牛津街改造，包括：
1. 1公顷新公共空间
2. 牛津公共广场
3. 拱门改造
4. 行人休闲区打造及路面整理
5. 减少道路空间，减少巴士
6. 绿色空间和清洁空气

图 2-29　牛津街改造战略布局与实施方案内容框架

1. 由街及区，拓展改造范围，促进蔓延式游逛体验

牛津街的改造，不脱离街区环境本底条件，通过街道改造将牛津街与周边街道、街区建立更加广泛深入的联系，以促进整个西区的发展。改造过程中，将牛津街从大理石拱门到托特纳姆法院路划分为九个特色区段，考虑到各区段内的历史遗产、公园广场、商业空间、交通网络和人口结构，提出分区分段指引（图 2-30）。

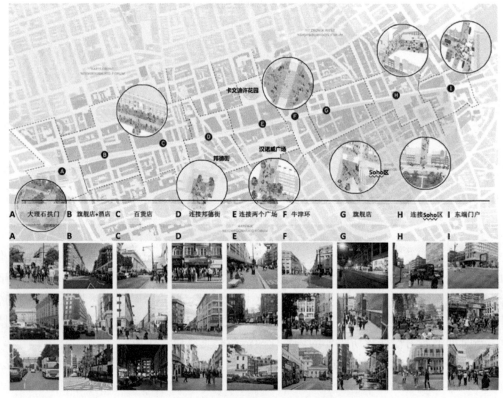

图 2-30　牛津街改造拟形成的九个特色区段

引自：*Oxford Street District Place Strategy and Delivery Plan*

2. 把握商业零售发展趋势，由纯粹购物向休闲生活演进

牛津街始于传统零售商业，特定日期举办国家礼仪性活动，知名度不断提升，成为伦敦展示城市形象的窗口。电子商务时代下，实体商铺面临转型提升。相关数据显示2020 年，伦敦零售业的 21.3% 转为在线销售，然而在 8 年前，相关在线销售占比仅为11%。大量的商业店铺倒闭更迭，迫使商业街业态自我更新。

牛津街零售业态的转型提升，国际大牌、时尚潮牌，与本土特色品牌多采取时尚快闪、定制体验、品牌旗舰店等营销策略，带动街道零售商业的新增长，街道更加"洋气""We-Work"众创空间的植入，具备购买力且向往精致生活人群的入驻带来了"新气"，新业态、新人群和原住民的糅合交织碰撞，在吸纳新鲜事物的同时也保留了"烟火气"；此外，来自世界各地游客在社交网络的打卡点赞、众多景观艺术装置在街道上的推陈出新，加之互联网的无界无时差性传播……每天都在为牛津街做着免费、不间断

的全球性广告宣传，从而带动了牛津街世界地位的提升。

如今的牛津街，已经从单一纯粹目的性购物转变为旅游、家庭聚会、人群社交、休闲娱乐活动等多种丰富的生活场景的体现（图2-31）。1/4的英国购物者表示，他们去牛津街，是为了和家人朋友进行社交活动，1/3的人去牛津街为了聚餐休憩。街道上的商户也在调整店内布局结构，减少展架展柜，增设活动室、VIP室等作为休闲社交场所、产品体验中心、健身授课地等。

Burberry旗舰店举行走秀实时互动

Sweaty Betty提供免费建设课程

Gap设立咖啡厅

Made.com设置在线展示体验厅

图2-31 牛津街商业空间的转型趋势

引自：*Oxford Street District Place Strategy and Delivery Plan 2018*

在业态升级调改的过程中，街区用地也形成了"商业＋居住＋就业"的混合特征。

实体商业销售的不断疲软，店铺房租的上涨，导致商业用地的转型升级。英国消费结构报告显示，英国人在零售支出占比由1960年的30%，下降到2019年的24%，商业消费的减弱导致商业空间的压缩。与传统商业零售用地不断下降的对比是牛津街地区"码农"租户由8%（2010年），上升到24%（2018年）。整个伦敦西部地区，55%的商业零售空间已向金融、商业服务转型。牛津街商务办公占比凸显，形成"商业＋居住＋就业"的复合用地特征。根据RightMove办公位出租平台数据显示，该地区办公出租1115户，55平方米的月租金可达1671英镑。

牛津街以商业购物空间为主，西侧结合海德公园等景点形成酒店群，沿牛津街南北向的支路小巷分布餐馆、咖啡厅，以及面向本地区居民、办公人员的零售杂货店。街道外围布局艺术场馆、剧院戏院等也促进了街区的复合繁荣。牛津街晚间的客流量比平日多35%～60%，除商业空间外，辅街布局的餐饮业，娱乐业等因闭店时间更晚，为提升"夜经济"消费提供了契机。

3. 交通拥堵近期可控，优化提升慢行逛街环境

商业街人流、车流的瞬时增加必然导致街道拥挤。牛津街并非类似北京王府井步行街、上海南京路等纯步行的商业街，而是人车共面的商业街。白天出租、公交车可行驶在牛津街上，为消费者的抵离提供交通便利。晚间允许私家车行驶，以促进夜经济的发展。但机动车的驶入、与商业流线的交织，必然导致交通的拥堵，甚至引发交通事故，随着 2021 年伊丽莎白线的开通，打通了伦敦东西向高频高效通勤需求，也为牛津街换乘、游客到访等加剧了人流。有关数据显示，伊丽莎白线为西区新增 6000 万人的流量，每年的访问量比当前的 2 亿人次再增加近三分之一。

随着轨道交通的运行，牛津街的人流还是会持续增多。一刀切的禁行禁车可能会损其"心脉"，引发人气与商业氛围的整体溃散。规划对牛津街的未来交通环境进行了预判，预计到 2026 年，若不采取交通改造措施，则全街 85% 的路段将会形成拥堵。

改造推广减少公交班次，拓展行人空间的思路，以缓解街道拥挤的进一步扩张。主要因为牛津街的每辆公共汽车上，平均只有 18 名乘客，公交车没有以有效的承载能力运行。规划采取相对保守的交通改造策略，拟优化公交系统以减少地面公交班次来迫使游客培养地铁出行的交通习惯；同时规范货运车行流线等，减缓拥堵趋势（图 2-32）。

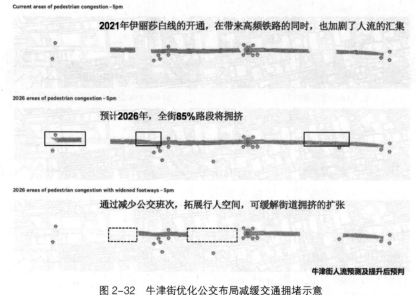

图 2-32　牛津街优化公交布局减缓交通拥堵示意
引自：*Oxford Street District Place Strategy and Delivery Plan 2018*

另外，挖潜道路空间，增大人行区域（图 2-33 和图 2-34）。在牛津街道路改造中，调整现有车行道路的路缘，减少车行道宽度，增加步行道；增设人行道、安全岛等过街设施；减少部分公交车站数量，设置公交车、出租车停靠站。针对辅街，同样突出行人优先的理念。开展平整路面的改造工作，消除人行道、机动车的高差，重点路段以砖石铺装代替水泥沥青，强化人行过街体验，以进一步限制机动车穿行其间、降低车速。

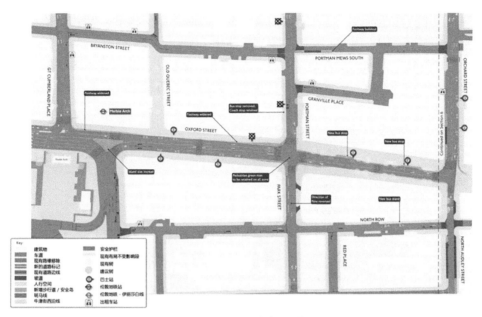

图 2-33 牛津街道路改造示意一

贝克街交叉叉口平整化改造　　　　邦德街改造前　　　　邦德街改造后效果

图 2-34 牛津街道路改造示意二

4. 环境品质提升计划

开展街道整治提升行动（图 2-35）。第一，在主街上进一步提升行人优先权，结合扩宽过街路口人行道宽度、减少公交车班次减少车流量等，保障主街的基本通行能力。第二，对辅街进行强化设计，营造舒适的人行通道，开展辅街各类公共节点的空间设计，通过环境提升将人流客流往辅街上分流，带动辅街商业空间的销售

图 2-35 街道改造分类指引

增长。对辅街的街巷空间，开展生活性功能提升策略。结合辅街的众多酒吧，餐厅，咖啡厅等形成聚集场所，对现有的各类公共节点、广场、标志物等进行梳理整合与保护提升，以增加空间的丰富度。选取如拱门广场、卡文迪什广场等重要节点进行改造设计。

第三，公共节点功能性改造提升。《威斯敏斯特市总体规划》指出，牛津街地区整体缺乏公共空间、游玩空间。因此，在街道规划策略中，结合街道交通改造的要求，尝试探索商业街的街区化、空间组织等级序列化及活动景点串联化、路线化（图2-36）。通过节点广场、绿地等的打造，形成点线面串联的空间层次，拓展牛津街现有单一线性的逛街体验。

图2-36 牛津街地区游览线路设计

例如：牛津街西端的拱门广场，占地0.3公顷，具有着重要的门户作用（图2-37）。现状拱门构筑物、广场绿化等相互隔离，车辆环绕穿行。规划认为应将其作为参观伦敦的打卡地标并提供更舒适的环境氛围，拟引入露天艺术展览、室外餐吧等，形成丰富的生活场景，营造令人兴奋活跃的活力广场。

图2-37 拱门广场改造初步思路

又如牛津街以北的卡文迪什广场，占地0.8公顷，现状地上为广场绿化、地下为停车场（图2-38）。规划方案拟将停车场的功能改造为商业零售、私人医疗保健服务等混合功能，形成使用面积2.6万平方米，地下四层的综合服务设施。减少泊车位、限制车流进入从而降低区域环境污染。

广场位置　　　　　　　　　　现状　　　　　　　　　改造方案　　　　　　　　　改造方案

图 2-38　卡文迪什广场改造方案

5. 历史风貌管控

特别尊重历史建成环境保护。注重对牛津街街区历史环境的整体保护与开发的平衡。从英国政府层面，允许和鼓励有助于提升遗产地环境品质和公共绩效的积极变化和适度开发，并以影响评估与许可管理为手段，对历史资产相关的开发项目进行引导和管控。

英国历史环境保护管理在历史环境中形成了动态弹性的保护机制，以价值分析与影响评估为前提，以动态规划许可为手段，确保了各类历史资产在价值重要性不受影响的前提下适度必要的功能更新与品质提升。

多层级的建筑风貌管控要求。规划开展建筑单体与街区轮廓尺度环境的管控保护。设置一级、星级二级、二级等三类保护建筑分类，在牛津街及辐射街区，划定风貌保护区。新建、改建建筑应考虑其规模、高度、体量；在细部上也应与周围传统建筑立面的风格、建筑窗墙比相协调。

为保护牛津街的传统街区风貌氛围，针对未评级建筑的改造加建，也同样形成详尽的评估报告。例如牛津街 NO.103 号建筑的改造（图 2-39），该栋建筑现状 6 层，首层商业，剩余 5 层为语言学校。改造方案拟将教育性质转换为办公，并加盖一层。改造报告包含了概要、位置、现状照片、各部门意见、历史背景资料、详细考虑、主要图纸等七部分。

改造主要进行了如下考量：

第一，针对功能改造必要性的考量。评估报告指出现有的语言学校为私立教育机构，考虑到街区办公空间的紧俏，增加办公空间有利于促进地方社会化活动，且符合《城市规划政策 S34》中鼓励提升社会和社区整体水平的相关要求，因此同意用办公功能替换原有教育功能，并形成严格的使用面积指标限定。

第二，针对外立面改造的考量。该栋建筑紧邻二类保护建筑，在改造中不应影响保护建筑的环境氛围，在立面改造中取消了原有面向牛津街的出入口，用展窗代替。一方面减少对临近的历史建筑入口识别性的干扰，一方面吸引人口向辅街流动。由于加建一层，考虑到临街的视线控制，新加建部分的屋顶檐口在面向牛津街的部分需向上收窄。此外，规划规定，无论内部功能如何置换，沿牛津街的建筑外立面应与现状基本保持一致。

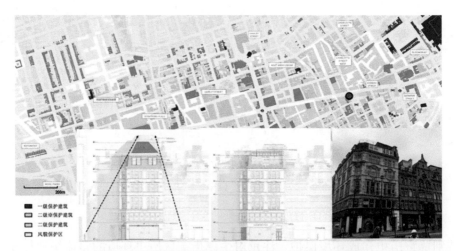

图 2-39　牛津街风貌管控分区及 NO.103 号建筑改造示意
引自：*NO.103 Oxford Street, London, W1D 2HF*

6. 组织管理与引导

牛津街的持续发展演进得益于伦敦新西区公司（New West End Company）的整体运营策划。新西区公司，由 600 家英国及国际零售商，餐馆老板，酒店经营者和房地产所有者组成，以邦德街，牛津街和摄政街为基地，辐射全球顶级购物和休闲目的地。公司涉猎全球 74 条街道，共 150000 名员工。

首先，长期以来，西区公司对牛津街的交通流线、商业组织、策划定位等开展了多次科学论证，逐渐形成明确的战略目标。公司明确，牛津街需要转变为综合零售，娱乐和休闲体验的目的地，商业氛围要持续吸引人流，把握当下与潜在人流，将牛津街打造为世界上最适合生活、工作、投资和参观的地方。

其次，多方参与保障规划落地实施。西区公司虽整体开发伦敦街，但受限于英国的公众参与、社区自治制度约束，公司在制定改造策略中，更加注重实施可行性与在地性。提出对当地原住民的生活权益的保障，如通过某些手段解决空气污染、交通拥堵、公共场所质量低下等。相关规划中就原住民反映的夜景亮化光污染、周末休息易被打扰等问题，提出不过度发展深夜经济、保留周日早晨的和平宁静等行动口号，公司起到协调空间组织、制定商会经营规范与监督的职能，为更好维持在地性发展提供保障。

（五）启示

通过美化街道、改善绿化、更新建筑外观等手段，塑造街区形态与生态，能提升商业街的整体环境质量，使其更加宜人；立足地方文脉，传承文化神态，围绕业态更新，引入文化艺术、创意产业、科技创新等能够丰富商业街的商业组合，满足不同层次消费者需求。此外，定期举办文化艺术活动、市集和庙会等，增加商业街的活力，吸引更多市民和游客前来消费和参与。

商业街改造对促进城市更新和提升消费有着积极的影响。通过改造商业街，可以提高城市的整体形象，刺激商业活力，吸引更多消费者，同时也促进周边区域的城市更新。

第三章

场景的中国化

一、场景学术研究

（一）空间场景相关研究

1. 理论意义与评述

从当前学界对于场景及场景理论的认识来看，重点着眼于其社会学的固有属性，从场景"如何吸引创意人群、带动城市经济发展""如何提升人的空间体验、提高服务品质""如何认识场景、看待其发展"等方面对场景意义结合时代背景和目标需求进行了阐述，并根据具体的研究课题对场景之于各类空间类型的作用和意义进行了分析和阐释。

一些学者对场景理论的学术贡献进行了评价。傅才武、谭玎等认为场景理论的最大贡献是打破了传统主客观对立的二元方法论的空间生产研究范式，文化价值蕴含于文化生活设施之中构建了客观的设施要素与主观的价值判断的关系（傅才武和王异凡，2021；谭玎，2020）。陈波、李昊远等认为场景理论坚持并创新了文化支撑城市发展的理念，拓展了城市空间的研究领域，并从一个新的视角解答了后工业时代文化因素在城市发展更新过程中的影响和作用（陈波和吴云梦，2017；李昊远和龚景兴，2020）。温雯等认为场景理论的发展关键在于其社区与空间属性，将"场景"纳入区域发展及城市创意社区的研究范畴，与中国当下以文化为导向的城市更新密切相关，获得国内学界的关注（温雯和戴俊骋，2021）。

一些学者对场景的实践意义进行了评述。徐晓林等认为"场景"提供了一个新的文化分析框架，将城市空间表征作为一种多元的社会行动加以研究（徐晓林等，2012）。李林等认为历史文化街区是一种吸引消费者驻足观光、进行消费的文化场景，并在场景理论基础上提出历史文化街区的保护与更新的措施建议（李林等，2019）。翟坤周认为场景提供了一条通过空间场景形态和重构实现经济文化振兴的路径（翟坤周，2020）。赵明楠等基于场景的社区属性，认为场景可以成为一种在社区治理中间层面用来弥合和协调政策的工具（赵明楠等，2022）。李林等、陈波等认为场景理论着眼于人，强调了文化消费主体普通人群的认知与感受，文化场景理论是分析人的态度、行为与社会实践的工具（李林等，2019；陈波和延书宁，2022）。臧航达等认为场景作为一种强有力的符号概念，揭示了人对文化活动空间选择的背后动因（臧航达和寇垠，2021）。赵万民等认为场景理论所述的5大场景构成为社区公共空间研究提供了分析框架，而场景概念本身所提倡的文化价值观的主观标准则为更新设计提供目标和原则指引（赵万民等，

2021）。陈冀宏认为场景理论三个主维度的设定对社区文化空间场景以及创意社区未来发展趋势提供了整体性解释分析框架（陈冀宏，2022）。王韬等认为场景理论揭示了产业转型和用地更新的内在动力机制（王韬等，2021）。

2. 研究对象

空间领域的既有研究较少为纯理论性研究（场景理论本质上属于社会学科体系），多数结合具体的空间类型进行场景化分析，主要研究主题分布在公共空间、文化空间、商业空间、历史街区、老旧社区中（图3-1和图3-2）。研究对象与场景的关系大致可以分为两种：一种是基于克拉克的场景理论所做的对于城市各类空间的应用研究，包括大部分发布于2020年左右的国内文献；另一种是基于传播学视角的"场景"概念展开，在这些空间研究中场景是一种传播信息和构建社会身份与意义的方式，例如展陈空间、实体书店、传统聚落与生活空间等，场景已经成为这些领域中的固有概念（如场景叙事）或既有课题（如空间场景化问题）。本书主要对以城市社会学场景理论为核心的既往研究进行着重分析。

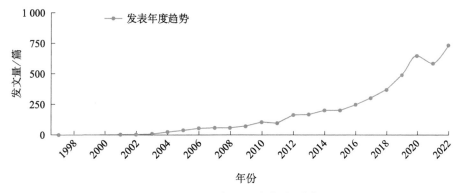

图 3-1　空间领域场景研究的时间趋势

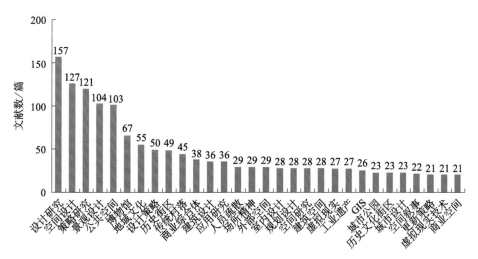

图 3-2　空间领域场景研究的主题分布

从研究的重点来看，学界主要针对场景的特性属性，结合具体空间目标或社会需求予以解释和分析。

（1）一部分学者从场景经济属性进行解读，对消费逻辑下的空间特征进行了研究分析。曲宝琪研究了新消费时代下商业综合体空间场景化设计，基于国内外实例对商业综合体空间场景化设计路径进行了建构（曲宝琪，2022）。

（2）一部分学者从场景提供精神体验与情感价值的角度，对打造人本空间的策略和方法进行探究。Schmisek 对地下音乐场景人群行为的分析发现，人们由美学、道德与价值观判断的"场景意识形态"影响着城市文化空间的生产（Schmisek，2002）。周详和成玉宁借用场景理论探讨由生活文化设施组成的场景如何影响历史性城市景观的感知（周详和成玉宁，2021）。邵娟以场景中进行的文化实践所带来的情感体验为导向，对新型书店的发展提出复合经营理念（邵娟，2019）。

（3）一部分学者突出场景的社会意义与文化价值内涵。Valentine 等认为场景在帮助年轻人从童年过渡到成年的自我认知过程中具有积极作用（Valentine and Skelton，2003）。Boemcken 等研究了少数群体回避、适应和隐藏策略的社会行为机制，提出通过在城市中营造安全场景提升群体福利（Marc von Boemcken et al.，2018）。杨智荣认为社区绿色开放空间的场景营造不仅仅是一项生态环境工程，更是丰富市民精神生活、提升城市文化价值的重要内容，使用文化元素替代空间要素，总结了社区绿色开放空间的场景方法（杨智荣和王玮，2022）。

（4）一部分学者研究了场景的空间表达特征和方法，尤其偏重于对场景视觉性的研究。Wong 等认为一个城市公园场景的视觉质量是通过其可喜性来衡量的，主要由"情感"、"管理状态"和"场景的自然性"三个维度的要素决定（Wong and Manfred，2005）。Davies 和 Peebles 对三维视觉场景和二维几何布局对人们空间选择偏好的关系进行了研究，发现视觉场景中可见的显著地标会使人们偏离最佳几何匹配策略（Davies and Peebles，2010）。Serra 等对历史城市景观的建筑视觉冲击力进行了分析，认为城市场景的视觉质量只取决于连贯性，而不取决于震撼性，改变建筑色彩与周围环境的关系能够改变视觉连贯性，增强场景视觉效果（Serra and Llinares，2008）。

3. 分析方法

既有研究主要分析方法可以分为理论分析和实证分析两大类，前者多以场景理论中的分析方法为基础，对特定类型的空间从空间分析、建设方法等角度提出实施建议、实施路径或技术框架，后者结合技术方法针对具体案例或空间类型进行应用分析，探究案例在场景分析体系下的表现，对案例及场景理论进行评价并提出改进措施或建议。其中，大部分研究建立在新芝加哥学派场景理论提出的"5 大构成"和"3 个主维度、15 个次维度"的分析框架下，也有一部分研究从场景的意义内涵解读出发，结合具体空间特征与目标提出了自己的分析框架。

理论研究方面，余丽蓉根据场景理论所提的"五大构成"，从居民需求、遗产利用、价值观符号、文化表达四个方面提出了文化空间场景化创新的策略（余丽蓉，2019）。赵万民等将场景"五大构成"与老旧社区基本面结合，从活动组织、设计营造、角色策划三方面提出了场景化改造路径（赵万民等，2021）。蒲科的研究反映了场景与相关概念之间的内在联系，他将"情境"与"场所精神"作为场景的特征解读，从建筑、资源、技术、服务和设施五个维度搭建了图书馆空间要素场景化适配的模型，形成了一套集分析、设计、反馈为一体的场景技术框架（蒲科，2019）。

实证研究大部分聚焦场景文化特征测度方法，针对指标本土化的问题，或结合理论或结合实验进行了检验、论证和优化（表 3-1）。一部分学者对于场景特征指标进行了着重研究：谈佳洁认为场景理论的"五大要素"并不完全适用于消费空间，从大量消费者对城市消费空间的评论中提炼和概括场景认知，探讨了场景的类型、特征和作用，并在此基础上界定分析了消费者层面上的场景概念（谈佳洁，2019）。一部分学者对于场景分析方法进行了多元化探索，使用了不同的数据类型和数据分析方法对场景空间特征进行分析和识别，主要数据分析法有因子分析、质性分析和地理信息分析。陈波等以场景理论的文化价值观 15 个维度为测评指标，对公共文化空间的主观价值体系与文化参与之间的关系进行了研究（陈波和吴云梦，2017）。周详等使用大众点评公开的 POI 和网络舆论数据，运用质性分析词频统计与主题词编码的方式提取场景感知核心内容，运用语义网络对感知影响因素进行分析，对历史性城市景观的感知维度进行了探讨（周详和成玉宁，2021）。盖琪通过参与式观察与深度访谈获得情感分析材料，通过"场景的语法机制"分析，对北京 706 青年空间在三个文化价值维度方面的表述进行简要总结，提出"706 模式"对于我国后工业城市公共文化空间发展的启示意义（盖琪，2017）。

表 3-1 空间场景实证分析部分研究列举

第一作者	研究主题	研究内容	研究方法	年份
John Schmisek	地下音乐场景与城市文化空间生产	通过"场景意识形态"（道德和美学价值观和判断）表征社会群体场景习惯，分析城市亚文化空间生产	访谈分析	2020
Juan Serra	历史城市景观的建筑视觉冲击力	通过专家打分评估始终不同建筑视觉场景的效果并以此评价空间设计手法的视觉作用	语义差值分析	2020
陈波	公共文化空间的主观价值体系与文化参与之间的关系	基于城市文化舒适物数据，构建文化场景评价体系，以文化参与指标为关联研究对象	回归分析	2017
盖琪	公共文化空间场景价值观的特征	基于语言材料对"场景的语法机制"进行分析，提取场景三个文化价值维度的内容涵义	语义分析	2017
谈佳洁	商业中心空间场景特征与定义	基于购物中心游客的评价，运用质性分析提炼"场景类型""场景特征""场景作用"等	质性分析	2019
周详	历史性城市景观的感知维度	使用大众点评公开的 POI 和网络舆论数据，运用质性分析词频统计与主题词编码的方式提取场景感知核心内容	质性分析 语义网络分析	2021

第一作者	研究主题	研究内容	研究方法	年份
王韬	工业用地更新空间特征与影响因素	利用地理空间数据识别旧工厂文创园空间分布情况，利用问卷访谈数据分析影响因素	地理模型分析 回归分析	2021

（二）空间场景研究特征

（1）空间场景研究处于起步阶段。总体来看，对于针对"场景理论"的解读主要集中在国内研究中。国外对于"场景（scene）"的研究依旧主要分布在社会学、心理学等领域，将场景作为一种社会活动现象，包含广义的社会、文化内涵，通常从社会群体行为视角入手对空间产生的影响作用进行分析，结论重点多落在原理理论层面，不涉及具体措施；与新芝加哥学派提出的场景理论从空间到人的分析思路有所不同，但就问题本身而言又有相通之处，可以视为场景社会属性的实证研究。从国内总体情况来看，空间场景研究属于城市社会学与城市空间研究的前沿领域，基于空间视角的分析相对较多，但就现存研究中以理论评述类文章引用量最高且实证分析类研究较少的情况，可以看出空间场景的研究依旧处于起步状态。

（2）既有研究中方法论多，技术论少。随着场景理论的推广，国内研究者们对场景的空间应用与空间场景建设给予了持续的关注，近些年也兴起了场景的研究热潮。学者们当前主要通过理论分析等方式将场景理论与场景分析方法介绍到各类型的空间研究当中，构建了以场景为核心的空间技术框架，对公共空间、文化空间、商业空间等空间类型如何在场景理论的分析框架下进行建设提出了各自的看法与观点。但场景物质空间层面依旧没有全面、清晰的界定，理论分析成果没有统一定论，无法进行整合；依旧缺少一套体系方法和标准。

（3）既有研究中理论研究多，实证研究少。从既有研究内容来看，多数学者将场景理论视为一种分析工具，在方法研究中没有对其适用性和价值意义进行充分的辩证探讨，而只是将场景理论进行直接套用。从研究结果来看，场景建设策略具有强针对性，但由于多数研究缺乏实证环节，流于方法论层面，场景研究难免陷入理论堆砌的困境。但对于如何进一步落实场景社会效益，通过实证分析实现场景建设理论与空间建设实际的关联，形成统一有效的技术路径，依旧是该领域中有待研究的问题。

二、国内政策需求

在国内的实践及政策指引中（表3-2），场景主要集中涵盖产业技术、环境建设和社会治理三个领域。

表 3-2 场景在各部门政策中出现情况统计（截至 2022 年 8 月）

部门	相关政策文件数量	主题内容	场景内涵
商务部	43	技术应用、产业信息化管理、消费环境要求	供需对接平台、技术商业化应用落点
文化和旅游部	38	促进消费措施、实体经济运营、美工设计	培育潜在市场、促进经济消费的创新服务形式
科技部	32	技术评价标准、科技工程建设目标要求	数字化集约化管理方式
住建部	18	建设目标要求、信息模型应用、工作标准规范	数字模型技术、施工监测技术等构建起的工作平台
人社部	11	公共服务供给、互联互通机制	新一代信息基础设施构建的工作和服务平台

在政府关于消费空间的建设要求中，"场景"也成为热门词汇频频出现，并且主要应用于促进消费领域。

2019 年国务院办公厅印发《关于加快发展流通促进商业消费的意见》，提出"打造夜间消费场景和集聚区……提高夜间消费便利度和活跃度"的要求。

2021 年，"场景"这个概念出现在国家战略《中华人民共和国国民经济和社会发展第十四个五年规划和 2035 年远景目标纲要》文件之中。文件中涉及场景的相关内容，从技术和文化两个角度，至少包括三种类型场景：一是"打造未来技术应用场景，加快形成若干未来产业"，这和科技创新、新经济发展等领域关系紧密；二是"推动养老托育、医疗卫生、家政服务、物流商超等便民服务场景有机集成"，这与社区发展治理、公共服务供给等领域关系紧密；三是"营造现代时尚的消费场景，提升城市生活品质"这与消费创新、文体旅游、城市更新等领域关系紧密。当然，当前中国城市场景实践探索中，类型更加丰富，远不止这三种类型。总体上看，这反映了"十四五"时期国家战略中场景作为各个区域推动高质量发展、创造高品质生活的新"抓手"的重要性（吴军和营立成，2023）。

2022 年 12 月，中共中央、国务院印发了《扩大内需战略规划纲要（2022—2035年）》，并发出通知，要求各地区各部门结合实际认真贯彻落实。提出，坚定实施扩大内需战略、培育完整内需体系，是加快构建以国内大循环为主体、国内国际双循环相互促进的新发展格局的必然选择，是促进我国长远发展和长治久安的战略决策。全面促进消费，加快消费提质升级，消费是经济增长的持久动力。

扩大文化和旅游消费。完善现代文化产业体系和文化市场体系，推进优质文化资源开发，推动中华优秀传统文化创造性转化、创新性发展。鼓励文化文物单位依托馆藏文化资源，开发各类文化创意产品，扩大优质文化产品和服务供给。大力发展度假休闲旅游。拓展多样化、个性化、定制化旅游产品和服务。加快培育海岛、邮轮、低空、沙漠等旅游业态。释放通用航空消费潜力。

增加养老育幼服务消费。适应人口老龄化进程，推动养老事业和养老产业协同发展，加快健全居家社区机构相协调、医养康养相结合的养老服务体系。发展银发经济，推动公共设施适老化改造，开发适老化技术和产品。推动生育政策与经济社会政策配套衔接，减轻家庭生育、养育、教育负担，改善优生优育全程服务，释放生育政策潜力。增加普惠托育供给，发展集中管理运营的社区托育服务。

提供多层次医疗健康服务。全面推进健康中国建设，深化医药卫生体制改革，完善公共卫生体系，促进公立医院高质量发展。支持社会力量提供多层次多样化医疗服务，鼓励发展全科医疗服务，增加专科医疗等细分服务领域有效供给。积极发展中医药事业，着力增加高质量的中医医疗、养生保健、康复、健康旅游等服务。积极发展个性化就医服务。加强职业健康保护。适时优化国家免疫规划疫苗种类，逐步将安全、有效、财政可负担的疫苗纳入国家免疫规划。

提升教育服务质量。健全国民教育体系，促进教育公平。完善普惠性学前教育和特殊教育、专门教育保障机制。推动义务教育优质均衡发展和城乡一体化。巩固提升高中阶段教育普及水平。着眼建设世界一流大学和一流科研院所，加强科教基础设施和产教融合平台建设。完善职业技术教育和培训体系，增强职业技术教育适应性。鼓励社会力量提供多样化教育服务，支持和规范民办教育发展，全面规范校外教育培训行为，稳步推进民办教育分类管理改革，开展高水平中外合作办学。

促进群众体育消费。深入实施全民健身战略，建设国家步道体系，推动体育公园建设。以足球、篮球等职业体育为抓手，提升体育赛事活动质量和消费者观感、体验度，促进竞赛表演产业扩容升级。发展在线健身、线上赛事等新业态。推进冰雪运动"南展西扩东进"，带动群众"喜冰乐雪"。

推动家政服务提质扩容。促进家政服务业专业化、规模化、网络化、规范化发展，完善家政服务标准体系，发展员工制家政企业。深化家政服务业提质扩容"领跑者"行动。提升家政服务和培训质量，推动社会化职业技能等级认定，加强家政从业人员职业风险保障。推进家政进社区，构建 24 小时全生活链服务体系。鼓励发展家庭管家等高端家政服务。

提高社区公共服务水平。构建公共服务、便民利民服务、志愿互助服务相结合的社区服务体系，增强社区服务功能，引导社会力量参与社区服务供给，持续提升社区服务质量，提高社区服务智能化水平。支持家政、养老、托幼、物业等业态融合创新。提升社区疫情防控能力和水平。

支持线上线下商品消费融合发展。加快传统线下业态数字化改造和转型升级。丰富5G 网络和千兆光网应用场景。加快研发智能化产品，支持自动驾驶、无人配送等技术应用。发展智慧超市、智慧商店、智慧餐厅等新零售业态。健全新型消费领域技术和服务标准体系，依法规范平台经济发展，提升新业态监管能力。

培育"互联网＋社会服务"新模式。做强做优线上学习服务，推动各类数字教育资源共建共享。积极发展"互联网＋医疗健康"服务，健全互联网诊疗收费政策，将符合条件的互联网医疗服务项目按程序纳入医保支付范围。深入发展在线文娱，鼓励传统线下文化娱乐业态线上化，支持打造数字精品内容和新兴数字资源传播平台。鼓励发展智慧旅游、智慧广电、智能体育。支持便捷化线上办公、无接触交易服务等发展。

促进共享经济等消费新业态发展。拓展共享生活新空间，鼓励共享出行、共享住宿、共享旅游等领域产品智能化升级和商业模式创新，完善具有公共服务属性的共享产品相关标准。打造共享生产新动力，鼓励企业开放平台资源，充分挖掘闲置存量资源应用潜力。鼓励制造业企业探索共享制造的商业模式和适用场景。顺应网络、信息等技术进步趋势，支持和引导新的生活和消费方式健康发展。

发展新个体经济。支持社交电商、网络直播等多样化经营模式，鼓励发展基于知识传播、经验分享的创新平台。支持线上多样化社交、短视频平台规范有序发展，鼓励微应用、微产品、微电影等创新。

三、国内场景实践

事实上，场景已经陆续被运用在我国多个城市工作与政策实践当中，有的从技术角度，有的从文化角度，均在积极探索场景的实践价值。2018 年，上海发布人工智能应用场景计划；2019 年，北京发布"十大应用场景"，浙江省提出"九大未来社区场景"；2020 年，重庆、天津、南京、武汉等城市加入场景实践中，有针对性地出台了一系列政策。2021 年以来，我国提出"培育建设国际消费中心城市"目标，国务院公布了国际消费中心城市建设试点，北京和上海等试点城市已经把打造消费场景作为培育建设极具鲜明特色的国际消费中心城市的重要举措。这说明，场景作为一种新的理论工具对我国城市建设和发展产生了深远影响（吴军和营立成，2023）。

（一）成都——场景落实公园城市建设

1. 建设背景

成都对于场景营城的理论与实践创新肇始于党和国家对成都的战略定位与要求。2018 年 2 月，习近平总书记在成都提出"公园城市"重要理念，之后国务院正式批复成都推进建设"践行新发展理念的公园城市示范区"，这是国家对成都的战略要求。以这一战略要求为依据，成都坚持以新发展理念为指引，彰显"公园城市"内在价值，不断探索公园城市建设路径。经过持续探索，成都提出场景营城方案，以场景营造城市，一个个场景串联与叠加，不断增强公园城市的宜居舒适性，并把这种品质转化为人民可感可及的美好生活体验，提升人民群众获得感、安全感和幸福感，塑造城市持久优势和竞争力。这种营城路径的创新体现了时代特色、文化传承、世界眼光。成都的持续投资与场景营造使得城市空间开合错落、功能科学搭配，将城市融于山水田园之中，把人们的工作、生活、休闲、学习与社交等活动舒适地安放于自然之中，让人们于城市中感受到"街区可漫步、建筑可阅读、城市有温度"。

2. 建设内容

面对建设"践行新发展理念的公园城市示范区"的国家使命，成都探索了场景营城这一综合性战略路径，其主要原则体现在以下三个层面：

其一，坚持以人民为中心，创造幸福美好生活。习近平总书记指出，人民对美好生活的向往，就是我们的奋斗目标。进入新时代，中国城市需要积极探寻面向和服务于人民美好生活的城市发展路径。成都场景营城战略路径就是对此任务的一项前沿探索。

其二，坚持实事求是的科学精神。一个基本的事实是：人的幸福美好生活，包括工作、生活、休闲、学习与社交等发生于一定的场景内，城市运行的各类软硬件要素和服务业都聚合体现于场景之中此为"实事"。以场景为基本视角和工作方式，用场景来联结、聚合、融合各类要素和各个领域，开展服务于幸福美好生活的综合性实践，探索城市发展新路径和新方法，提出场景营城，增进城市发展中的生活美学和美学品格。此为"求是"。

其三，坚持系统观念，场景营造涉及多个层次、多个领域、多重尺度，必须坚持用系统思维开展工作。成都探索场景营城从新经济创新起步，逐渐拓展到消费、治理、生态建设等多个领域，正在形成一个全域公园城市场景体系。

近年来，成都市结合城市特质与资源禀赋，打造特色鲜明的多样消费场景，加快培育建设国际消费中心城市，优化城市功能，提升城市能级，更好地满足人民日益增长的美好生活需要。2019 年成都在全国范围内率先制定实施了《关于全面贯彻新发展理念加快建设国际消费中心城市的意见》。该意见提出，塑造满足人民美好生活需要的"八大消费场景"，包括地标商圈潮购场景、特色街区雅集场景、熊猫野趣度假场景、公园生态游憩场景、体育健康脉动场景、文艺风尚品鉴场景、社区邻里生活场景和未来时光沉浸场景。尤其值得注意的是，2021 年成都立足新发展阶段，贯彻新发展理念，构建新发展格局，在已有实践基础上，制定并实施《公园城市消费场景建设导则（试行）》，进一步明确了消费场景建设的目标定位，包括"创造美好生活引力场、构造公园城市美空间、建造品质品牌活力区、打造新型消费策源地"。这是全国城市中首份针对消费场景的建设导则，以政策形式率先推进消费供给侧结构性改革，并公布了相关方案的"施工图"和"路线图"（吴军和营立成，2023）。

2022 年《成都市"十四五"新经济发展规划》指出"创新营造新场景，秉持场景营城理念"的指导思想，建立了"资源释放、创新研发、孵化试点、示范推广"的场景联动机制，构建起美好生活、智能生产、宜居生态、智慧治理四大城市场景体系。"场景"概念以经济产业、社会治理等维度为契机，掀起了一场城市空间建设和品质提升的浪潮。

同时，结合公园城市的发展定位，成都市提出公园城市是未来城市的中国探索方案，未来公园社区是对生态社区、可持续社区、低碳社区、智慧社区等理论的继承融合和创新发展。按照高质量发展、高品质生活和高效能治理 3 大维度，提出"一个中心、三大愿景、四项原则、九大场景"的1349顶层系统架构，实现安全、宜人、智慧、低碳、健康、共享建设目标，及在建筑环境、绿色交通、市政设施、公共服务、智慧韧性五个维度的具体建设要求。制定并发布《成都市未来公园社区规划导则》和《成都市未来公园社区建设导则》等相关导则具体指导实施。

（二）浙江——场景构筑未来社区建设

1. 建设背景

社区作为人民居住生活的基本单元，是承载人民对于美好生活向往的基本载体，也是体现城镇现代化发展水平的重要标志。在深入推进中国式现代化建设的宏观背景下，城市治理重心下移、以人民为中心的发展理念、社区治理创新与空间发展实践的互动推进，为社区的发展提供了新的机遇。

浙江省在2018年提出未来社区概念，提出未来社区要作为浙江省"两高"现代化平台打造，要以"人"为核心，以"高品质生活"为主轴，推动"人的全面发展和社会全面进步"。在浙江省委、省政府的指导下，由省发改委统筹谋划，省级相关各部门通力支持，经历了"课题研究——两批试点——示范创建——全域推广"四个迭代发展阶段。

2. 建设内容

浙江未来社区建立了"一统三化九场景"的"139"顶层系统架构，并制定具体指导实施的相关导则指引。"1"是以党建为统领，以满足人民美好生活向往为中心。"3"是指聚焦人本化、生态化、数字化三维价值。"9"是指九大场景。未来社区包括邻里、教育、健康、创业、建筑、交通、低碳、服务和治理场景。以"139"的顶层设计为引导，作为贯穿未来社区规划、设计、建设、运营全过程的核心架构，解决社区公共服务设施不平衡不充分和群众急难愁盼问题，推动未来社区从美好愿景转化为市民可感可及的共富实景。截至2022年底，全省已开展未来社区创建783个，建成验收108个，并于2023年初在浙江省全域推进未来社区建设工作，将未来社区和未来乡村共同打造为共同富裕现代化基本单元和人民幸福美好家园。

未来社区是城市现代化的新型单元，是新一轮有效投资的发展平台，是培育新兴产业的重要抓手。以场景构筑未来社区建设，释放四大发展红利。

在民生方面，引领未来生活方式变革创新。构建社区智慧管理服务平台，加强新教育、新医疗、新交通、新能源、新物流、新零售等综合配套和服务支撑。提升大湾区人才落户吸引力。建立出售出租合理限价机制，吸引年轻人才落户，并促进房地产市场健康发展。破解老旧小区"老大难"问题。原拆原回，解决停车难、电梯缺乏、设施管网老化等问题，彻底解决多孔预制楼板等安全隐患问题，根本性提升原居民生活品质。

在投资方面，拉动万亿量级有效投资。仅老旧小区改造重建部分，可拉动社区本体及衍生领域数万亿量级有效投资，激活撬动民间投资。深化"放管服"和"最多跑一次"改革，推进高效审批、高质监管，激发民间投资活力，不新增政府财政负担。改造重建以增量建筑面积出售出租实现资金平衡；规划新建以降低用地成本、提高综合配套要求，约束开发商落实未来社区建设标准。

在产业方面，引爆关联产业发展。引爆数字智能、节能环保、绿色装配式建筑等一大批新技术应用与关联产业发展，打造关联产业大平台。谋划招引一批重大产业项目，带动产业链发展，打造若干个关联产业"万亩千亿"大平台。抢占关联产业市场份额，加快形成全国影响力和示范性，促进关联产业、关键产品输出，抢占先机。

在转型方面，城市发展向运营城市转型。从依靠土地财政、负债经营方式转变为长周期运营模式，围绕居民需求提供高性价比综合服务，产生长期稳定的收益，并提升群众获得感。社区管理向智慧型转型。云端城市大脑 + 社区平台中脑 + 居民终端小脑，实现社区数据化、智能化管理服务。生活方式向绿色共享转型。社区资源集约共享，绿色能源、绿色材料和资源循环利用，树立绿色共享生活理念。

（三）重庆——场景构筑现代社区建设

1. 建设背景

2021 年 3 月，国家"十四五"规划纲要首提"现代社区"，要求提高城市治理水平，推动资源、管理、服务向街道社区下沉，加快建设现代社区。2021 年 5 月，民政部、国家发改委联合编制的《"十四五"民政事业发展规划》进一步明确现代社区建设主要内容：完善社区养老托育、医疗卫生、文化体育、物流配送、便民商超、家政物业等服务网络和线上平台，推动城市社区综合服务设施全覆盖。2021 年 12 月，国务院办公厅印发《"十四五"城乡社区服务体系建设规划》，以丰富城乡社区服务体系为切口，从完善服务格局、增强服务供给、提升服务效能、加快数字化建设、加强人才队伍建设等方面就现代社区建设做出安排部署，确定了社区固本强基等 14 项新时代新社区新生活服务质量提升行动。2022 年 10 月，党的二十大报告进一步指出，深入推进中国式现代化建设，健全城乡社区治理体系，促进全体人民共同富裕，不断实现人民对美好生活的向往。2023 年 3 月，自然资源部发布《关于加强国土空间详细规划工作的通知》，要求国土空间详细规划按照《社区生活圈规划技术指南》，深化规划单元及社区层面的体检评估，因地制宜优化功能布局，补齐就近就业和教育、健康、养老等公共服务设施短板，完善慢行系统和社区公共休闲空间布局，提升生态、安全和数字化等新型基础设施配置水平。

因此，在深入推进中国式现代化建设的宏观背景下，重庆市开展现代社区规划研究，推进中国式现代化的重庆实践，以重庆现代社区建设工作与成都未来公园社区工作共同发力，落实深入实施双城经济圈建设的有关要求，是在社区层面探索落实新重庆五个"新"要求和重庆建设"七个城"目标的实现路径。通过规划赋能社区发展，促进城市治理水平提高，完善社区综合服务，不断实现人民对美好生活的向往。

2. 建设内容

构建重庆现代社区规划编制体系。以行政区为单位，构建区级层面和社区层面两个层次的规划体系。其中，区级层面进行统筹谋划、突出特色，明确全区社区发展总体目标，提出差异化引导。社区层面综合规划和建设，编制规划建设实施方案，制定社区的具体建设部署和计划。

提出重庆现代社区分类及规划指引。按照社区营建方式和社区主导功能两种方式对重庆现代社区进行分类。其中，以社区营建方式划分为新建、既有、老旧三种类型；以社区主导功能划分为特色、基础两种类型。

构建重庆现代社区场景体系，并提出相关场景指标建议。按照全面建设社会主义现代化新重庆的总体要求，进一步强化规划统筹引领作用，打造人民幸福美好家园，构建"一个中心、四化目标、九大场景"新重庆现代社区规划总体框架。立足满足人民美好生活向往为出发点，以促进物的全面丰富和人的全面发展为落脚点的逻辑主线，坚持"系统集成"创新，结合现代社区全生活链图景、全功能链体系架构、全产业链支撑，构建"渝快智治、渝见邻里、山水宜居、立体畅行、健康颐养、全龄教育、创新创业、多元活力、安全韧性"九大场景，形成耦合联动、互促共荣的有机整体。在此基础上，充分考虑迭代留白，鼓励结合本地资源和特色文化，营造更多主题鲜明、文化意涵丰富，以及群众自主设计创造、喜闻乐见的"X场景"，为现代社区发展、技术变革留出赋予未来的可能性，以场景迭代、升级和拓展，响应新生活需求。

（四）江苏——场景助力公园绿地开放共享

1. 建设背景

2023年1月，住房和城乡建设部办公厅印发《关于开展城市公园绿地开放共享试点工作的通知》。随着经济社会发展和人民生活水平不断提升，特别是受疫情影响，人民群众对城市绿色生态空间有了新的需求，希望增加可进入、可体验的活动场地。在公园草坪、林下空间以及空闲地等区域划定开放共享区域，完善配套服务设施，更好地满足人民群众搭建帐篷、运动健身、休闲游憩等亲近自然的户外活动需求，是扩大公园绿地开放共享新空间的重要举措。

2022年以来，城镇居民休闲时间较2019年疫情前呈现不同程度增长，越来越多的城乡居民愿意走出家门，参与多元化户外休闲活动，且距家1~3公里以内区域构成休闲活动的主体范围空间。公园绿地作为群众身边可亲可感可进入的绿色空间，其生活必需品的综合价值更加凸显，公园内各类生态户外活动、自然风景游赏等受到普遍欢迎。并且居民消费需求呈现出多样化、多元化、品质化特征，文化娱乐、露营野餐等新兴消费热度不断提升。公园绿地作为高品质绿色开放空间，营造"公园＋文旅""公园＋商业""公园＋市集"等多样游乐选择、多元消费场景具有更好的发展潜力。随着生活水平不断提升，群众对于公园功能、品质、服务等需求日益多元，从"有没有"转向"好不好"，从"看风景"转向"用风景"，在常规观景游赏、休闲游憩、运动健身等基础上，更加希望共享丰富的休闲露营、徒步骑行、科普教育、社会交往等场景。

2. 建设内容

江苏高度重视城市园林绿化对人居环境改善的作用，基于持续推动的丰富实践，于2021年发布了《增强城市园林绿化的多元功能营建人与自然和谐共生的美丽家园——新发展阶段城市园林绿化江苏倡议（2021）》（以下简称《倡议》），2022年发布了《共建绿色健康人文的城市家园·江苏共识（2022）》（以下简称《共识》），发挥城市园林绿化对于城市高质量发展和人民高品质生活的多元价值。《倡议》和《共识》旨在推动城市园林绿化发挥修复城市生境、维育绿色家园的生态价值，增强城市韧性、提升灾害应对的安全价值，普惠民生福祉、增进公共交往的社会价值，促进户外运动、疗愈都市生活的健康价值，延续城市文脉、体现时代精神的人文价值，串联城市美景、彰显城市魅力的美学价值，营造诗意场景、激发商业潜力的经济价值，为"公园绿地＋乐享场景"建设提供了重要指引。

2023年3月召开全省公园绿地开放共享试点工作推进会，绘制并发布首批开放共享绿地清单和地图，全省53个市县全覆盖，开放共享绿地585处，以公园绿地草坪、林下空间和空闲地为主要载体，总面积超1000公顷。2023年6月制定印发《江苏省城市公园绿地开放共享试点工作实施方案》，从"摸清底数，建立绿地台账，拓展新空间；编制方案，组织推进实施，培育新动能；完善设施，营造乐享场景，满足新需求；健全机制，落实长效管理，激发新活力；公众参与，推动共治共享，赋能新生活"五个方面明确要求，审查确定13个设区市和20个市（县）为省级试点城市。

2023年7～8月，结合年度重点工作督查，对全省13个设区市和14个县（市）开展公园绿地开放共享现场调研，总结经验、发现问题、共商对策。8月18日～27日，组织开展公园绿地＋乐享场景建设问卷调查，向公众征集意见建议，收集有效问卷7285份。

3. 公园绿地＋乐享场景

为提高城市公园绿地开放共享工作水平，落实江苏"走在前、做示范"总体要求，结合"乐享园林"活力空间建设，通过"公园绿地＋乐享场景"，营造更多高品质绿色生活空间，更好地满足人民群众亲近自然、休闲游憩、运动健身等新需求新期待，江苏省制定了《江苏省"公园绿地＋乐享场景"建设管理指南（试行·2023）》（以下简称《指南》）。该《指南》用于指导江苏省城市公园绿地开放共享区域的乐享场景营造以及日常维护管理，广场用地、附属绿地及口袋公园等其他开放共享空间的乐享场景营造也可参照执行。

该《指南》旨在通过场景的营建，维育公园绿地开放共享区域的生态基底和自然环境，完善其景观塑造、地貌维护、乡土植被和生物多样性保护等复合功能，应用海绵城市技术、绿色低碳技术，营造赏绿、近绿、亲绿、享绿的乐享场景。拓展公园绿地开放共享区域的使用功能，重点关注老幼残弱群体，满足全龄人群需求，适当增补和完善配套服务设施，更好地承载儿童嬉戏玩耍、老人健身社交、青年人露营休闲等户外活动，促进代际融合，彰显绿色、健康、人文价值，让广大市民共享"触手可及"的高品质乐享场景。提高现有公园绿地中休闲游憩设施的服务质量，满足市民户外休闲生活消费意愿，将集市、展览、文化活动融入乐享场景建设，结合消费新需求探索创新、高效、开放的多元运营模式，促进新经济业态发展。

《指南》从"时空人事物"五个维度入手，梳理构建"公园绿地＋乐享场景"的基本组成要素。"时"是各类户外活动发生的不同时间段，分为日夜、假期、季相等。"空"是承载各类户外活动的场所，包括草坪、林下空间等主要类型。"人"是各类户外活动的主体，需要满足其需求与期待。"事"是多元交互丰富的户外活动，激发公共户外休闲活力。"物"是支撑场景功能的各类配套设施，保障服务品质。依托不同资源禀赋的公园绿地及可拓展的新开放共享空间，五个维度的具体组成要素相互耦合，共同构建多元、生动、富有活力的"公园绿地＋乐享场景"（图 3-3）。

图 3-3 公园绿地时空人事物全景分析示意图

引自：《江苏省"公园绿地＋乐享场景"建设管理指南（试行・2023）》

《指南》将公园绿地乐享场景分为八大类（图 3-4），包括儿童友好场景、老龄康颐场景、康复疗愈场景、露营休闲场景、户外运动场景、风景打卡场景、科普教育场景和文化创意场景。对每类场景的服务人群、选址建议、适宜空间、设计要点、配套设施、管理运营、典型案例、构建指引等方面进行详细指引。使场景真正成为了公园绿地开放共享建设的重要抓手。

图 3-4 公园绿地八大场景谱系示意图

四、小　结

　　本章重点阐述了场景理论走入中国的趋势，实现了理论研究、政策导向上的华丽蜕变，成为我国新时期城市建设的重要方法和特色抓手，并在全国各大城市、各大建设领域发挥着创新性的指导价值。场景通过社区更新、公园城市、公园绿地开放共享、消费中心城市建设等多种途径，实现原始理论的迭代升级，加速民生建设提质，引领未来生活方式变革创新。

第四章

高质量发展下的场景营城

一、场景营城的价值：是对城市发展内生动力的再创造

（一）后工业时代的快速发展

20世纪80年代以来，世界范围内实现工业化积累的后工业城市发展动力由"生产驱动"转变为"消费驱动"。消费品大规模生产保障了供给的充足，灵活弹性的知识经济模式释放出更多可以自由支配的剩余价值和时间，以大众消费为标志的消费社会兴起。英国社会学家鲍曼（Z. Bauman）认为当今社会的消费不只是一种满足物质欲求的简单行为，它同时也是一种出于各种目的需要对象征物进行操纵的行为，是人们与商业文化符号及其相互关系的社会文化过程。后现代消费主义社会生产关系表现出明显的文化和体验转向趋势，文化和体验对消费者经济活动的影响越来越重要，对形成消费者购买意向和决定购买行为起着直接作用。具有审美和文化意义的精神价值消费取代强调物质使用价值的普通消费。文化和体验在消费者价值评估中的权重日益增加，成为吸引消费者进行消费活动的特征符号，甚至成为创造消费需求的媒介。

审美、文化与体验消费是指对精神文化类产品及精神文化性劳务的占有、欣赏、享受和使用，是建立在物质消费丰富的前提之上。审美、文化与体验消费与社会结构密不可分，20世纪50年代末与60年代初，欧美国家开始出现一批实现了财务积累与消费自由的中产阶级，他们的消费行为不再由切实的物质"需要"为基础，而可以遵循个人的"欲望"去消费。凡勃伦（B. Veblen）的"有闲阶级论（The Theory of the Leisure Class）"详细地讨论了这种有能力进行休闲与文化消费的都市中产阶级的社会心理机制。他将审美、文化与体验消费视为一种"炫耀性消费（conspicuousconsumption）"，认为是有闲阶级炫耀自己的身份与财富的地位的方式，以此来得到一种心理满足。在《都会与心智生活》（The Metropolis and Mental Life）书中，齐美尔（G. Simmel）论述了城市中产阶级消费的行为模式，认为审美、文化与体验消费是阶级为确保自身独特性和进行社会分层的方式。在《区隔：一种趣味判断的社会学批判》（Distinction: A Social Critique of the Judgement of Taste）一书中，布迪厄（P. Bourdieu）对社会阶层的分类方式进行了讨论，他认为人们所消费的商品绝不仅单纯反映了社会的区分与差异，审美、文化与体验消费同时还生产、维系与再生产了社会区分与差异，鉴赏趣味标志着社会等级。鲍德里亚认为，文化产品不再具有文化本身应有的自主实践的意义。其价值在于作为社会地位的象征体系，创造多种氛围，满足社会流动性的要求，实现文化在社会流动中的载体作用。以上关于审美、文化与体验消费社会学内涵的经典研究表明，后现代时期人们开始采用

审美、文化与体验消费的方式去构建社会关系的边界、表征自我社会特征、关联具有相同社会属性的事物、表达态度与认同感。

审美、文化与体验消费成为了社会人际关系与生产关系建构过程中的特殊动因。许多与人们传统习俗、社会背景、文化特征相关的物质和精神的符号，为消费者带来了朦胧亲切的感觉体验，而这种互动关系正是消费空间可以利用的最大卖点：空间被符号化以后所代表的精致、小资、时尚等价值标签，正好迎合了城市中具有高端消费及创意生产能力的新兴阶层的消费心理需求。正如列斐伏尔（H. Lefebvre）所言，控制生产的群体也就控制着空间的生产，并进而控制着社会关系的再生产。一方面，审美、文化与体验消费以特定文化特征为核心打造专属 IP，构建了"圈内人"的社群认同，刺激了人群的支付意愿，将社会个体凝结成为以崇尚特定文化和符号表征的消费群体；另一方面，审美、文化与体验消费通过促进人群对公共空间的使用逐步使其转变为多元的聚集交往的场所，其中不同知识背景和文化圈层的人群碰撞产生的思想花火成为触发创意、促进创新的活力源泉。

审美、文化与体验消费对于社会构建的作用同时也反映在了物质空间的生产之上，在城市空间的功能置换、景观塑造、服务运营等方面都起到了决定性作用，为城市空间的商业开发注入了新的动力。餐馆、酒馆和酒吧不仅成为消费空间，也成为人们度过闲暇时光或放松的场所。它们是城市文明的特征，也是表达交谈和社会互动的空间，反映了某种社会结构、某种类型的经济生活或某种文化价值观。在这种空间里人们不仅在自觉地消费商品、服务，也在不自觉地消费着这种被商家主观创造出的"审美、文化和体验"，消费着一种被符号了的空间。文化和体验成为商家为了吸引消费者而精心塑造的内容，以"文化和体验"作为特殊商品的城市消费空间应运而生，并以其社会属性参与到城市社会经济体系的运作之中。

借助于商业资本的流动和现代信息载体的传媒，审美、文化与体验消费已经成为全球范围内后现代社会的共性需求。当前，在国际新经济形势和我国"经济双循环"发展格局背景下，营造满足社会需求的高品质消费空间是激发新发展阶段城市内生动力、促进城市发展的重要抓手。如何合理规划城市消费空间，进一步挖掘消费潜力，打造以文化为核心的消费经济体，成为值得持续关注和深入研究的问题。

（二）新型城镇化的逻辑转变

中国传统的城镇化模式在发展过程中带来了一系列问题，过于追求规模和速度的城镇化导致了资源的过度集中，城市间发展不平衡，土地流转问题使得农民工在城市没有固定的居住和工作权益，造成了社会不稳定因素。同时，城市扩张也给环境带来了巨大的压力，包括土地资源消耗、水资源污染等。而新型城镇化是指以人为中心，以城市和乡村为一体的城市化转型模式。其逻辑在于促进城乡一体化发展，推动城镇化进程，促进社会经济的可持续发展。

美国著名社会思想家乔尔·科特金于 2001 年出版的著作《新地理：数字经济如何重塑美国地貌》一书中提出"新地理"的概念，指出在知识经济时代，构成城市发展的三大要素：产业、城市、人才，三者之间的关系较之以往发生了颠覆性的变化。在以往的城市发展逻辑中，起步是产业招商，通过企业吸引到足够多的产业工人之后，再开始建设生活配套，慢慢促进城市的发展。这种以区域自身经济地理特质（矿产特质或交通位置特质等）为吸引力，通过"产业"启动的"产－人－城"城市发展模式，被称为"旧地理"；知识经济时代，围绕关键的人力和智力要素所构建的城市发展路径，被总结为"新地理"逻辑，即："人－城－产"，通过城市宜居环境的塑造和就业归属感的形成，吸引优质人才，从而带动产业的发展和优质企业的入驻。

1983 年，以美国特里·克拉克为代表的新芝加哥学派所领衔的"财政紧缩与都市更新"研究项目（Fiscal Austerity and Urban Innovation,FAUI Project），对纽约、伦敦、东京、巴黎、首尔、芝加哥等 38 个国际性大城市、1200 多个北美城市进行了研究。发现影响未来城市增长发展的关键因素已由传统工业向都市休闲娱乐产业转变。并在此期间发表了一系列专著，包括《作为娱乐机器的城市》（2004 年）、《文化动力———一种城市发展新思维》（2015 年）、《场景——空间品质如何塑造社会生活》（2019 年）等。著作中依据对芝加哥等城市由工业向后工业转型发展的论证，系统地阐述了国际上首个分析城市文化、美学特征对城市发展作用的理论工具，即场景理论。

该研究表明，在城市的发展过程中，存在三种动力模式：其一，"传统模式"强调了土地、资本、劳动和管理等要素对城市发展的推动；其二，"人力资本模式"看到了知识经济时代优秀人力资源对经济社会发展的推动作用，但却没有解决如何有效地吸引这部分人才的问题；其三，"生活文化设施模式"凸显了以休闲娱乐为导向的文化艺术实践、生活方式与价值观等对人力资本聚集的重要性，从而将其识别为吸引人力资本的重要载体。而承载城市文化艺术实践、生活方式与价值观等的融合空间即为"场景"，因此场景成为城市发展动力链条上的重要一环（图 4-1）。

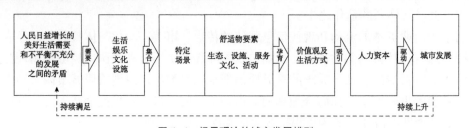

图 4-1　场景理论的城市发展模型

新型城镇化的逻辑基于可持续发展和人的需求为导向。在新型城镇化的模式下，人的需求成为城镇化的核心，城市的发展应围绕人口的需求展开。从传统的"产－人－城"融合发展转向现代的"人－城－产"融合发展，这绝不仅仅是三大"核心要素"次序的简单调整，其根本不同在于从经济逻辑回归人本逻辑、从生产导向转向生活导向、从空间整合升级到功能集成，昭示着城市发展逻辑的重大变革、发展理念的重大升级。正是这种社会发展趋势和人本需求催生了场景的诞生。

（三）人民需求的日益多元化

马斯洛需求层次理论是亚伯拉罕·马斯洛于 1943 年提出，其基本内容是将人的需求从低到高依次分为生理需求、安全需求、社交需求、尊重需求和自我实现需求。马斯洛需求层次理论是人本主义科学的理论之一，其不仅是动机理论，同时也是一种人性论和价值论。马斯洛认为，人类具有一些先天需求，越是低级的需求就越基本，越与动物相似；越是高级的需求就越为人类所特有。同时这些需求都是按照先后顺序出现的，当一个人满足了较低的需求之后，才能出现较高级的需求，即需求层次。

第一层次：生理需求。

生理需求是人们最基础的需求，主要的生理需求有：衣、食、住、行、生育。如果这些需求任何一项得不到满足，人们的生存就无法正常运转，换而言之，人的生命就会因此受到威胁。在这个意义上说，生理需求是推动人类发展的最首要动力。马斯洛认为，只有这些最基本的需求满足到维持生存所必需的程度后，其他的需要才能成为新的激励因素，而到了此时，这些已相对满足的需要也就不再成为激励因素了。

第二层次：安全需求。

马斯洛认为，整个有机体是一个追求安全的机制，人的感受器官、效应器官、智能和其他能量主要是寻求安全的工具，甚至可以把科学和人生观都看成是满足安全需求的一部分。当然，当这种需求一旦相对满足后，也就不再成为激励因素了。安全需求主要内容有：人身安全、健康保障、财产安全、家庭安全。

第三层次：社交需求。

社交需求包括：亲情、朋友、爱情、团队。社交需求就是情感和归属感的需求。每个人都希望得到其他人的相互关怀和照顾，人类是一种社会性的动物，这是我们的生活环境、我们适应环境的方式决定的，已通过我们的 DNA 固化下来。社交需求虽然不像生理需求、安全需求那样基础，但社交是让人生活得更好的一个基本需求，沟通、学习、情感、关怀、交际、信仰等，可让人迈向更好的生活。

第四层次：尊重需求。

每个人都希望自己有稳定的社会地位，希望自己的能力和成就得到社会的承认，这种让人尊重的需求分为内部尊重和外部尊重。内部尊重是指人们希望在不同环境中都能表现出有实力、能胜任、充满信心、能独立自主，这些内部尊重就是人的自尊。外部尊重是指一个人希望自己有地位、有威信，受到大家的尊重、信赖和好评价。马斯洛认为，尊重需求得到满足，能使人对自己充满信心，对社会充满热情，体验到自己活着的意义。尊重需求不是人们能轻易得到的需求，它需要一个人辛勤地付出，达到较高的成就后才能得到的需求。

第五层次：自我实现需求。

自我实现需求是每个人的最高层次需求，它是指达到自我实现的境界，解决问题的能力增强、自觉性提高、善于独立处事、要求不受打扰地独处，完成与自己的能力相称的事情。也就是说，人必须干称职的工作，这样才会使他们感到最大的快乐。为满足自我实现需求所采取的途径是因人而异的。自我实现需求是在努力发挥自己的潜力，使自己越来越成为自己所期望的人。自我实现需求的相应产品，都是个性化的产品，这些产品的附加值最高，产品成本也是最高。

在马斯洛层次需求中，同一层次的需求，在不同的社会环境里，人们所需的产品是不一样的。人们在不同的环境里，有不同的生存方式、有不同的文化精神、有不同的宗教信仰等，具体到产品需求，也就会不同。

从我国的实际情况看，城镇居民在物质型消费基本饱和后，逐步成为引领教育、医疗、养老、文化、信息、旅游等服务型消费需求增长的主力军。也就是说，伴随城镇化进程加快，居民消费结构由物质消费为主向服务消费为主升级的趋势日益明显。我国正处在消费结构升级的关键时期，城镇化不仅拉动消费规模的增长，而且促进消费结构升级。到 2025 年，我国居民人均服务型支出占人均消费支出比重将由 2021 年的 44.2% 提升至约 50%，开始进入服务型消费新时代，居民的需求也呈现日益多元化的趋势。

党的十八大以来，以习近平同志为核心的党中央将"坚持以人民为中心"确立为新时代坚持和发展中国特色社会主义的基本方略之一，形成了丰富的思想内涵、科学的理论体系和伟大的具体实践。从政治维度看，表现为坚持人民主体地位，坚持立党为公、执政为民，践行全心全意为人民服务的根本宗旨。从经济维度看，表现为把增进民生福祉作为发展的根本目的，努力让改革发展成果更多更公平惠及全体人民，最终实现共同富裕。从文化维度看，表现为更好构筑中国精神、中国价值、中国力量，为人民提供精神指引。从社会维度看，表现为坚持发展为了人民、发展依靠人民、发展成果由人民共享，着力解决人民群众最关心最直接最现实的利益问题。从生态维度看，表现为坚持生态惠民、生态利民、生态为民，重点解决损害群众健康的突出环境问题，不断满足人民日益增长的优美生态环境需要。

过去 40 余年，我国经历世界上规模最大、速度最快的城镇化进程，取得历史性成就的同时，城市社会结构、生产方式和组织形态发生深刻变化，人民对美好生活的需要日益增长。国土空间规划作为物质空间的治理手段，推进以人为核心的新型城镇化，就离不开城市空间的优化布局和空间治理现代化，进而"催生"了场景理论。城市场景营造作为完整准确全面贯彻新发展理念的城市空间治理新哲学、新美学，更加注重以人为本，更加关注人民群众的获得感、幸福感、安全感，更加重视创新因素给城市带来的巨大能量，符合以人为核心的新型城镇化要求。致力于通过营造生产、生活、生态、文化等场景，集合不同的舒适物设施、活动、服务、人群等，激发城市创新活力，拉动城市消费增长，提升社会治理效能，从而推动城市发展质量变革、效率变革、动力变革，为人民群众创造宜居宜业宜游宜乐的舒适环境和美好生活，吸引、集聚更多人力资本，并不断激发多元群体创造力，满足人民群众新期待。

二、场景营城的内涵：一种以人为本的规划方法，实现高质量发展的全新模式

本书认为，场景营城是一种全新的规划设计方法。

首先，从规划视角上来说。在城市规划初期，控制性详细规划以指标化的地块控制为主，"见物不见人"；随着人们物质需求的满足，城市设计成为区域开发的主要规划方

法，进行系统化的组织协调，做到了"见物见人"；但当前人们对精神需要的进一步追求，城市设计的"上帝视角"已难以满足个体的感知与体验，而"场景营城"是基于氛围化的要素融合，以人的视角实现"见情见心"。场景营城可以起到高于城市设计的作用，用来指导新时代的规划设计。因此，可以说场景营城是从人的需求出发作规划，是最直面使用者的规划方式。

其次，从规划体系上来说。场景营城的研究，将城市规划与使用者的体验进一步拉进，向下扩展了城市规划领域的研究范畴，按使用者的需求做设计，按体验者的感受做氛围，按消费者的喜好做内容。城市规划的范畴已经不能停留在对土地要素的管控和硬质空间的建设上，而要转向对"空间内容"的塑造与经营，转向对"空间文化"的挖掘与呈现，转向对"空间情感"的引导与传输，而场景营城是最好的答案。它统筹了硬件建设、软件内容、开发运营、管理维护的全过程，对地、人、钱进行有效地组织和高产出地加工，能更好地为人民群众服务，更好地为城市经济发展服务。

高质量发展是当前与未来城市建设工作的关键，需要创新探索新的城市发展方法，而深刻把握以人为核心的价值观，是破题的关键。城市"场景营城"，是塑造城市高质量发展与高品质生活的重要创新思维。在我国"新发展阶段、新发展理念、新发展格局"背景下，场景营城的内涵为：以人为核心，提质生活、转化生态、赋能生产，通过舒适物系统的人性化设计，实现高质量发展的全新模式。具体包括三方面的现实作用：

在生活方面，场景是满足人民群众从物质需求到精神需求再到体验需要的重要载体。随着我国经济发展水平的不断提升，根据马斯洛需求层次理论，居民的需要已经从初级产品、产品、服务逐渐过渡到对于体验的追求。体验感是提升居民在城市中生活幸福感的重要来源。而场景的整体氛围感与多要素集合性，能为居民提供丰富多彩的生活空间与愉悦体验。

在生态方面，场景是"绿水青山就是金山银山"的重要转化产品。场景集成自然与人为要素，转变为空间产品与体验享受，表现为各类自然旅游区、生态风景空间、田园综合体、农业创意产业园等形式，实现生态价值的经济转化，并协调生态与文化、消费的平衡关系。

在生产方面，场景是激发产业向产业链两端延伸，开创双循环发展新格局的重要手段。场景关注于文化、消费与创新，活跃交往的场景更能激发人们的创新思维，潮流沉浸的场景更能带动消费发展的活力，因此场景可以真正为城市的经济赋能，促使城市产业从生产环节向上端的创新研发与下端的销售运营延伸，带动整个产业链条的升级与迭代。

三、场景营城的载体：对空间产品的场景化界定

要把场景的建设加以落实，必须对场景空间加以识别。我们提出了"场景化片区"

和"代表性场景"是场景营城的空间产品和建设对象，它们以人的感知尺度为出发点加以构建。

（一）场景化片区

我们对全球各类知名的公共活动片区加以分析，发现该类地区的规模集中在 1～5 平方公里。如纽约中央公园约 3 平方公里，新加坡滨海湾花园约 1 平方公里，法国巴黎拉德芳斯约 2.5 平方公里。而上海外滩约 2.6 平方公里，杭州云栖小镇约 3.5 平方公里，重庆江北嘴中央商务区约 1.6 平方公里，北京后海约 1.5 平方公里。例如单个特色小镇原则上控制在 1～5 平方公里，浙江省特色小镇面积控制在 3 平方公里左右。又例如在 TOD 模式下，是以 800～1000 米为半径形成的单中心高强度开发的空间。

根据人的视觉特点，我们发现，在这个空间尺度内，视觉距离大于 500 米时，人们对景物存在模糊的、整体的形象，能够对空间产生整体氛围感与价值观的感知。这个空间规模大约是步行 10～15 分钟、面积 1～5 平方公里的空间规模，我们把这个规模的空间命名为"场景化片区"（图 4-2）。"场景化片区"一般由政府主导开发建设，兼具综合服务功能，使人形成地域认同感与价值观，发挥激发创新、引领消费的作用。

（二）代表性场景

同时，我们对全球知名的规模更小一个层级的公共空间也进行了研究，发现其空间规模大约集中于 5～30 公顷。如东京中城 10 公顷、伦敦金丝雀码头城市更新片区 35 公顷、东京六本木新城旧城更新 12 公顷、纽约哈德逊广场再开发 11 公顷。北京 CBD 核心区 30 公顷、重庆长嘉汇弹子石老街 16 公顷等等。

同样根据人的视觉特色，人在 250～270 米的视觉范围内，能看清景物的轮廓，识别建筑及场地的具体感知。这个空间规模大约是步行 3～5 分钟、面积 5～30 公顷的空间规模，我们把这个规模的空间命名为"代表性场景"。"代表性场景"围绕某一主题形成服务体验，使人能准确识别建筑及场地的形态，甚至感知场地内人群的情绪氛围，发挥文化传递与公共交往的作用。"代表性场景"在很多城市表现为城市记忆点或地标，一般为各类塑造形态记忆、激发文化交往的市场化开发片区或项目，如来福士、大剧院等（图 4-3）。

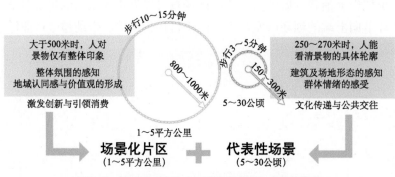

图 4-2 "场景化片区"与"代表性场景"内涵示意图

图 4-3　"场景化片区"与"代表性场景"示例

　　而较之更大或者更小的空间来说，更大规模的空间难以对人形成直观的感受和氛围影响，而更小的空间其实都受周边环境的影响才能形成整体氛围与情境，因此从"城市规划视角的空间场景"角度来说，这两个空间尺度对于城市规划的研究更具有整体价值和普适性。

　　通过这样的方法，我们确定了承载城市场景的两类空间载体，并在规模上形成了包含与被包含的空间关系。

四、场景营城的方法："五态协同"，对舒适物系统的人性化设计

　　场景是城市中不同舒适物设施与活动的有机组合，是具有价值导向、文化风格、美学特征、行为符号的城市空间。场景建设依附于丰富且相互关联的舒适物系统。场景的舒适物系统包括物质层面的空间要素和精神层面的氛围要素，如生态景观环境、配套设施、文化品质、服务内容、活动策划等，甚至包括场景中公众的精神状态，也是构成场景氛围的重要因素。这些舒适物要素形成的特定场景具有不同的文化价值取向和生活方式，从而吸引不同的人群前来居住、生活和工作，获得愉悦和自我价值实现的成就感，最终以人力资本的形式带动城市更新与经济发展。

　　场是人聚集、活动的物质空间；景是美和情感，也是艺术。场景营城，是指以群众在城市空间中的感受感知为出发点，开展设计优化与氛围塑造，创造心心相映、息息相通、美美与共的高品质空间，强调不同舒适物与活动的有机集合，使人在情景交融的高品质空间中感到舒适、愉悦和满足。

　　本书将传统的场景舒适物系统总结为五要素，包括：生态、设施、文化、服务、活动。并依据五大要素，提出了"五态协同"的场景营造方法（图 4-4），即"生态沁人、形态宜人、业态引人、活态聚人、神态动人"。

　　"五态协同"即是依据人的感知与体验，以第一视角，实现生态、设施、服务、活动和文化等要素的融合。第一层面是生态、形态形成空间，构成"场"；第二层面是通过业态、活态和神态来形成内容，构成"景"；最终，将场景五态加以融合，形成空间的整体氛围，为使用者提供可体验、可感知、可互动的空间感受。

　　在生态方面，注重以习近平生态文明思想一以贯之，尊重自然、顺应自然、保护自然到道法自然、文化自然、礼尚自然特性及发展变化规律，因地制宜对不同的场景化地区构建不同的生态格局，实现生态环境与人的交互共鸣。

　　在形态方面，注重山水形态的远近变化及层次感、水平空间的变换与过渡，以及垂直空间的立体视觉及体验，形成步移景异的动态变化，彰显城市空间的优美宜人形态。

　　在业态方面，注重体现便捷舒适的生活业态与促进人全面发展、实现个人价值的产业环境，通过业态引人、产学研结合、产供销一体，进一步丰富和提升市民游客的生活消费和文化体验。

　　在活态方面，注重对人才吸引力和领域影响力的塑造，进行市场化的合作运营及大事件、品牌化的传播塑造，打造有利于创新人才吸引、创新资源要素集聚的空间布局、功能配套和舒适环境，增强城市发展活力。

　　在神态方面，注重城市文化总体策划，加快完善文化产业和文化事业，体现城市文化的多维浸润与展示，丰富市民精神文化生活，增强城市文化软实力，提升城市颜值与气质。

　　最终，从生态、形态、业态、活态与神态中，汇集百姓幸福心态。

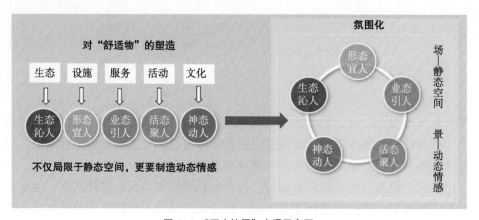

图 4-4　"五态协同"内涵示意图

五、场景营城的技术体系："SOD"

　　场景营城是城市发展的新逻辑新方法，是遵循国家城市工作战略调整与营城逻辑迭代的有利举措。场景规划是空间规划的落实与提升，是在空间规划对空间和资源统筹与管控的基础上，实现对人的需求的个性化满足，以此实现对新时代高质量发展的时代回应。我们把这种全新的技术体系称之为"SOD"体系（Scenescape-oriented Development），即以场景引导城市开发与更新。该模式贯穿城市宏观至微观的规划层次，包括思维、格局、体系、导则、机制和项目六大板块。

"SOD"场景思维既在城市的战略、规划、开发、实施、运营全过程中融合与实践场景方法，又要关注对特色场景空间的营造，从宏观到微观一以贯之。在总体规划层面落实场景格局，在控规层面落实场景空间，在城市设计及详细设计层面融入场景营造方法。

"SOD"场景格局即依据城市自身特点，梳理自然山水、人文意境、时代发展的典型价值与生活方式，形成宏观－中观－微观的场景空间格局与整体意象。

"SOD"场景体系即结合城市现状与发展诉求，形成最具代表性、引领发展的场景分类体系，将其作为城市未来场景塑造的重点方向和品牌。

"SOD"场景导则即依据场景体系，分类制定不同场景的营造方法，以场景的构成要素舒适物系统为基础加以总结提炼，构筑起城市设计基础上的"五态协同"场景营造方法，即"生态沁人、形态宜人、业态引人、活态聚人、神态动人"，分别对场景内的生态景观环境、空间形态基因、居业协调发展、活动氛围策划、文化内涵塑造和群体精神反馈进行预设与引导。

"SOD"场景机制即根据城市发展水平与组织建构，量身定制场景实施机制、行动计划与保障措施。

"SOD"场景项目即落实场景发展内容，形成近中远期场景建设项目库，识别场景发展重点地区，并重点引导近期示范项目的建设、开发与更新，保证场景建设的全面落实与有序开展。

以上场景营城的技术体系及方法将在第五章、第六章及第七章中结合重庆市的建设实践加以详细阐述。

六、小　结

本章是对上篇整体内容的总结与定义，系统论述了场景营城的价值、内涵、方法和技术体系。本章的内容是场景理论中国化以后，在我国多案例实践基础上形成的场景营城方法论，具有一定的技术普适性，填补了国内场景理论在应用、方法、体系上的空缺。

上篇重点介绍了场景营城的理论研究与中国化的探索。本篇将重点结合重庆市的场景实践来介绍场景营城的技术方法。

重庆市以"场景营城"为抓手，筑场供景，铸情凝魂，传导美好生活的温度，寻找体现"山水之城　美丽之地"特色的契合点和共振点，创造有情感、有厚度、有意蕴的城市空间，努力实现"山水之城　美丽之地"的目标定位。重庆中心城区目前几乎所有的规划工作都在围绕场景营城的要求展开，从而吸引更多的人来此聚集和交流。

场景营城已逐渐成为更好地适应高质量发展新阶段、高品质生活新目标、空间治理能力现代化新要求的城市发展技术方法。

中篇　场景何为——场景营城之法

第五章

场景战略与体系

一、场景体系构建方法

（一）本底分析与场景提取

1. 重庆"山水之城 美丽之地"的本底基因

重庆，一座极具场景感的城市，是长江与嘉陵江汇合处的山城，有诗云：片叶浮沉巴子国，两江襟带浮图关。"千尺为势、百尺为形"，大尺度山水空间使得重庆被形容为"大山大水"之城以及"山环水绕、江峡相拥"之城。重庆的传统"场景"尤为具有特色，如传统巴渝十二景、壮丽的山城场景、立体街巷场景、生活交往场景、典型标志性场景等。而当前重庆正在努力建成高质量发展、高品质生活新范例，加快建设"两中心两地"，并更好地发挥"三个作用"，正在坚持以人民为中心，突出审美韵味和文化品位，营造面向人的生产、生活、生态、消费等场景，提供充满情感、与群众美好生活需求精准匹配的空间供给，创造独特的城市文化和空间艺术效果，并进一步释放城市机遇，激发内生动力。结合城市使命与发展方向，探索提炼出重庆"生态、人文、创新、宜居、国际"五大场景基因。

从生态这一立市之本看重庆。作为世界最大的内陆山水城市，重庆的生态环境关系全国 35% 的淡水资源涵养和长江中下游 3 亿多人的饮水安全，是我国重要淡水资源战略储备库和长江上游重要生态屏障区。全市山地面积占比高达 75.33%，中心城区山水纵横交织，形成了两江、三谷、五峡、六岛、七脉的自然山水格局，孕育出湾、沱、塘、坝、滩、半岛等特色水文地貌，以及岭、崖、岗、坪、坡等特色山地地貌，造就了重庆山环水绕、江峡相拥的独特生态。

从人文这一城市底蕴看重庆。有三千多年的建城史，巴渝文化、革命文化、抗战文化、统战文化、移民文化、三峡文化交相辉映，是一座举世闻名的历史文化名城。长江文化艺术湾区、南部人文之城蓬勃发展、异彩纷呈，既源远流长，又历久弥新。大山大川之间，大自然的熏陶、险峻的自然环境，孕育了重庆人坚韧顽强、开放包容、耿直豪爽的个性和精神文化，丰富的历史文化与城市艺术时尚塑造了重庆人文场景的深厚底蕴。

从创新这一发展动力看重庆。近年来，通过大力实施以大数据智能化为引领的创新驱动发展战略行动计划，深入推动科技创新，高水平建设西部（重庆）科学城，高标准打造两江协同创新区，高质量推进特色产业园区发展，高效率推动"一区两群"协同创新，着力打造具有全国影响力的科技创新中心，形成星罗棋布、众星拱月的创新发展新格局，更好地支撑引领新时代重庆高质量发展。

从宜居这一品质追求看重庆。自 2018 年出台城市提升行动计划以来，城市品质全面提升，市民获得感、幸福感、安全感不断增强，距离"城市，让生活更美好"的目标越来越近。2020 年《中国宜居城市研究报告》显示，重庆位列全国宜居城市第 10 位。当前，重庆拟进一步推动城市结构调整优化和品质提升，对 358 处、约 125 平方公里的区域启动城市更新行动，使人民群众在城市生活得更方便、更舒心、更美好。

从国际这一形象定位看重庆。近年来，重庆全方位融入"一带一路"倡议、长江经济带、西部陆海新通道、成渝地区双城经济圈等国家重大战略，聚焦建设内陆国际物流枢纽和口岸高地，积极拓展开放通道、提升开放平台、完善开放口岸、壮大开放主体、优化开放环境，努力在西部地区带头开放、带动开放。2020 年外贸进出口规模排名全国第九、中西部第二，逐渐融入了经济全球化发展格局，跻身全球城市之列。

2. 重庆顺势而为的场景发展思维

习近平总书记提出，人民对美好生活的向往，就是我们的奋斗目标。近年来，市委、市政府全面贯彻习近平总书记对重庆提出的营造良好政治生态，坚持"两点"定位、"两地""两高"目标，发挥"三个作用"和推动成渝地区双城经济圈建设等重要指示要求，深入践行"以人民为中心"的发展理念，深入开展城市提升和乡村振兴，以"山水之城　美丽之地"作为目标定位，是重庆当前城市建设的核心使命。

近年来，重庆市开展"场景营城"工作，在全市范围内，以"场景"塑造"一区两群"的宏观战略，在中心城区范围内以"场景"经营"五城"进行顶层设计，已初具主题化的场景发展思维。具体来看，全市已形成"一区两群"的协调发展战略，营造主城都市区"魅力山水·现代都市"、渝东北三峡库区城镇群"壮美长江·诗画三峡"、渝东南武陵山区城镇群"万峰林海·百里画廊"的价值情境。而中心城区正在形成中部历史母城、东部生态之城、西部科学之城、南部人文之城、北部智慧之城的"五城"发展价值格局，同时正在重塑"两江四岸"国际化山水都市价值风貌。重庆以场景为手段营造城市，不仅是建设"住有其所"的宜居生活空间场所，更是激发城市内生动力，引发市民情感归属的必要行动，同时也是对城市人本性、在地化、品质感等建设的行动统领。

3. 重庆场景营城的时代意义

1）场景营城是建设"山水之城　美丽之地"的重要载体

"山水之城　美丽之地"与"两点"定位、"两地""两高"目标的时代使命一脉相承，更加关注人与城市哲学、美学共鸣的高阶追求，是一种形象化、场景化、画面感的未来愿景。建设"山水之城　美丽之地"，就要坚持以人为本、道法自然，立足山水资源，发挥立体优势，把好山好水好风光等自然原真之美嵌入城市场景，塑造山—水—城—人共融共生的都市情景，满足群众对山水重庆的依恋和美丽重庆的追求，全力彰显"天人合一"的价值追求和"知行合一"的人文境界。

2）场景营城是落实"一区两群""五城同创"战略的有力抓手

全市"一区两群"空间布局优化效应持续释放，中心城区"五城同创"差异化发展格局逐步构建，主题化思维日趋明显。但通过对中心城区 POI 兴趣点进行现状分析，各类城市功能设施分布仍集中于历史母城周边，其他四城则偏向于某些热点地区；各城配套设施和产业发展存在明显差异。场景营造可以精细化落实"五城"功能定位，打通从宏观到微观的传导路径，在兼顾舒适、便利、生态、人文、安全基础上，促进功能优化完善、高端要素集聚、空间艺术品质提升，带动城市差异化、均衡协调发展（图5-1～图5-3）。

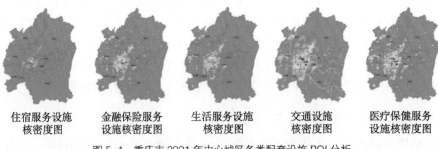

| 住宿服务设施
核密度图 | 金融保险服务
设施核密度图 | 生活服务设施
核密度图 | 交通设施
核密度图 | 医疗保健服务
设施核密度图 |

图5-1　重庆市2021年中心城区各类配套设施POI分析

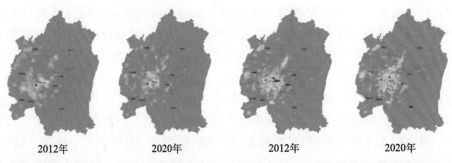

| 2012年 | 2020年 | 2012年 | 2020年 |

图5-2　中心城区网络科技公司企业核密度图　　　图5-3　中心城区科教文化设施核密度图

3）场景营城是加快建设国际消费中心城市的内生动力

国家"十四五"规划明确，以坚持扩大内需为战略基点，把实施扩大内需战略同深化供给侧结构性改革有机结合起来。城市是扩内需补短板、增投资促消费的重要战场。场景对于消费行为有着独特的刺激和引导作用，在坚持供给侧结构性改革战略方向，提升供给体系质量的同时，聚焦打造"住业游乐购"全场景集，营造满足不同人群新需求、改善城市生活品质的消费场景，释放内需潜力，拉动消费增长，为建成高质量发展高品质生活新范例增添新动力。

（二）场景体系构建

通过对重庆市发展的综合研判可以看出，"场景营城"是在新发展阶段、新发展理念、新发展趋势下，重庆特色化发展与更新的全新路径，将"SOD"的场景营城模式与重庆市的发展紧密结合，形成一整套"思维、格局、体系、导则、机制、项目"的场景建设方法（图5-4）。

尊重城市发展规律，从重庆本底出发展望未来，规划构建起"总场景—次区域场景—中心城区中场景—开放式微场景"，从宏观到微观的"穿透式"场景体系。

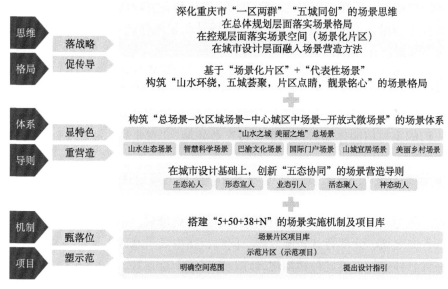

图 5-4　重庆市"SOD"场景营城模式

（1）"山水之城　美丽之地"总场景："山水之城　美丽之地"是重庆的总体宏观场景，勾勒城市未来发展愿景。

（2）突出"一区两群"布局次区域场景。在"山水之城　美丽之地"的总场景下，基于不同区域区位条件、资源禀赋、发展基础等因素，发挥自身独特资源和优势条件，促进区域协调发展。主城都市区营造"魅力山水·现代都市"价值情境，强核提能级、扩容提品质，提升城市综合承载力，建设具有国际影响力和竞争力的现代化都市区；渝东北三峡库区城镇群突出"库区""山区"特点，营造"壮美长江·诗画三峡"的价值情境，建设生态优先绿色发展先行示范区。渝东南武陵山区城镇群突出"山水""民俗"特色，营造"万峰林海·百里画廊"的价值情境，建设文旅融合发展示范区。

（3）顺应中心城区本底特色形成"六类"中场景。依托中心城区天然的"多中心、组团式"空间结构，围绕"强核提能级"目标，结合中心城区"生态、人文、创新、宜居、国际、乡村"六大本底特征，升华提炼形成"山水生态场景、巴渝文化场景、智慧科学场景、山城宜居场景、国际门户场景、美丽乡村场景"六类中场景，分主题统筹整合中心城区现有的各大特色地区地标，以及开展的重点片区规划、重大建设项目和重点更新提升项目，系统性加快集聚国际交往、科技创新、先进制造、现代服务等高端功能，全面提升城市生态品质、人文品质、经济品质、生活品质、开放品质，同时兼顾城乡统筹、突出都市里的村庄、村庄里的都市的城市特点。

山水生态场景，是依托重庆市自然禀赋，突出长江上游生态屏障和山水城市带给人们的原生山水体验。以场景锚固生态基底，"固生态"与"近自然"的叠合兼备。

巴渝文化场景，依托重庆市历史积淀，突出历史文化名城和国家文化消费试点城市带给人们的多重文化体验。以场景活化古镇，"隐匿"与"繁华"的古今体验。

山城宜居场景，突出重庆市的山城烟火气和豪爽性格，塑造高品质生活宜居地带给人们的山城居住体验。以场景充实步道，将"线性通道"扩展为"生活场所"。

国际门户场景，依托重庆市地理区位和通道优势，突出西部大开发重要战略支点和内陆开放高地带给人们的开放融合体验。以场景凸显地标魅力，"国际风范"与"城市客厅"交融互促。

智慧科学场景，以智慧科学方向为发展重点，突出重庆市"智造重镇""智慧名城"和具有全国影响力的科技创新中心带给人们的未来智创体验。以场景引领项目建设。

美丽乡村场景，依托重庆市广大乡村腹地，突出国家城乡融合发展试验区和乡村振兴带给人们的乡村田园体验。以场景扩展产业领域、"农业品牌"与"产业跨界"的交相呼应。

（4）围绕主题功能打造若干城市名片及微场景。策划规划长嘉汇、科学城、枢纽港、智慧园、艺术湾等代表重庆窗口形象的城市功能新名片，统筹推进交通、市政、历史文化保护等专项规划，以点带面引领带动中部历史母城、东部生态之城、西部科学之城、南部人文之城、北部智慧之城发展。同时，在中场景基础上加以细化，对建筑、路面、植被等具体空间环境进行精细化设计，形成若干近百姓、易感知、可扩展、开放式的微场景，包括江心绿岛、江湾峡谷、红色印记、艺术群落、智造厂区、科学展窗等，搭建城市与人的交流媒介，传递城市宜居温度（图5-5）。

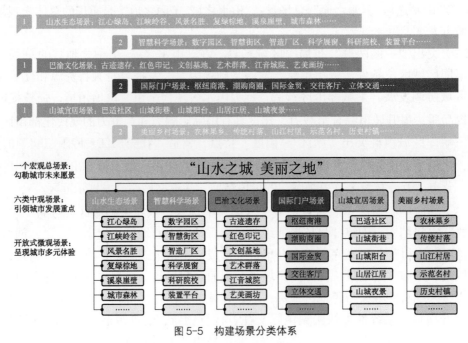

图5-5　构建场景分类体系

二、场景导则编制框架

在重庆市的场景实践中，我们对六大类场景分别制定了场景营造导则，分别包括场景特征、场景筛选、营造要点等内容。

（一）山水生态场景

1. 场景特征

以东部生态之城为依托，塑造山水城市形象，突出重庆江、山、岭、谷等地形地貌特点，统筹人工生态与自然生态、兼顾城市建设与乡村振兴两者关系，传承自然生命力量，传递生态文明价值，展现城市生态美，引领绿色发展转型。

2. 场景筛选

用地布局：立足于展现城市山水风景和自然生态资源的地区，如风景名胜区、森林公园、乡村郊野地带、大型综合公园等绿色空间。也包括溪流河谷、滨江消落带等动植物多样性聚集地区。

产业集聚：生态保护修复、生态文明展示的地区，具备生态教育示范宣传的地区，具备特色规模种植的农林果园特色地区。

建设基础：能将生态保育与市民休闲活动、旅游服务结合的地区。

3. 营造要点

1）生态——生态氛围的沉浸感

- 坚持对山地、河流水系、郊野单元等绿色空间的分类保护，加强生态修复与景观提升，为人们呈现原真的、至美的大地景观。
- 关注物种多样性的展示，建立多样稳固的生态系统，选取本土植物树种，保护生物栖息地。为人们提供鸟语花香、鱼翔浅底、鹿跃雁鸣的自然氛围。
- 关注季相多样化的流转，为人们提供动态化的自然体验。

2）形态——自然空间的流动性

- 建设空间与自然环境相协调，以最低扰动的方式布局和联通各类空间，对人们的行为进行自然化、流动性的引导。
- 强调视线通廊的营造，可见山可望江，且移步换景，形成近远景结合的丰富视线变化层次。
- 注重生态空间景观化处理，突出野性，使人工与自然环境浑然天成。

3）活态——绿色科普的参与感

- 加强与各类生态保护团体的合作，以生态保护宣传为主题策划活动，开展广泛的主题旅游、环境教育、科学考察等科普活动。
- 加强绿色科普的参与感，而非单纯的说教，建议通过无动力化、自然朴素、低扰动的方式，营造观鸟、观鱼、观察植物的实践活动，避免声光电污染。

4）神态——智慧无扰的融合感

- 营造"应有必有，最低满足"的精简化、绿色化、多功能化设施体系，降低对自然视觉、听觉的感受干扰。
- 推进智能化科普展示，VR 技术应用，增强人与自然的互动。
- 采取节能环保，低碳零能的生态建设技术，生态展示建筑形体精致、通透，与环境融为一体。

5）业态——生活消费的绿色化

- 探索新型"生态消费"体验，提升对"生态体验感"的高端开发与价值定位。
- 在该片区内，让自然和动植物做主人，严格管控生态化片区周边工业建设，加速传统工业转型升级，促进生态生产和谐共荣。
- 在适当地区可与乡村体验加以结合，焕活原乡基因，与乡村田园类场景片区形成互动，营造多样化的生态氛围。

（二）巴渝文化场景

1. 场景特征

依托历史母城深厚文化积淀，以历史街区、传统风貌区、各类文保单位、各类艺术文化场地为空间载体。强化历史文化保护，开放历史文化元素融入城市街区。凝练抗战文化、三峡文化等文化特征，结合文化艺术活动，传扬巴渝文化精神。

2. 场景筛选

用地布局：以文物古迹、文化娱乐用地为主。

设施部署：以文物保护单位、历史街区、传统街区等具有地域特色的片区和文化艺术设施片区为主。

产业集聚：围绕城市形象展示、传统生活体验、文物保护展示、文化创意产业、旅游发展等相关产业。

目标人群：从事创意产业、历史研究、第三产业等人群。

3. 营造要点

1）形态——多尺度的文化IP吸引

- 严控建筑高度、强度、密度，对重点文脉地区周边进行减量、降高、疏密。
- 提升跨江大桥及桥头景观的综合品质，美化江上立体形态，统筹山上、水上、陆上、楼上、桥上的不同观景平台形态塑造。
- 以重庆传统建筑十八营造法式为基础建设风貌协调区。

2）业态——古今交通的时空感

- 以历史文化资源为基础，构建国际、区域、本土多层次吸引点。
- 融合文化展示、文物博览、文化消费、文化体验等多重业态体验。
- 突出夜景亮化特色，两江夜游、山城夜景等特色主题，激活夜经济魅力，形成日夜纷呈的多彩景象。

3）神态——文化展示的互动感

- 场景构建与城市大事件、城市活动、社区组织等活动策划相结合，通过文化艺术展示、节日庆典、生活等活动赋予历史遗迹以新时代的内涵。
- 彰显重庆底蕴，保护山城、江城特色要素，结合各类设施、城市景观等，对文化加以展示。

4）活态——文化传承的仪式感

- 场景构建与城市大事件、城市活动、社区组织等活动策划相结合，通过文化艺术展示、节日庆典等活动赋予历史遗迹以新时代的内涵。
- 结合非遗活动，强化凸显场景空间"仪式感"；结合现代数字影像、现实增强等新兴技术，复现开城仪式、开灯仪式、入城仪式。

5）生态——凸显原貌的融入

- 使文化氛围与园林景观风格契合，以绿显文，以文化绿。
- "见缝插绿、层层叠绿"处理硬质软质空间。对坡地、堡坎、挡墙、高切坡和自然山体崖壁等绿化"秃斑"进行增绿和景观绿化治理。
- 柔化历史文化设施周边的硬质挡墙，使园林景观的设计与文化设施相得益彰。

（三）国际门户场景

1. 场景特征

依托枢纽港、长嘉汇中央商务区、江北领空经济区等资源优势，加快建设国际购物名城、国际美食名城、国际会展名城、国际文化名城、国际旅游名城，建成国际消费中心城市。立足构建以国内大循环为主体、国内国际双循环相互促进的新发展格局，建设有重庆味道、中国特色、国际品质、领先水平的门户片区，塑造"多姿多彩的国际样儿"，为重庆跻身全球城市形成门面担当，引领西部地区带头开放作出示范。

2. 场景筛选

用地布局：以教育科研用地、会展用地、商业服务设施用地、区域交通设施用地为主。

设施部署：重点部署寸滩国际新城、中央商务区、市级商业街地标等。

产业集聚：片区内从事金融服务、国际交流会展、文化传播等相关产业占比超过50%。

社会影响：在国际或全国范围内具备国际金融贸易、商品出口交易、跨境服务、交通吞吐量、地区联系等影响力或传播力。

目标人群：从事金融服务、物流贸易、跨境结算等专业人群及面向旅游、参会等流动人群。

3. 营造要点

1）神态——活动多元、全龄友好的形式感

- 码头博物馆、崖壁文化馆、桥梁艺术馆等文化场馆全方位地展示山、城、水、人的共生关系，牢记重庆的乡愁。
- 提升特色文旅消费。挖掘重庆特色文化，培育一批文旅精品景区和旅游演艺、特色节会。规划建设长江游轮游艇码头，创新发展"水上巴士"观光快船等。推动旅游观光巴士跨区域线网建设。
- 传承振兴老字号。支持传统工艺传承和保护，鼓励企业与职业院校共建教学基地，设立技能大师、非物质文化遗产传承人工作室。

2）生态——举目远眺山水共融的开阔感

- 重构生态格局。依托沿江水岸、城市绿带打通横向、纵向绿廊，连通滨江与腹地山脉，构建"蓝绿渗透"的山水生态格局。

- 消落带四季景异。针对消落带反季节动态水位变化特点，融合海绵城市理念、生态修复理念，采取竖向分层设计、塑造微地形、植被修复技术等措施，打造丰富多的亲水空间，还原生态之美。

- 登山远眺，举目望江，纵览大山大江景象。预留视线通廊，利用场地空间变化塑造多角度的观景点，便于多角度方位展现重庆环境特色，提升国际知名度。

3）形态——现代活跃积极进取的空间感

- 塑造新地标。建设邮轮港口服务、大体量国际知名度假酒店品牌、国际首店品牌、演艺综合体、山地商业街区、亲子乐园等复合功能建筑，形成沿长江展开的形象展示面和重庆新地标。

- 完善配套居住生活服务。高标准配套国际学校、国际医院、购物中心，配置"5分钟社区服务圈""10分钟街道服务圈"，形成SOHO、国际公寓、国际社区等。

- 管控建筑形体环境。公共建筑依山叠落，尺度精致小巧，设置景观艺术装置，吸引人群。

4）业态——时尚多元品味高阶的消费感

- 打造国际消费商圈，打造场景化、智能化、国际化的高品质步行街和城市核心商圈。

- 支持购物中心、商场利用物联网、大数据、人工智能等优化消费场景。加强产业联动、线上线下互动、内外贸易融合，发展智慧零售、无人零售，打造智慧商场、绿色商场。

- 发展特色文旅消费、体育消费、康养消费等，培育引进国际展会，打造国际化服务品牌。

5）活态——互动频繁会展交往的参与感

- 交往无处不在，艺术无处不在，智慧无处不在。

- 提升特色体育消费。鼓励创建体育旅游示范区。建设全国户外运动首选目的地。推进社区体育设施建设，完善商业文化配套，打造城市体育嘉年华。

- 构建连贯东西台地的国际交往带。布局举办国际峰会、大型商务年会、宴会等高能级交往中心。

（四）智慧科学场景

1. 场景特征

以西部科学城为依托，整合产学研链条，优化科学设施、科技服务、孵化平台等科技资源配置，针对人工智能、量子信息、集成电路、生命健康、空天科技等前沿领域，建设宜居宜业宜人宜心片区，塑造"科学家的家、创业者的城"，强化创新科学场景氛围。

2. 场景筛选

用地布局：以教育科研用地、公共设施用地为主。

设施部署：立足重点科学设施项目建设、国家重大科研设施、"双一流"大学校区、市级科普展示教育基地等。

产业集聚：片区内从事教学、科技、研发、孵化、生产等相关产业占比超过50%。

社会影响：片区在国际或全国范围内具有一定的科研学术、大众科普、专业会展等影响力或传播力。

目标人群：从事科学研发、学术研究、高等教育等专业人群。

3. 人群特征

对于该场景内的人群，主要有三方面的特征：

首先是该类人群的家庭带眷系数较高，需要高标准的居住生活空间、高水准的教育医疗配套、高品质的休闲生活体验和家业紧邻的零障碍通勤。

其次是该类人群对事业发展即科研及转化需求较高，需要领先的科学装置、宽松的科研环境、舒适的科研氛围等必要的科研科技发展硬件。

最后是该类人群对优质的成长和受教育深造的需要较高，需要全球性的科研院所和络绎往来的会议研学等浓厚的学术氛围。

4. 营造要点

1）神态——国际领先的科研环境
- 提供先进的科研设施，配备国家（重点）实验室、前沿交叉研究平台，布局科技企业孵化器和创新载体，吸引人才，激发创新成果。
- 依据众创空间、研发园区、总部基地、独立总部等不同科研环境的氛围，配套风格相符、高审美、智慧化的配套设施。
- 关注国际化科研氛围的营造，对英语环境、智能化标识及相关服务人员的素质的提升，提升国际工作人员的科研与交流舒适度。

2）业态——科创氛围与家园感并重
- 做强创新科学的主线产业功能，围绕主线产业布局辅线服务业体系，包括会议会展、文化传播、金融服务、法律法务等。
- 对于科研人员高带眷率的情况，应特别关注对片区家园感的塑造。结合15分钟、5分钟生活圈的建设，实现生活归属感。
- 考虑到人员年轻化、流动性大的特点，应关注各类公寓类型的供给与租住政策的制定。
- 同时，通过产居功能的混合布置，尽可能实现职住相邻的状态，并增加建筑垂直业态引人度，增加共享空间和乐趣空间。

3）活态——学术活力的吸引性
- 与各大国际、国内学术团体展开合作，承办各类学术科研及大众科普盛会，并引入学术活动、会展的专业策划团队。

- 通过举办国际性、行业性的科技交流大会、前沿科学论坛峰会等，形成浓厚的科研学术氛围，扩大片区影响力，吸引人才集聚。
- 通过各类非正式场合、多种形式的科研交流活动，激发人们的创新思维。

4）形态——建筑空间的丰富感

- 考虑到科研教育活动的特点，建筑空间应尽量简约雅致，但富有趣味和人性化，形成宁静舒适的科研氛围。
- 以步行尺度组织建筑空间，关注建筑组群与空间对人群活动的引导，无论平面或立体，形成"步移景异"的空间感受。
- 关注正式空间与非正式空间的搭配融合，可组织主题化的模拟空间。在室内和室外都可营造便于停留、交谈、操作电脑设备、阅读书籍的空间。

5）生态——一路伴绿的轻松感

- 提高绿视率，为专业人员提供上班下班的绿色享受，放松身心，一路伴绿。
- 通过乔灌草植物搭配，营造四季皆有景的丰富视觉氛围；预留视线通廊，形成丰富景观层次。
- 提高生态景观主题、审美与科研氛围的契合性。
- 结合科研人群高带眷、高品质生活需要，赋予绿地交往和非正式科研功能，满足亲子游憩、益智放松、科研社交等工作生活需要。

（五）山城宜居场景

1. 场景特征

统筹推进重庆市城市更新，聚焦于老旧小区、老旧厂区、老旧商业区、老旧街区，为市民提供良好的生活环境、完善的公共服务设施和公共活动空间。以城市重要地段、旧城过高过密过堵地段、当地典型生活空间单元等为对象，以保护和彰显城市功能和山水形态为手段，优化空间布局、完善功能配套，彰显"山水之城 美丽之地"的独特魅力，不断提升群众的获得感、幸福感、安全感。

2. 场景筛选

用地布局：以居住用地、商业服务设施用地为主。

设施部署：重点以治理交通拥堵、停车紧张、教育医疗等公共资源配套不足、绿地不足等问题为抓手。

产业集聚：片区内从事生活性服务业，如餐饮酒店、销售、文化旅游等相关产业占比超过50%。

社会影响：旨在提升群众生活质量，传承传统重庆生活样貌，公共服务设施与公共空间优化升级。完善公共服务设施，促进城市健康绿色发展，增强城市社会经济活力。

目标人群：常住人群及面向旅游的流动人群。

3. 人群特征

重庆市第七次人口普查数据显示：

中心城区人口增幅居全市前列。重庆市人口增幅最大区县集中在中心城区，特别是渝北区、沙坪坝区、九龙坡区、南岸区、巴南区，尤其是渝北区过去十年的人口增长率达到了 62.89%，南岸区也超过了 50%。人口的增长对宜居舒适性的生活品质要求增加，需要协调优化设施空间落位。

人口老龄化加剧。全国 60 岁以上人口占比为 18.7%，重庆市为 21.87%，中心城区为 18.46%，北碚区、巴南区老龄化严重，在宜老设施配置上应加快相关建设落位。

中心城区大专及以上学历人口数量较多。大专及以上学历人口最密集的区域是南岸区，是全国平均水平的 2 倍以上，其次是沙坪坝区、渝中区、江北区。人才需要的各类生活设施配套与高品质生活质量要在城市更新中予以落实。

4. 营造要点

1）业态——全时全地的体验感
- 盘活低效、闲置资源，完善社区服务设施，增加巴渝民宿、文化体验、旅游服务等功能。
- 建设多元化夜间消费场所，培育丰富夜生活业态，打造夜间消费品牌。

2）生态——举目远眺山水共融的开阔感
- 采用延续城市山水格局、整理岸线、构建多层次平台等策略，让滨水空间重获活力。
- 按照江岸修复、清水绿岸、山城公园、山城步道的功能分解，通过"拆违建绿"、护坡堡坎治理、桥下空间改造、屋顶改造、底层架空、建筑退台等方式，增加街头绿地、社区游园等公共空间。

3）活态—— 山城江城的记忆感
- 在城市生活中根植地方基因，焕活山水、火锅、交通、多元文化、工业艺术、运动、巴渝等文化魅力，开展山城江城特色传统活动。
- 增加文化娱乐、艺术展示、都市旅游等体验式服务功能。滨水码头区域通过商业内街的形式增加旅游购物及文化娱乐设施。老街两旁临街建筑除满足居住需求之外，还应拓展增加商业服务功能。

4）神态—— 听江望山的氛围感
- 加强历史文化资源挖掘与保护，把历史文化元素融入改造建设，打造特色历史文化景观，突出地区文化特质。
- 在满足保护要求前提下，允许建筑用作纪念场馆、展览馆、博物馆等公共设施，或用于适宜的商业用途。

5）形态——错落变换的新鲜感
- 设计环形全景步道，提供眺望重庆两江四岸的观景地。
- 通过低效建筑、零星用地的改造利用，学校、机关单位等相关设施的开放共享，促进 5 分钟居民基本生活圈及 15 分钟步行生活圈的建设。
- 提高公共空间品质，增加街道家具、改善照明、整治铺装、优化绿植、美化弱化围墙隔断等。

（六）美丽乡村场景

1. 场景特征

以中心城区内传统村落、乡村振兴示范村、特色旅游民俗村为依托，探索乡村地区场景化建设。按照产业兴旺、生态宜居、乡风文明、治理有效、生活富裕"二十字"方针总要求，集中力量补齐"三农"领域突出短板，加快推进农业农村现代化，呈现出农业升级、农村进步、农民发展的新图景，农民获得感、幸福感、安全感显著提升。保护好传统村落、民族村寨，保护好乡村传统建筑、农业遗迹、灌溉工程遗产。深入挖掘乡村特色文化价值，因地制宜建设一批民俗生态博物馆、历史文化展室、乡情陈列馆。建设一批具有标志性、引领性、带动性的精品巴渝民宿和乡村公共建筑。传承发扬乡村优秀传统文化，着力将非物质文化遗产、民族民俗技艺与乡村农耕、农事、农活结合转化为乡村旅游体验活动。

2. 场景筛选

用地布局：以宅基地、集体经营性建设用地为主，同时结合农田林地、水塘河流。

设施部署：立足乡村旅游发展与生活服务设施配套完善，布局旅游接待、休闲娱乐设施、基本医疗、教育等公共服务，还可设置村史馆、游客服务中心、民俗体验馆等。

产业集聚：片区内从事都市农业、休闲旅游产业占比超过50%。

社会影响：片区在农业发展、特色乡村品牌推广等方面形成影响力与传播力。

目标人群：村民住户、游客、返乡创业青年。

3. 人群特征

从全市来看，2019年，重庆市接待游客总量6.57亿人次，实现旅游总收入5739.07亿元，其中全市乡村旅游综合收入却只有800亿元，不到旅游总收入的14%，相对于大城市带大农村的重庆市情，乡村旅游还需挖掘潜力、发挥后劲。

从旅游发展结构上看，往来重庆中心城区的游客多为都市休闲农业消费，考虑到临近城区交通便捷，基本以田园观光旅游模式和乡村饭店度假模式为主，例如渝北区"龙兴古镇"、歌乐山七彩祥耘开心农场。因此在场景设计中，围绕亲子农耕、都市休闲、乡村民宿等内容设计，更契合乡村旅游人群需求。

4. 设计要点

1）生态——望山见水的氛围感

- 丘塘林田湖草，勾画自然本底。统筹村庄生态环境本底，彰显乡野环境特色，营造彰显山水特色。
- 道法自然，心归原乡。结合林地、田地、水塘等自然要素，保护重要视线通廊，形成山川互见，绿色共融的整体氛围。
- 村居民居点缀其中，让自然做功。生态环境为整体大背景，建筑布局点缀其间，凸显乡村特色。

2）形态——巴渝营建的艺术感

- 顺应村庄肌理，点状布局，局部集中，融入场地之中。以传统历史肌理为主，采取微修补的设计手法，增补建筑。新建建筑规模体量与风貌与当地相契合。
- 延续巴渝十八法营造法式，传承山居魅力。依据传统营造法式，顺应场地环境特色基础，采取"搭""抬""架"等设计手法。

3）业态——宜农宜居的轻松感

- 种植经营规模化。集约分散的农田，统一经营管理，推出乡土品牌，提高知名度。
- 产业宜绿宜农，生产与休闲旅游结合。结合都市农业产业特点，发展家庭农场、企业农场，让城市居民享受乡村耕种乐趣。
- 乡村振兴，生态价值转化。以产业发展带动村民致富增收，吸引返乡青年回村创业，探索生态本底价值转化路径。

4）活态——城乡互补的融合感

- 都市里的村庄，村庄里的都市。结合"吃、住、行、游、购、娱、育"等方面，多维度拓展活动内容。
- 组织设计丰富多彩的活动项目，形成特色活动线路。结合亲子游、情侣游、团队拓展训练等目标客群，设置多种活动流线与内容，以持续不断、季节不同的活动吸引人流。

5）神态——历史传扬的原乡感

- 传承历史演变格局，保留乡愁记忆。整合乡愁记忆点，讲乡村故事。保留村庄老物件、老石磨盘、老农具，挖掘乡愁记忆点历史故事。
- 营造乡村场所，形成故事探访路。串联村庄广场、空地等活动空间，定制村庄专属 LOGO 用于景观小品当中，强化当地历史氛围感。

三、场景实施组织路径

（一）以机制保障带动场景实践

场景的实施是场景营城总过程中的关键一步，需要城市政府的全力组织协调和各部门的通力合作。目前，在重庆市的实践中初步探索出了一条场景营城的总体实施路径，同步构建起场景营城"工作框架＋宣传活动＋任务清单"的具体实施路径（图5-6）。

一是形成承上启下的工作框架。以场景营城总体规划为总体思路，将场景内容纳入城市品质提升、城市更新、乡村振兴等工作当中，统一共识、统一路径、统一行动。在机制上建立场景营城专项工作组，形成场景"政策工具包"，将场景规划内容及成果纳入各区县国土空间规划，选择开展定制化的场景示范片区与代表性场景规划设计，实现先由中心城区再到各区县的场景建设"全覆盖"。

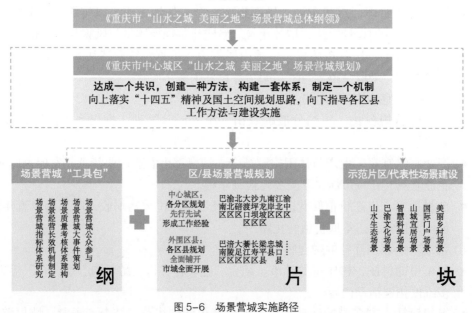

图5-6　场景营城实施路径

二是策划开展场景营城主题活动。宣传推广场景营城创新理念，推动"场景示范片区大师工作营""百场千景筑山城方案征集""城市场景周"等活动（图5-7），编制通俗易懂、实用有效的场景手册、场景机会清单，分类开展最美场景等评选活动，鼓励广大市民和社会各界群策群力共谋城市发展，为场景营城工作营造良好氛围。

三是先行建立中心城区各区（管委会）任务清单。围绕中心城区"六类"中场景，结合发展时序需要，先行提出第一批60个场景化片区规划建设任务，包含重钢艺术片区、科学谷片区、双钢路片区、长嘉汇片区、南岸区放牛村片区六个场景示范片区，重点锻造城市功能长板、补齐短板，以快速形成示范效果，为重庆增添更多的魅力和动力（图5-7）。

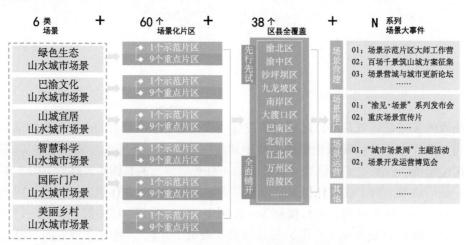

图5-7　"6+60+38+N"的"场景营城"实施路径

通过场景营城，形成体系、格局、营造方法与实施机制等相关内容，谋划重庆场景"一盘棋"，助力全面提升重庆发展质量，加快推进高品质生活宜居地建设，在更高水平上不断满足人民日益增长的美好生活需要。以场景营城为手段，筑靓重庆江山美景，共绘人民美好生活画卷。

（二）以项目筛选落实场景实施

项目是场景落实的主要手段，因此对于场景项目的选择至关重要。重庆市先行提出的第一批 60 个场景化片区就是结合城市发展现状、战略布局和实施可能性加以筛选的，可以作为一种场景项目筛选的初步思路（图 5-8～图 5-11）。

1. 山水生态场景

筛选依据：为保育生态环境，凸显重庆市山水环绕、江峡相拥的地形地貌特点的相关项目。关注于江、谷、山、峡、岛、河的自然山水格局，湾、沱、塘、坝、滩、半岛等特色水文地貌与岭、崖、岗、坪、坡等特色山地地貌为典型场景代表。包括江心绿岛、江湾峡谷、风景名胜、复绿棕地、农林果乡、城市森林等场景主题。

2. 智慧科学场景

筛选依据：服务于重庆科技创新中心、"智造重镇""智慧名城"等相关建设项目。

图 5-8　重庆市场景化片区分布示意图

图 5-9　重庆寸滩国际新城游轮母港场景构建

图 5-10　重庆艺术湾片区场景构建

图 5-11　重庆科学城场景构建

包含数字园区、智慧街区、智造厂区、科学展窗、科研院校、装置平台等场景主题。

3. 山城宜居场景

筛选依据：以《重庆市中心城区城市更新专项规划初步方案》为依据，聚焦老旧小区、厂区、街区改造与山城江城品牌塑造，包含巴适社区、山城街巷、山城阳台、山居江居、山城夜景等场景主题。

4. 巴渝文化场景

筛选依据：历史是"城市之根"，文化是"城市之魂"，丰富的历史文化与城市艺术时尚，塑造人文场景的深厚底蕴，包含古迹遗存、红色印记、文创基地、艺术群落、江音城院、艺美画坊等场景主题。

5. 国际门户场景

筛选依据：结合重庆市创建国际消费中心城市的行动背景，持续推进重庆市国际门户场景建设。片区将囊括枢纽商港、潮购商圈、国际金贸、交往客厅、立体交通等场景主题。

6. 美丽乡村场景

筛选依据：市级乡村振兴示范镇村和产业强镇名单、市级特色景观旅游名村、国家传统村落、2015 年第三批全国特色景观旅游名镇名村示范名单。

目前，重庆市在场景营城的总体思维指引下，在各类规划建设中落实场景化片区和代表性场景的建设。例如在寸滩国际新城游轮母港场景化片区内规划形成"江岸之台"等七大代表性场景。

（三）以多元途径探索场景进化

1. 以场景统揽重庆规划设计项目内核

当前，重庆市人口城镇化率达到 70.32%，城市发展正是从"量变"到"质变"的关键时期。近两年来，西部科学城、生物城等新区城市设计，龙门浩弹子石老街、十八梯、山城步道等历史文化街区更新，钓鱼嘴音乐半岛景观方案整合、两江四岸生态治理等各类规划设计竞赛与工程项目接连上演，在云集设计大咖、行业翘楚的同时，正以场景为统领，凝神聚气形成统一认识。

首先，以本规划为总统揽，形成了场景"共识"。各类设计竞赛、工程项目归属于本次规划确定的市级"总场景—区域场景—中场景—微场景"场景体系思维当中。以场景经营城市，实现场景规划与国土空间规划、各分区规划充分对接，全面提升城市经济品质、人文品质、生态品质、生活品质，建设国际化、绿色化、智能化、人文化现代大都市。

其次，以本规划为范本，形成了场景"公式"。各类设计竞赛、工程项目，需要包含场景设计内容，基于本次规划内容探索出的"场景化片区""代表性场景""五态协同场景设计导则"等内容，形成场景设计的规定动作，并在具体空间中优化形成人的视线视点与人本尺度的空间场景设计。同时，针对广大乡村地区，在村庄规划、乡村建设过程中，积极融入场景设计。在持续推进基础设施建设、环境整治等硬件建设的同时，更注重公共服务、文化传承、乡土特色等软环境的场景提升，让美丽宜居乡村有"里"有"面"。

最后，以本规划为行动指引，形成了场景"菜单"。场景营城是一个循序渐进、不断探索的过程，应统筹当前和长远，把握时序和节奏，分轻重缓急有序开展中心城区场景营城试点，率先形成亮点示范，提供经验借鉴，逐步推广实现场景营城全市全覆盖。中心城区范围内遴选出"山水生态、巴渝文化、智慧科学、山城宜居、国际门户、美丽乡村"六大特色场景营城试点名录，精准发力。

2. 以场景营造下沉基层形成社区营造

除了就场景空间设计的蓝图表达外，当地政府部门也已将"场景"作为社区营造、公众参与的方式手段，形成场景营城行动，察纳民意民情，下沉社区，打通城市场景建设的"最后一公里"。

为深入贯彻习近平总书记"人民城市人民建，人民城市为人民"重要理念，落实重庆市城市更新有关要求，结合社区规划师工作，组织开展重庆市"山水之城 美丽之地"场景营城之社区规划微更新行动，以社区小微空间为对象，对渝中区七星岗街道捍卫路社区华一路 67 号院坝等中心城区六处空间，面向社会征集优秀设计方案并择优付诸实施。以"山水之城 美丽之地"场景营城为理念，以美化环境、完善功能、传承文脉、服务民生为宗旨，发挥规划设计的力量，做精细化规划，做有温度设计，打造体现人性化空间、人文化气息、人情味生活的社区家园，采用共商、共创、共评、共建、共治的方式，让居民共同参与社区规划微更新行动全过程。通过小微空间的实施，进一步完善社区功能、提升社区品质，增进居民的获得感、幸福感、安全感。坚持问需于民和问计于民，鼓励广大市民和社会各界集思广益、群策群力，充分调动群众积极性。在代表性场景建设中，广泛邀请市民参与，听群众建议，由市民评价。开展"最美场景"等评选活动，为场景营城营造良好氛围。培育和发掘优质专家资源，发挥社区规划师、设计师等技术协调、"金点子"和桥梁作用，创造与群众美好生活需求精准匹配的空间供给，真正把场景营建到群众的心坎里。

3. 以场景形成城市更新规划行动抓手

2021 年 9 月，《重庆市中心城区城市更新规划》出台，在城市更新工作中，将场景思维、场景场景体系纳入规划当中，形成城市更新行动抓手。

重庆城市更新，立足新阶段新理念新格局，培育新功能，构建新形态，塑造新场景，推动城市"面—线—点"全局更新。重庆将以场景营城统筹中心城区城市更新，谋划有景有情、可触可感的美好生活蓝图，落实到每一个社区，惠及到每一位市民，锻造充满情感的空间，营造面向未来的场景，画龙点睛、画境文心，把场景营城作为城市提升行动和城市更新行动的重要内容，继承 SOD 发展模式（即以场景引导城市开发和更新），激发"场景"引领城市发展的作用。

4. 以场景破除专业圈层限制建立场景"朋友圈"

重庆市规自系统内部多次开展"场景营城"实践技术交流会，完成《重庆市"山水之城 美丽之地"场景营城规划实践行动》宣传册，由重庆政府部门发放，取得良好宣传科普效果；同时，积极融入国内外场景研究学术组织中，并开展广泛的场景交流。先后与场景理论代表人物、美国芝加哥大学社会学系终身教授、新芝加哥学派城市研究团队领军人特里·克拉克进行交流；与国内场景研究学者、北京市委党校（北京行政学院）社会学教研部副主任吴军教授对话场景实践，开展了"场景营城规划重庆实践探索及其对北京的启示"交流讨论。

本章介绍了基于一个城市宏观发展的战略角度，如何运用场景营城思维统筹生产要素、发展主题与实际项目。接下来在第六章将进入中观层面，以重庆市观音桥商圈的场景建设具体介绍场景项目的规划设计方法。

第六章

场景建设与实施

自 2021 年重庆市规自局主持编制了《重庆市中心城区"山水之城 美丽之地"场景营城总体规划》以来，在全市"六张名片"的基础上，扩展构建起生物城、明月湖等 12 大重点功能片区，在穿透式层层落实、层层细化的空间规划体系中，创新性引入场景营城规划方法，以详细规划塑空间，以设计做场景，详细规划和设计融合共同提升品质，营造充满情感的空间，使富于魅力的场景真正成为城市发展的内生动力，让规划真正成为城市发展的引领力量。

在我国扩大内需、促进消费的整体发展背景下，根据重庆市 2023 年政府工作报告的要求，以建设国际消费中心城市为契机，将提档升级一批重点商圈作为工作内容之一。并探索以场景营城的规划方法助力重点商业消费片区的高质量发展，继续推动场景营城方法在重庆市规划建设中的落地与实施。根据五大商圈的发展情况和各区的实际诉求，选取观音桥商圈作为第一批提档升级场景规划的实施片区。

该项目核心任务是用"场景"推动观音桥商圈的迭代、扩容、提质，逐步走向世界级商圈，满足人民获得感、幸福感、安全感、认同感。规划以观音桥建设"世界级商圈"、实现商圈规模、营业额、流量"三个翻番"为目标，提出了建设现代化新重庆标志性展示窗口的场景定位，并根据 2023 年 4 月，袁家军书记主持召开的城市规划工作专题会议提出的，围绕打造创新之城、开放之城、便捷之城、宜居之城、生态之城、智慧之城、人文之城的七城目标，以高水平规划引领支撑现代化新重庆建设的要求，结合商圈的实际发展痛点，提出构建创新消费、开放立体、人文沉浸、便捷交通、生态韧性、智慧低碳、宜居宜业的七大类、21 个代表性场景的完整场景体系，让居民和游人纵享"欢购乐娱""云廊景隧""文桥艺境""畅行捷乘""影园绿筑""趣伴智享""安居创业"的美好生活场景，落实形成包括 66 个场景建设项目库，实现"一年出效果、三年大变样、五年新气象"的三期建设计划，极大地提振了江北区建设世界级商圈的信心与动力，使场景营城的规划建设方法真正在重庆市落地开花。

一、建设实施背景

（一）商圈发展的时代背景

在国家层面，2022 年 12 月，中共中央、国务院印发《扩大内需战略规划纲要（2022—2035 年）》（以下简称《纲要》）。《纲要》提出，顺应消费升级趋势，提升传统消费，培育新型消费，扩大服务消费，适当增加公共消费，着力满足个性化、多样化、高品质消费需求。2022 年 12 月，中央经济工作会议上提出着力扩大国内需求，要把恢复和扩大消费摆在优先位置，增强消费能力，改善消费条件，创新消费场景。习近平总书记提出"要增强消费能力，改善消费条件，创新消费场景，使消费潜力充分释放出来。"2023 年 2 月，习近平总书记在中共中央政治局第二次集体学习时提出，建立和完善扩大居民消费的长效机制，使居民有稳定收入能消费、没有后顾之忧敢消费、消费环境优获得感强愿消费。《中共中央关于制定国民经济和社会发展第十四个五年规划和二〇三五年远景目标的建议》中提出，增强消费对经济发展的基础性作用，顺应消费升级趋势，提升传统消费，培育新型消费，适当增加公共消费。以质量品牌为重点，促进消费向绿色、健康、安全发展，鼓励消费新模式新业态发展。发展服务消费，放宽服务消费领域市场准入。完善节假日制度，落实带薪休假制度，扩大节假日消费，培育国际消费中心城市。

在重庆层面，是以建设现代化新重庆为目标，提出以双城经济圈统领，创建国际消费中心城市，提档升级观音桥。《重庆市人民政府工作报告（2023 年）》中提出，"扩大消费需求。加快培育建设国际消费中心城市，推动消费恢复回暖。……提档升级解放碑—朝天门、观音桥等知名商圈，加快打造陆海国际中心、中環万象城等消费新地标，培育创建一批国际消费中心、区域消费中心、商文旅体融合发展试点示范城市、夜间经济示范区。"《重庆市推动成渝地区双城经济圈建设行动方案（2023—2027 年）》中提出十大行动之一：打造国际消费目的地行动。即到 2027 年，以建设国际消费中心城市为统领，建成 2~3 个世界级商圈、10 个高品质商圈。深入实施"巴渝新消费"八大行动，打造国际消费巴渝新地标、巴渝新品牌、巴渝新场景。

在观音桥商圈层面，依托国际消费中心城市首选区，迭代扩容提质，建成世界级商圈。提出计划五年内，核心区由 1.5 平方公里扩大到 3.6 平方公里，实现面积、人流量、商品销售额"三个翻番"。

（二）世界级商圈的发展特征

1. 世界级商圈发展特征 1：商圈产业的复合发展

知名商圈不仅商业商贸业发展繁荣，科技、专业服务、文化时尚等产业也同样蓬勃发展。如伦敦西区、纽约中城、东京银座、上海南京路等，除了商业和文化交往活动，还有大量的金融业、制造业、公共行政、时尚产业、文化娱乐和相关各类服务业及地产业。各类产业交汇融合，构成了商圈内部的经济循环。

2. 世界级商圈发展特征 2：老牌商圈根植社区，彰显在地生活与地域文化

老牌商区都善于挖掘商圈周边社区特色资源，如在地生活、文化以及美食等，以"续旧出新"的方式促进社区焕新，同时补充商圈消费类型，做到根植社区，重焕新生。日本大阪的老商圈心斋桥，注重对周边社区"小街区，密路网"的开发利用，充分发挥商圈优势资源，以城市烟火气吸引众多游客。广州北京路商圈通过"1+9"模式的改造模式，将主街长度从 1.1 公里延长到 3.5 公里，范围从 0.29 平方公里扩大到 0.43 平方公里，重点片区包括圣贤里、府学西街等。上海淮海中路商圈采用"一轴两圈"的后街联动模式，进一步联通周边优势区域，推动街区空间拓展升级，加快商业街由线状向块状

的转变，重点区域包括复兴公园，新天地等。

3. 世界级商圈发展特征 3：场景化的体验与交往

商圈除拥有购物、美食等传统消费场景，还提供强体验、社交、生态以及文化艺术的新场景，满足不同人群的多元化需求。如戏剧演艺类、文化艺术类、生态自然类、活动休闲类、特色商业类、共享办公类等多种体验型场景（表6-1）。

表 6-1　世界知名商圈场景汇总表

场景类型	场景属性	目标客群	世界知名商圈相关场景	
戏剧演艺类：剧院、文化演艺中心等	文化、体验	青年客群、旅游客群、家庭客群等	日本涩谷	NHK文化中心，举办各种文化和艺术活动，涵盖了日本文化的各个方面，包括艺术、音乐、文学和电影等等
			伦敦西区	有5个国家级非商业剧院和众多实验性剧院，促进戏剧产业的多元化发展，提供戏剧体验
文化艺术类：博物馆、图书馆等	文化、体验	旅游客群、居住客群等	美国第五大道	"博物馆—英里"，汇聚9个博物馆，是世界历史文化爱好者的朝圣地
				纽约公共图书馆，美国最大的市立公共图书馆，宫殿式建筑风格
生态自然类：城市公园等	休闲、社交	居住客群、商务客群、旅游客群等	美国第五大道	中央公园，全世界大都市中最美的城市公园
			日本涩谷	宫下公园，提供多种运动场所及休憩绿地
活动休闲类：广场、街道等	体验、社交	家庭客群、旅游客群、旅游客群等	伦敦西区	特拉法加广场，增设咖啡馆、座椅等步行友好的休憩设施，成为以广场为核心的历史建筑浏览区，以及城市大型活动的举办地
特色商业类：市集、街区等	社交、体验	在地客群、旅游客群等	日本涩谷	涩谷109，由多个楼层组成的时尚购物中心，汇聚着最新的流行时尚品牌、高品质的商品和丰富多样的娱乐设施
			日本涩谷	原宿表参道，汇聚各种各样的时尚店铺、咖啡馆、艺术画廊和创意工作室、独特的日本文化和时尚风格
			伦敦西区	考文特花园下沉商业空间，新市集只允许本地特色的零售商入驻，并形成三个主题市集，即古董集市、一般集市、艺术集市
共享办公类：共享办公区	社交、办公	商务客群、青年客群	日本涩谷	Co-lab共享办公室，日常交流、小型活动以及成果展示等

4. 世界级商圈发展特征 4：地标 IP，打造商圈精神文化图腾

世界级商圈会借助特色性建筑、大型艺术装置以及艺术化交通设施等，形成商圈地标，从而树立商圈精神文化IP，为消费者留下深刻的印象。日本银座——东急广场，建

筑以"光之舟"的概念为基础，外墙主要由玻璃组成，可反映天气变化，成为新地标。纽约中城——纽约时报大厦，大楼外部通体被电子屏包裹，成为世界最知名的电子屏广告牌，也成为商圈标志性建筑。英国加的夫老城商业区——拱廊之城，采用维多利亚时代典型的建筑手法，打造极具艺术风格的步行网络。日本涩谷——TOKYO SHIBUYA SKY，位于争夺广场建筑顶层上的大型观景台，可以欣赏到东京众多知名景点，成为涩谷新地标。纽约哈德逊广场——公共景观建筑 The Vessel，极具艺术风格的造型，吸引了世界各地游客前往打卡，成为纽约新地标。成都春熙路——大型艺术装置，发挥四川特色"大熊猫"IP 资源，在楼顶设置大型公共艺术装置，吸引各地游客打卡。

5. 世界级商圈发展特征 5：艺术赋能，举办大型活动聚人气

国际知名商圈通常依托本地特色文化，借助多场景联动，承办大型区域级、市级消费活动，利用文旅因子增加商圈人气，激活传统商圈购物活力。伦敦卡纳比街商圈，是伦敦时尚灵感迸发地，同时也是摇滚文化的标志地，以摇滚时尚为基础，每年卡纳比街都会举办各种各样的时装秀、集市以及快闪活动，吸引了全球摇滚爱好者前往。东京涩谷商圈通过举办大型音乐节、电影祭、节庆活动等，以潮流文化为基础，吸引了全市甚至全国的青年参与，大大提升了商圈的国际知名度。

二、现状发展研判

（一）观音桥发展机遇

首先，重庆市新的片区规划联动，扩大了商圈吸附力。在寸滩国际新城旅游窗口建设、江北嘴金融总部商务区构建之下，利用九号线串联开发机遇，可充分发挥观音桥核心消费功能，打造轨道串联下的国际消费核心节点（图 6-1）。目前观音桥商圈发展的机遇点包括，实现寸滩旅游、江北嘴金融、观音桥消费三大功能的合理分配与配合发展，以及利用九号线串联，形成寸滩、江北嘴、观音桥的有效串联，吸纳消费客群。

其次，各大板块建设工程已相继启动，片区将迎来新发展格局。电测村开始区域迭代升级，其中城市重奢项目中环万象城 2023 年 3 月 26 日启动开工仪式，成为重庆第一个百亿级高端商业综合体，全国性的消费新地标。长安三工厂片区城市更新项目签约暨开工仪式在 2022 年 6 月举行，江北区将与重庆长安汽车股份有限公司以城市更新方式共同推进。小苑片区于 2022 年已启动老旧小区更新改造工程，叶水坊更新提升项目正在策划推进。

（二）观音桥发展优势

首先，商圈商户密集度高，生活服务业态比例高，烟火气浓。商圈密度位居全国榜首，观音桥商圈仅约 1 平方公里范围汇聚近万家商户，涵盖餐饮、零售、休闲娱乐、生活服务等多种业态，其中休闲娱乐、生活服务业占比高于全国其他商圈（图 6-1 和图 6-2）。

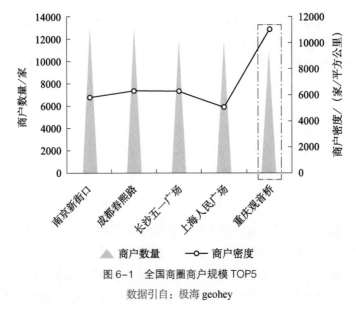

图 6-1   全国商圈商户规模 TOP5

数据引自：极海 geohey

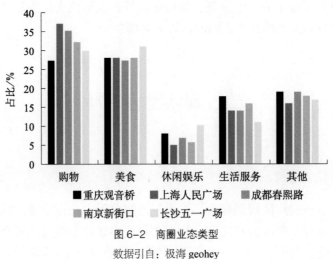

图 6-2   商圈业态类型

数据引自：极海 geohey

其次，商圈用地功能多元，未来增量扩容潜力大。观音桥商圈场景规划范围为 3.6 平方公里，其中核心区范围 76 公顷。对比重庆市五大核心商圈，观音桥商圈空间优势明显，现状商业用地占 18%，商住混合用地占 21%，同时有大量的居住用地占 39%。其中商住可拓展、可开发空间较大，增量空间潜能达 40%，具备商圈扩容增量的基础潜力。

最后，生态资源密集，资源稀缺性突出。观音桥步行街绿化覆盖率达 33.58%，居重庆市之首，对比全国也指标优异。嘉陵公园占地面积 7 万多平方米，绿化覆盖率达到 70%，位于观音桥商圈核心区域，形成商圈稀缺的公共空间资源。

（三）观音桥面临挑战

首先，人的需求迭代以及消费方式升级是商圈面临的首要挑战。

根据马斯洛需求理论，当前消费者已经迈入消费 3.0 时代，不同于以往的商品消费、服务消费，逐渐迈入体验消费。不同类型消费者消费偏好均发生变化，消费场景多元化、业态体验化，社交属性逐渐凸显。

对于城市消费客群，特色活动、文化艺术体验成为新宠；对于本地居住客群，生活类业态及公共休闲空间是核心需求；对于外地旅游客群，偏好打卡城市地标、特色美食以及文化体验；对于商务办公客群，更为关注日常商务配套、社交性消费场景等。

根据客群画像分析，观音桥的主要客群包括以下五类人群：

潮流新生代消费者，为在校学生的群体，月均消费支出在3000元以下，主要到访目的为休闲娱乐、餐饮美食，其中酒吧夜店业态吸引力最为强劲；他们热衷于特色活动以及首店品牌等新兴消费体验；观音桥可通过增加新品牌的活动体验及业态体验、可打卡的景观艺术装置满足新生代更多消费需求（图6-3）。

图6-3　观音桥潮流新生代消费者综合分析

数据引自：《十大新消费人群洞察报告》《2023年小红书生活年度生活趋势》
《理想寻光——2020大悦城控股中产阶级美好生活图鉴》、重庆统计局以及网上资料收集

蓝领打工人消费者，80%月均收入在5000元以下，高性价比是主要关注点，主要到访目的为休闲娱乐，其中65%为生活用品；未来他们将在服饰、食品、家居用品上都增加消费；观音桥可通过增加折扣型集合店，扩大蓝领打工人的消费选择面（图6-4）。

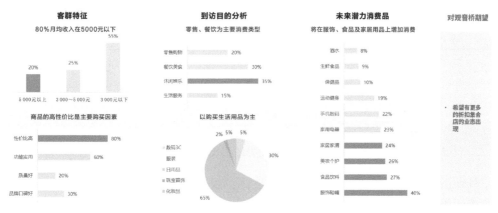

图6-4　观音桥蓝领打工人综合分析

数据引自：《十大新消费人群洞察报告》《2023年小红书生活年度生活趋势》
《理想寻光——2020大悦城控股中产阶级美好生活图鉴》、重庆统计局以及网上资料收集

　　新老年人消费者，55% 一周到访频次高达 5 次以上，80% 逗留超 2 小时，主要到访目为生活服务；他们未来希望有更多可供社交娱乐的公共场地；观音桥可以采用"置换"，缩减核心区域场地，扩展周边区域，保障老年人需求，同时增加商圈品质化公共活动空间（图 6-5）。

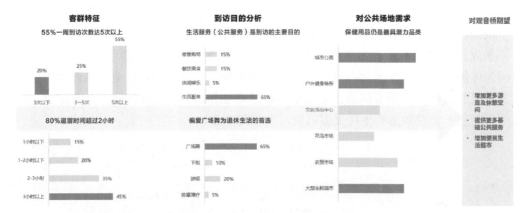

图 6-5　观音桥新老年人综合分析

数据引自：《十大新消费人群洞察报告》《2023 年小红书生活年度生活趋势》
《理想寻光——2020 大悦城控股中产阶级美好生活图鉴》、重庆统计局以及网上资料收集

　　城市中产消费者，80% 出行方式以私家车，未婚人群占比最高，主要到访目的为零售购物，其中国际奢侈品品牌为首选；硬核品质族、生活至美家是他们最突出的人群特征；观音桥可提升商业设施及环境，增加高端沙龙空间，各业态新增高端品牌，将外溢中产客群重新聚集（图 6-6）。

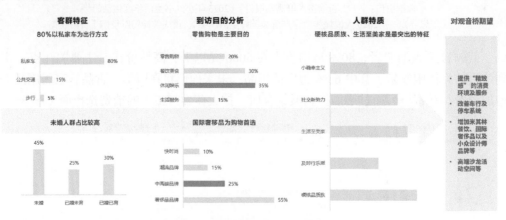

图 6-6　观音桥城市中产综合分析

数据引自：《十大新消费人群洞察报告》《2023 年小红书生活年度生活趋势》
《理想寻光——2020 大悦城控股中产阶级美好生活图鉴》、重庆统计局以及网上资料收集

　　外地游客消费者，多为 20～30 岁的群体，观音桥美食街为最受欢迎，主要到访目的为餐饮美食，其中 55% 到访为打卡美食小吃；打卡城市地标、特色美食以及文化体验为主要出游目的；观音桥可以增加文化科技体验空间、大型公共艺术装置，完善服务，吸引更多外地游客，提升商圈消费总额（图 6-7）。

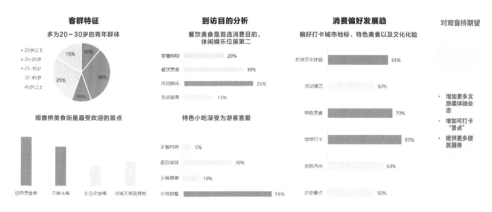

图 6-7　观音桥外地游客综合分析

数据引自：《十大新消费人群洞察报告》《2023 年小红书生活年度生活趋势》
《理想寻光——2020 大悦城控股中产阶级美好生活图鉴》、重庆统计局以及网上资料收集

　　其次，商圈的整体发展不均衡，体现为世界级的客源、城市级的首店、片区级的国际化。商圈吸附力强，热度位居全国 TOP3，最大日均客流可达 80 万人次，超过了牛津街、东京银座等国际级商圈。但整体业态以大众化中档占主导，高端餐饮缺乏，奢侈品牌数量仍显不足，除 CHANEL、CELINE 外，其余 28 家均已进驻重庆，主要分布于国金中心、中環万象城以及时代广场，导致商圈高端客群外溢（图 6-8 和图 6-9）。

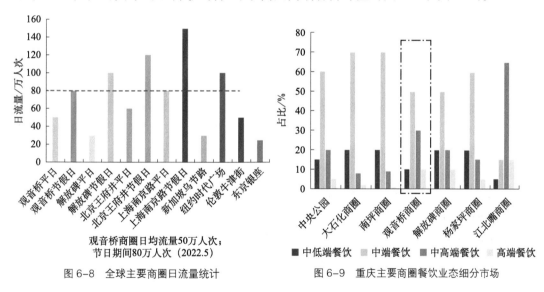

图 6-8　全球主要商圈日流量统计

图 6-9　重庆主要商圈餐饮业态细分市场

　　商圈首店经济发展较为强劲，位于城市商圈第一，商圈新增首店数量未能进入全国商圈前十。从商圈国际组织机构的入驻情况也可看出，观音桥商区的国际化程度与解放碑—朝天门商圈还存在一定差距（图 6-10 和表 6-2）。

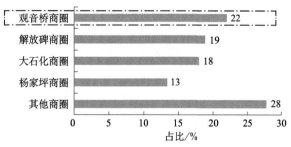

图 6-10　2022 年重庆各大商圈首店占比情况

表 6-2　2022 年全国新增首店数量 TOP10 商圈

排名	商圈名称	排名	商圈名称
1	北京西二环商圈	6	南京新街口商圈
2	成都春熙路商圈	7	CBD 商圈
3	菱角湖商圈	8	广州天河路商圈
4	南京夫子庙商圈	9	福田 CBD 商圈
5	武汉武广商圈	10	红星商圈

数据来源：赢商网大数据、公开资料

最后，商圈文化标志成为核心竞争力。重庆商圈格局迎来新旧鼎立新格局，城市传统商圈以及新兴商圈竞相特色化发展。传统商圈如解放碑，以历史文化为积淀和标志IP；南坪商圈以会展为特色；杨家坪商圈以工业遗址为特色；沙坪坝以高教及 TOD 为特色。而对于新兴商圈，大渡口以工业创意为主，大学城体现青春活力，礼嘉注重智慧科技，中央公园侧重生态，弹子石突出文旅。而观音桥商圈在地域特色以及文化基础上较为薄弱，明确主题特色定位迫在眉睫。

（四）观音桥文化特色

第一，观音桥地区是自然生长的中心地区。

明神宗万历 43 年（1615 年），香国寺设码头，因渝北十大风景区之一的扳峰山顶香国寺得名。它是解放前重庆港三大关卡之一，解放后周边遍布冶金机械化工，水路运输兴盛，因而成为江北区重点地区。香国寺的水运带动"江北城—香国寺"滨嘉陵江线性发展。至 1930 年前后，江北从滨江发展，渐渐由香国寺北上，进入内陆发展。至 1940年前后，香国寺至观音桥道路修建，观音桥出现在地形图中。1938 年上海洋炮局迁至重庆嘉陵江，更名为"第 21 兵工厂"，后成为中国最大和最早的枪炮制造厂。1946 年，观音桥规模扩大，江北新村、塔坪、鲤鱼池等村落逐渐发展形成。

在 1983 年的城市总体规划中，观音桥成为"分片中心"，周边形成了生活用地、工业用地的聚集，工业、商业、居住混合的中心正式形成。其后随着嘉陵江大桥通车，观音桥取代香国寺成为地区中心。在重庆市 1996 版及 2007 版的城市总体规划中，商业用地、居住用地都进行了集中式、中心式的布局，在规划引导下，促进了观音桥地区的进一步发展和集聚，将其中心地位进一步延续与扩展。

第二，观音桥地区是工业文明与大院记忆的融合体。

江北从最初的北府城发展到明清的江北厅，一直是区域中心，并作为传统的粮食、食盐、木材以及农副土特产品的主要商品集散地。

抗战爆发后，江北因濒临长江和嘉陵江，江岸线长的优势，成为诸多内迁工厂的首选之地，区境内以冶金、机械、纺织、化工、食品、造纸、制革、搪瓷等工业生产为主，改变了江北的经济结构，为江北成为工业重镇奠定了基础。内迁工厂聚集在此，也改变了江北的城市空间格局，促进了乡村的城市化发展。内迁工厂沿江岸分散布局，从西往东，在工厂汇集地段逐渐形成三个集中的工业区街市。

各类工业设备和顶尖人才汇聚于此。一时间，江北一跃成为国内最具实力的工业研发和制造基地之一，可谓是重庆武器制造之最。其中，原南京的金陵兵工厂，1937年末迁到江北簸箕石，次年改名第二十一工厂，后称"长安厂"，和重庆第三钢铁厂，两厂闻名。工业建设吸引人群聚集，从洋务运动到抗战、到三线建设，依托长安厂、重钢三厂等工业基地建设，吸引人群聚集，加速了观音桥地区的城乡发展。

自70年代，工厂家属区、职工宿舍逐步建设，80年代后，城市居住社区开发建设。辖区内许多机关单位、企事业单位也设有可兼作电影放映、演出戏剧、文艺节目、举办舞会的礼堂俱乐部，如三钢厂电影院、江北区工人俱乐部。

三钢厂是辖区内重要的国有大型企业，文化体育设施配备完善，职工的文体活动丰富多彩。厂区内有设备一流的电影院及图书室、足球场、篮球场、乒乓室。特别是建于1976年的游泳池，设有3米、5米、10米的跳台，当时是重庆唯一的全国一流标准跳台游泳池。1985年三钢厂各车间制作小火车、飞椅、转椅、电子打枪等多种娱乐设施，以"大厂"家属工业大院为单位，形成了共享、开放、丰富的大院生活，构成了观音桥老街旧巷的历史记忆。

第三，观音桥具有悠久的商业基因与潮流创新基因。

建国之初设乡以来，观音桥成为了重庆城郊重要的蔬菜基地。1937年金陵兵工厂（长安厂）迁来后，设有农场、米厂、燃料部、油盐部、供应科。1951年，长安厂职工入股，企业扶持，成立了重庆市联社第一消费合作社。1954年与三钢厂第七消费合作社合并，合并后仍称为重庆市联社第一消费合作社。

建国初期，三钢厂消费合作社在厂区内设有一百货店，60年代初期江北区工矿贸易公司在适中村设有一百货公司，楼下经营日用百货、布匹；楼上为呢绒绸缎，兼营钟表。1966年大桥通车，观音桥成为繁华商业区，适中村商业整顿，百货公司关门。

1982年，旧时的蔬菜基地陆续搬撤，国营江北商城也于同年修建（现新世纪百货），带动观音桥进入现代化商场时代。1990年，渝北商业大厦（现同聚远景对面空地）落地，生意火爆，能与当时的江北商城比肩，车站、批发市场、农贸市场、水上游乐园、饭店、酒店等配套设施也在周边陆续兴起。

观音桥商圈虽起步最晚，却在三个关键阶段，靠创新、潮流、时尚，实现弯道超车。重庆传统五大商圈中，解放碑历史悠久，南坪、沙坪坝商圈都在20世纪90年代开建，观音桥商圈是五者中起步较晚的，于2003年启动步行街建设。历经二十年的发展，观音桥商圈厚积薄发，从整体发展来看，分为三个关键阶段（图6-11）。

启动阶段：2003年北城天街开业，重庆有了第一条开放式购物中心（项目内商业步行街）。聚焦阶段：2005年观音桥步行街建成，成为了西南首条"中国著名商街"；2008年成为百亿商圈。提质阶段：2012年开始，观音桥商圈不断创新，成为千亿商圈，是全国首个"服务业标准化试点商圈"，全国首个中国商旅文产业发展示范商圈。

从重庆首个开放式购物中心，到首个地下车库联通商圈、首个地下一体化商业街（金源地下商业街）、最大的LED电子显示屏、再到首个中国商旅文产业发展示范商圈，

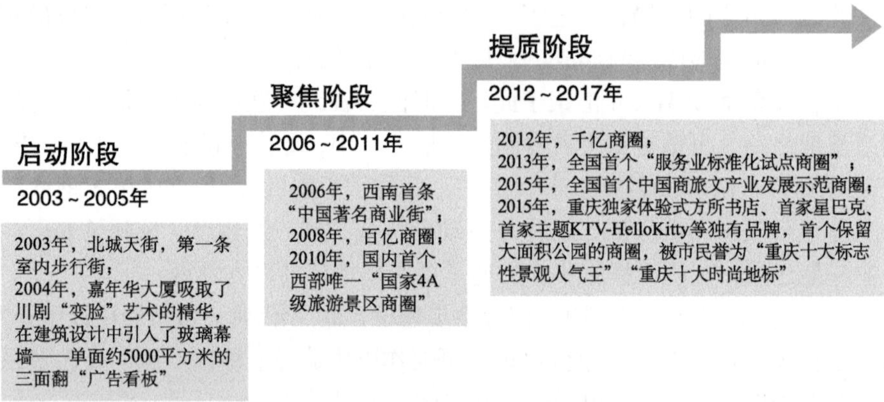

提质阶段

2012～2017年

2012年，千亿商圈；
2013年，全国首个"服务业标准化试点商圈"；
2015年，全国首个中国商旅文产业发展示范商圈；
2015年，重庆独家体验式方所书店、首家星巴克、首家主题KTV-HelloKitty等独有品牌，首个保留大面积公园的商圈，被市民誉为"重庆十大标志性景观人气王""重庆十大时尚地标"

聚焦阶段

2006～2011年

2006年，西南首条"中国著名商业街"；
2008年，百亿商圈；
2010年，国内首个、西部唯一"国家4A级旅游景区商圈"

启动阶段

2003～2005年

2003年，北城天街，第一条室内步行街；
2004年，嘉年华大厦吸取了川剧"变脸"艺术的精华，在建筑设计中引入了玻璃幕墙——单面约5000平方米的三面翻"广告看板"

图6-11　观音桥商圈发展示意图

观音桥商圈一直以"创新""时尚"为"武器"，与重庆其他商圈错位发展，实现快速崛起。

观音桥富有历史感的场景记忆——桥。观音桥过街天桥由20世纪70年代的转盘改建而来。该桥位于观音桥转盘四条主干道交会点，由江北区人民政府兴建，设计为"古钱式"中式钢构玻璃钢梁的桥型，桥型美观大方，新颖别致，为国内规模最大的城市公用GRP人行天桥，其跨径及规模居国内外领先地位（图6-12）。

图6-12　观音桥过街天桥历史照片

观音桥规划设计理念始终超前全国。2003年观音桥步行街改造启动，其中，场景表现力、空中走廊等设想至今仍超前全国。

一是"打造特色，优化商圈"，即：把观音桥商圈建成一个规划设计领先，建设理念和质量争取达到国际水平的"精品商圈"；交通组织、功能定位、业态布局优化的"最佳商圈"；人文景观和自然景观相结合，具有丰富文化内涵的"文化商圈"；城市形体环境、场景、空间具有极强的功能识别性、感知认同性和视觉冲击力、场景表现力、精神感染力的"景观商圈"；实现环境效益、社会效益、经济效益的高度统一的"效益商圈"。遵循此设计理念，打造了大型花岗石景观"观音桥"，拥有了"古榕屏风""江北龙""九龙喷水""重庆言子"雕塑墙等人文景观。

二是"交通循环，北路下穿"与"打通一线，连接两端"：实施观音桥商圈"地面环行＋地下直行"的交通规划方案，修建观音桥逆时针单向 4 车道环行道路，穿过商圈的迎宾大道建新路实行下穿，上面形成约 420 米长的步行街。

三是"扩大绿地，改造公园"，把从 1986 年修好即收费的嘉陵公园改造成一个开放式的高档次城市公园，并于 2004 年 7 月 1 日开始免费开放，公园面积从原来的 97 亩[①]增加到 110 亩，公园也拥有了喷高达 80 米的中国西部最高的音乐主题喷泉。

四是"空中走廊，景观亮点"，可惜此条因各权属单位未能达成一致，最终未能实现。在观音桥商圈的建设过程中，"桥"的意象始终在被传承、被发展。

（五）小结

从观音桥商圈发展的背景来看，在国家层面建设中国式现代化、扩大内需、创新消费场景的要求之下，重庆市以建设现代化新重庆、创建国际消费中心城市、提档升级观音桥为工作重点。观音桥商圈应以扩容提质、凸显"巴渝新消费"、建成世界级商圈为主要建设目标。所以观音桥商圈提档升级场景规划的主要工作任务，是在扩大内需背景下，以创新场景引导提档升级，建设凸显巴渝新消费的世界知名商圈。

从观音桥商圈的自身发展来看，其突出的文化特色体现为：共生、创新、立体。

首先，观音桥作为工厂和工业大院的聚集地，从过去城郊市场到合作社，再到商业街的发展，一直延续着"商居融合"的大院形态，工业、商业与人民生活始终紧紧依存，体现为"共生"。其次，观音桥商圈得到了"潮流创新"的人民认同，在各个发展时期都走出了时尚、超前的模式，以立体、场景化的规划建设理念营造了独树一帜的活力氛围，深受人民的喜爱，拥有良好的客群基础。最后，观音桥始终传续着"立体绿色"的特色形象，从"地面环行＋地下直行"的超前立体设计，到嘉陵公园从过去到现在的不断建设，都一直给人们留下了"立体绿色"的商业形象，是观音桥商圈的标志意象。

如今，观音桥面临着区域联动发展的大好机遇，也面临着消费习惯和生活方式的不断升级，唯有挖掘和传续观音桥共生、创新、立体的文化内核，以体验型的场景营造带动商圈迭代扩容提质，才是商圈发展的唯一选择。

三、场景谱系策划

本着目标导向和问题导向相结合的思路，我们从七个方面对观音桥商圈目前存在的问题进行了全面梳理，包括消费业态与产业类型方面、商业空间方面、交通方面、文化方面、生态方面、智慧方面及宜居方面。使场景谱系建设更有针对性。

[①] 1 亩≈666.67 平方米

在消费业态与产业方面，首先，观音桥商圈80%为零售及餐饮，文化艺术、演艺体验、IP主题、儿童亲子等业态都较为缺乏（见图6-13）。其次，观音桥商圈产业集聚待提升，产业类型较为单一，"大消费"复合发展动力不足。观音桥商圈消费服务业企业数量占比第一，产业基础明显优于其他商圈。但观音桥商圈产业集聚待提升，产业类型较为单一。最后，从片区整体发展的角度，商业消费与社区经济的互动不足。从国际商圈案例可以看出，人口密度、商业活力与科技创新空间存在明显正相关，无论国内国外，服务在地邻里市民，激活全时商业消费的发展成为了新的方向趋势，在聚焦商业规模体量的拓展同时，要兼顾居住在商圈内人的需求，以文化吸引创新落位，促进人留下，人留住，人创造，人创新，实现从规模体量到消费习惯、消费质量的飞跃。而观音桥商圈的商业发展与社区建设融合度明显不足。

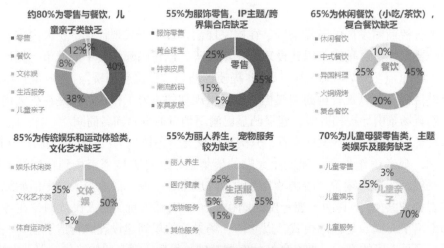

图6-13　重庆市观音桥商圈业态综合分析

在商业空间方面，首先，商业空间不连续，受主要道路阻隔影响较大，孤岛效应明显，垂直交通制约产业发展，楼宇消费体验欠佳。其次，地面步行系统混乱，标识不足。目前，观音桥商圈步行系统需要借助地下通道、过街天桥的多次转化，并在人行道上设置出入口，没有与周边建筑整合，缺少空间特色和吸引力。整个步行交通缺乏标识系统，极易迷失方向。特别是步行街北广场的步行联系极为复杂。在步行街北广场，虽然商业北延，但缺乏明显视觉刺激与路径引导，加上东环路交通阻隔，让游客误以为观音桥步行街至此就结束了；北侧布局高端商业，仅通过陈旧地下商业、小吃街的地下通道串联。最后，地下商业空间分散，业态低端，地下消费体验不佳。观音桥商圈地下空间交通极为复杂，容易迷路。地下商街业态较为低端、嘈杂，与地上时尚、潮流的购物环境形成鲜明对比。

在文化方面，首先，人文历史展示不足，景观品质不高。在文化自信的大背景下，近80年的地区工业大院发展脉络、近50年商业发展探索历程、近18年现代商业蝶变等等历史展现度缺乏，游客看不到历史，本地人找不到历史。主街上观音桥雕塑、江北龙影壁、榕树迎宾等景观具有时代记忆，但经过20年的风化，景观设施陈旧、老化破损，与当前体验式、互动式商业景观契合度不高。辅街空间景观品质整体较为平淡，记忆点不足，视线引导性不强。其次，商圈烟火气浓郁，但高雅化、国际化的文化艺术设施匮乏。观音桥商圈"速食文化聚集，沉浸文化缺失"，KTV、剧本杀、密室等青少年快消文化业态聚集，是重庆文化娱乐中心；面对中青年人群、亲子人群需求的美术馆、图书馆、艺术剧院、剧场等文化设施存在短板；好吃街等小吃消费，带来广大客流，但油烟味充斥鼻尖、叫卖声不绝于耳，主街分贝持续在 80 分贝以上，久坐易感心烦意乱，商业街"静空间"缺乏。最后，面对流量为王的新消费业态，创新活动策划不足。以"观赏型"活动为主，互动及体验类较少，观音桥商圈活动仍以美陈、展览、时尚秀为主，缺乏创新度，尚无大型标志性活动与创新活动，难以满足当前大众丰富的活动需要。

在交通方面，观音桥片区在江北区"四横八纵"次干路网中，主要涉及横 3、横 4、纵 3、纵 4，商圈周边呈现常态化拥堵。针对使用人群的不同交通方式，在交通场景营造方面，主要重点解决三个痛点。首先，针对乘坐轨道交通的人群，轨道站点与人行交通换乘不便。观音桥商圈涉及轨道 9 号线、3 号线、23 号线和 28 号线，目前主要问题集中在两处：一是步行街北广场，中环万象城与 3 号线无法实现地下联通，必须通过地面；二是步行街南广场，3 与 9 号线目前只能进行地上换乘。其次，针对乘用共享交通的人群，车行交通与人行交通相互干扰。观音桥步行街周边的地面车行交通主要集中在东、西两片：西部片区主要是嘉年华大厦、赛博车库入口都对人行交通造成干扰，嘉年华大厦地库入口紧邻方圆 LIVE 南入口；东部片区受车行交通与大融城、好吃街、奥莱人群混行，机动车交通组织线路较为复杂，造成核心三角形广场氛围欠佳。最后，针对乘用私家车的人群，地下空间连通性不佳，停车位不足。观音桥商圈地下空间碎片化，连通性差，各个区域相对孤立。地下联系通道连通方式单一，与地面通道接驳出现断层，舒适性差。

在生态方面，首先，公园绿地陈旧老化难以满足当前需要。嘉陵公园从空间布局、景观配置、设施供给、与商圈商业融合等多方面存在提档升级需要（图 6-14）。公园与商圈的黏合度不高、联系性不高、有明显分裂感；场地内老龄人群活动为主、年轻人活动设施空间缺乏；同时公园面貌陈旧、活力不足。其

图 6-14　嘉陵公园实景照片

次，步行街绿视率整体情况良好，但局部存在绿视率断点，提升绿视率有助于商业效益提升。街道绿视率特征对商业效益、住宅价格表现出了较强的正向影响。通过边际价格量化研究发现街道绿视率每提高 1%，住宅价格增加 1.194 万元，相对于距公园距离每增加 1 公里，价格下降 0.234 万元，住宅价格对街道绿视率更为敏感表现出人们对于街道绿化的偏好。规划选取范围内 100 个典型的街景视角，运用计算机深度学习技术与 GIS 分析，对逐个街景的绿视率进行识别与计算。100 个采样的街景中，平均绿视率 11.5%，最高绿视率达到 44%。北城天街、天和里等局部节点，建筑界面缺少绿化，绿视率近 0%。最后，商圈屋顶空间利用不足。屋顶作为建筑的"第五立面"，其面积几乎与整

个商业综合体的占地面积相当。按照商业街发展趋势来看，屋顶空间越来越多作为开放性的空间，与购物中心封闭的室内空间互补，为整个项目增加人气，提升高层店铺收益。从全国屋顶利用来看，80% 的购物中心屋顶面积处于闲置；19% 的购物中心屋顶用于屋顶停车场和屋顶绿化及太阳能发电；仅 1% 的购物中心利用屋顶空间进行商业经营，观音桥商圈同样面临此种情况（图 6-15）。

图 6-15　观音桥商圈楼宇屋顶现状照片

在智慧商业方面，首先，智慧智能建设刚需大，但目前建设滞后。观音桥商圈人口密度高，超过 4 万人 / 平方公里，智慧化管理需求大；到访购物游客（观音桥商圈在 2023 年春节期间，日均人流量 72 万人 / 日，最高突破 80 万人 / 日）、就业人口、居住人口，三重压力下，需要更精准、更高效的智慧智能服务供给。2021 年开始，"观音桥数字商圈"已形成建设方案，但对照商务部 2022 年《智慧商圈示范创建评价指标》，在平台建设、智能设施、智慧应用、综合效益等方面相对落后。作为国际消费中心承载区，强化智慧智能设施，有助于带动消费升级；依托智慧智能统筹大数据、人工智能、5G 等技术的广泛应用，促进数字经济发展。其次，极端高温天气频现，体感不适，智慧化的体感设施需求加大。重庆市极端气候频现，且高温来临越来越早，商圈内包括有较大面积的户外空间，智慧化的、能为商圈降温、增强游客体感舒适度的设施日益成为必要。最后，多元人群逛街新需要无法满足。观音桥商圈的年轻人多，对直播、追星等新奇特活动热衷，需要更加多元、可互动、新奇特的智慧娱乐设施。

在宜居方面，首先，商圈内老旧小区多，公共服务需求大。商圈内的公共服务设施呈现"街道配备、面向市级"的特征，居住人口多集中于塔坪、鲤鱼池等老旧小区之中，面向市民日常生活的幼儿园、社区医院等基础教育医疗公共服务设施需求较大。其次，商圈的小店经济发展势头良好，但主题特色缺乏。商圈背街小巷小店经济日益崛起，观音桥 20 平方米小店租金高于市平均租金 7%，100 平方米租金高于市平均租金 51.2%，但小店业态同质化严重，同品类竞争激烈，餐饮业占比超过 30%，个性特色店铺缺乏指引。最后，商圈写字楼宇存量空间较多，缺少共享创意空间，互联网、科技研发等创新企业入驻不足。目前，商圈内写字楼在租楼 257 栋、在租面积达 200 万平方米，纯写字楼功能占比 82.93%，导致整体片区写字楼同质竞争，仅提供单一办公服务空间。满足创意人群需要的创新创意、灵活布局、思维碰撞的共享空间缺乏，导致对独角兽、初创企业、互联网企业吸引力不足。

总结以上七大方面的问题梳理，我们形成了观音桥商圈的 21 条问题清单，识别 23 个负面场景。并在此基础上明确了商圈场景建设的四个侧重点：

第一，从内涵上，随着人民消费习惯从商品消费、服务消费到体验消费的不断演进，场景能提供的、更好的服务方式就是消费体验的获得，以"五态协同"营造出整体的氛围，支撑消费体验的发生。因此，消费体验是新时期商圈服务的核心吸引力。

第二，从空间上，随着商业空间从商业步行街、商业街区到商业社区的不断演进，由过去步行尺度流动式的游览购物，发展到空间的外延扩大和商业复合功能的融入，产生了休闲交往式的商业街区。随着商业日常化和社区化的不断发展，商业与居住、产业将进一步融合，激发社区"内需"。

第三，从尺度上，"以人为核心"的消费体验式，是以人的活动尺度组织商圈的有机生长，以观音桥步行街为中心，步行15分钟（1公里）范围内，形成的商居产融合的场景圈，即观音桥消费体验式现代社区，目前规模为3.6平方公里。包括步行街片区、电测村片区、小苑片区、叶水坊片区、北城天街片区、星光68片区、塔坪—北仓片区、嘉乐汇—欧街片区、九街片区、洋河片区等。

第四，从产业上，与传统商业关注消费者明确的购物消费有所区别，体验式商业模式更注重消费者的参与感，不强调购物的目的性，以吸引消费者在购物场所逗留为目的，融合了多样化的产业类型。首先以商业为片区经济的主导，融合数字科技、商务金融、现代服务、医美康养、会展教培等多元产业共同发展，侧重对文化艺术、直播演艺、文创市集、生活服务等多种体验型商业的培育。

观音桥消费体验式场景，是一种商圈发展的创新模式，将商业融入人民生活，以场景激发社区生产，满足人民的获得感、幸福感、安全感、认同感。因此，该规划不是简单的商圈规划，是通过场景的塑造，培育共同的商业价值观和消费方式，激发整个片区的商业生产潜力，带动城市经济内需型发展的顶层设计。通过场景实现传统商业向体验商业的转型，才是真正的迭代，对重庆市商业发展才更具有探索示范意义。激活社区，培育多元产业，才是真正的扩容，发挥场景作为城市发展内生动力的巨大作用。以商业带动城市社区更新，才是真正的提质，实现整个地区的高质量发展。

因此，观音桥由一条步行街逐渐发展为商圈，要实现计划五年内核心区扩大到3.6平方公里，实现面积、人流量、商品销售额"三个翻番"。需要对周边的资源、用地、产业、项目进行整体策划和整合，将整体范围进行扩大，扩展至西至渝澳大道，北至红黄路，东至兴隆路-鲤鱼池路，南至黄观路。包括步行街片区、电测村片区、小苑片区、叶水坊片区、北城天街片区、星光68片区、塔坪-北仓片区、嘉乐汇-欧街片区、九街片区、洋河片区等。根据观音桥商圈发展的七大类问题，对标重庆市打造创新之城、开放之城、便捷之城、宜居之城、生态之城、智慧之城、人文之城的目标，构建七大类场景谱系。包括创新消费场景、开放立体场景、人文沉浸场景、便捷交通场景、生态韧性场景、智慧服务场景、宜居宜业场景。从场景的整体谱系上来说，观音桥商圈是一个完整的场景化片区，孕育着时尚潮流的商业价值观，塑造着片区内居民的生活方式。七大类是着重构建的代表性场景的类型，每类包括三个代表性场景，每个规模约5～30公顷。

代表性场景是游客或居民身临其境、交往和感受的基本单元，提供某一主题的体验服务。七大类场景共形成21个代表性场景的谱系。

创新消费场景："欢购乐娱"。包括商街消费场景、多元体验场景、特色街区场景。

开放立体场景："云廊景隧"。包括空中廊桥场景、地面趣道场景、地下商街场景。

人文沉浸场景："文桥艺境"。包括人文之桥场景、潮流艺术场景、缤纷活动场景。

便捷交通场景："畅行捷乘"。包括轨道畅换场景、人车畅行场景、智慧畅停场景。

生态韧性场景："影园绿筑"。包括绿地共享场景、立体绿化场景、安全韧性场景。

智慧服务场景："趣伴智享"。包括智慧管理场景、体感舒适场景、科技互动场景。

宜居宜业场景："安居创业"。包括社区服务场景、小店创业场景、共享办公场景。

通过七大场景的营造，实现观音桥消费体验式现代社区创新、立体、艺术、便捷、生态、智慧、共荣的美好图景（图6-16）。

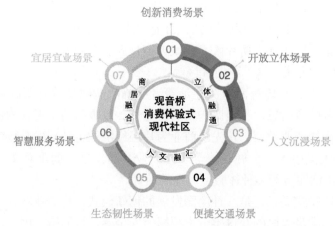

图6-16　观音桥消费体验式现代社区场景体系示意图

四、七大场景建设

在观音桥商圈构建七大类二十一个代表性场景，但场景的重要度及建设目的却各有侧重。根据商圈发展的需要，主要遵从四大方面的营造重点。

第一，"塑格局、树品牌"，主要依托创新消费场景的营造。观音桥商圈从现状的规模扩容到3.6平方公里，虽然已有多个项目的单独规划和设计，但仍缺少总体上的统筹与布局，项目之前难免存在同质竞争和同档竞争，因此应通过创新消费场景的营造，在整体消费格局上，形成"圈层式、差异化、全天候"的场景项目格局，同时形成场景项目品牌系列，作为产品整体推出，便于宣传与记忆，这对观音桥商圈的未来发展是头等大事。

第二，"显形象"，主要依托开放立体场景和人文沉浸场景的营造。在前面的问题分析中已经发现观音桥商圈虽然拥有深厚的群众基础，但在文化内涵与IP形象方面，始终未能给游客留下深刻的印象，迫切需要对其优势和文化特色的凸显。开放立体场景旨在凸显观音桥长久以来的立体交通形象，人文沉浸场景旨在通过文化艺术景观及装置的布设，讲述和展示观音桥的历史文化脉络，让游人留下故事记忆。

第三，"提品质"，主要依托便捷交通场景、生态韧性场景、智慧服务场景的营造。观音桥地区作为城市存量地区，虽拥有潮流时尚的标签，但在很多方面仍需要精细化、人性化的提升。便捷交通场景主要侧重对人车混行、地下停车、轨道换乘等方面的人性化提升；生态韧性场景侧重对商圈内唯一的公园——嘉陵公园的改造更新，使其发挥更大的生态服务效能，增加商圈的安全韧性；智慧服务场景旨在提升整个商圈的科技品质，满足游人科技互动的需求，为年轻人提供趣味化、数字化的消费体验，同时改善步行街的户外体感舒适度。从这三个方面，加快商圈的高质量发展。

第四，"达共荣"，主要依托宜居宜业场景的营造。这是商圈在未来走向现代社区的重要依托。观音桥消费体验式现代社区是商、居、产融合发展的社区形态，商业与居住、办公深度融合，因此在发展和过渡的阶段，通过社区服务场景促进商业服务社区、社区反哺商业的良性互动，通过小店创业场景解决居民家门口就业和社区个性化服务的提升，通过共享办公促进社区产业的孵化发展，走向更广阔的发展平台。通过这些小场景的植入，带动社区大蜕变的实现（图 6-17）。

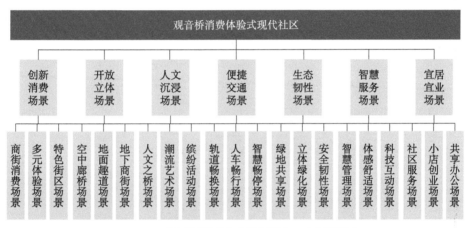

图 6-17　观音桥消费体验式现代社区 21 个场景谱系

（一）创新消费类场景："欢购乐娱"

创新消费类场景，指以购物、休闲、娱乐、体验等多种方式达成服务或消费行为的空间产品。在观音桥商圈塑造的创新消费场景以丰富消费类型、扩展消费业态、引领创新思维为主要目的，为游人提供全时段、多档次、多维度的消费选择，且该类场景的布局都处于 15 分钟步行可达的范围内，为游客提供了慢行消费体验。主要包括商街消费场景、多元体验场景和特色街区场景（图 6-18）。

首先，在步行街向周边步行 5 分钟范围内，打造"商街消费场景"。商街消费场景指以观音桥步行街为主要载体，以传统购物、集中式商场为主要活动场所的消费空间。这是观音桥商圈商业最集中、最密集的区域。随着中环万象城、小苑片区项目的落成，商街消费场景将转变为"三足鼎立"之势。因此，商街消费场景的重点是针对整体消费空间"三足鼎立"的重构，重构消费业态，实现差异化发展。并以此场景，通过三个项目的打造，凸显和强化"观音桥步行街"金字品牌，包括潮流新天地项目、活力元气场项目、国际奢享汇项目。

其次，在步行街向周边步行 10 分钟范围内，打造"多元体验场景"。多元体验场景指以不同的主题娱乐及休闲享受空间为载体，为游客提供体验式、沉浸式的互动感受。在布局上主要通过不同体验中心的构建，改善观音桥的传统消费模式，满足当代人的休闲体验需求。并通过 7 个项目的打造，构建观音桥"体验中心"品牌——"最"系列的空间产品。

最后，在步行街向周边步行 15 分钟范围内，打造"特色街区场景"。特色街区场景指以富有特色的居住街区为载体，通过主题打造与空间更新形成的商业消费空间产品。随着商业从步行街核心区向外围社区扩展，通过特色街区场景的打造，将商业动力注入周边社区，带动社区发展、展示社区魅力，让游客深入体验当地人文风情。并通过 3 个场景项目的打造，构建观音桥"特色街区"品牌——"渝"系列的空间产品。

通过以上场景营造，形成观音桥特有的"步行街 + 体验中心 + 特色街区"、圈层式、品牌化商圈产业发展新格局。

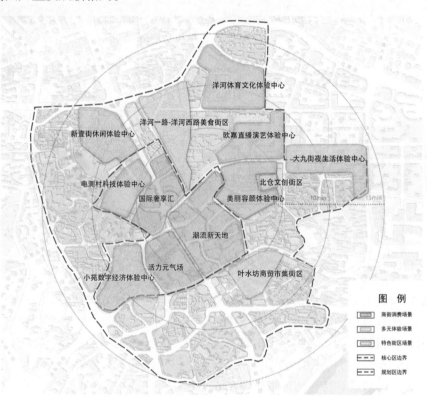

图 6-18　观音桥创新消费类场景"3+7+3"十三片核心产业载体布局示意图

1. "步行街"品牌：观音桥

中环万象城建成后，观音桥商街将形成"三足鼎立"的业态供给结构。因此，商街消费场景的核心是明确空间主题，实现业态错位布局，加快观音桥由"烟火气"走向"国际化"的进程（图 6-19）。在传统硬空间的基础上，创新软业态，实现品质的跨升。

商街消费场景包括三大业态升级项目，即潮流新天地、国际奢享汇和活力元气场。

（1）潮流新天地：潮流零售、特色美食以及文化艺术体验。

以北城天街、大融城、新世纪、天和里以及星天广场（观音桥好吃街）等为主要载体，聚集新兴品牌及网红餐饮业态。

（2）国际奢享汇：奢侈品零售、米其林餐饮、首店及品质社交。

以中环万象城（在建）、星光68以及茂业天地为主要载体，聚集国际高端品牌等业态。引入香奈儿首店、米其林餐厅等主力项目。

（3）活力元气场：社交空间、新生代零售、文化及品质社区商业。

以嘉陵公园、方圆live、朗晴广场以及社区底商为主体载体，聚集文体娱乐等业态。

通过三大项目的业态升级和差异化经营，促进观音桥步行街品牌的形成。

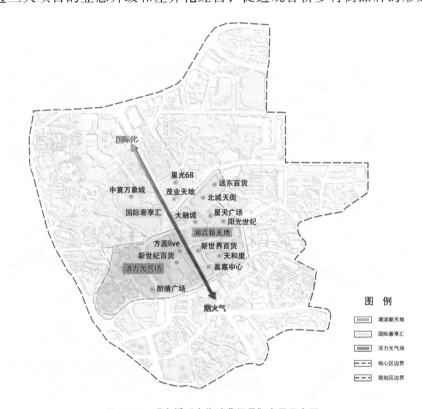

图6-19 观音桥"商街消费场景"布局示意图

2. "体验中心"品牌："最"系列

多元体验场景指以不同的主题娱乐及休闲享受空间为载体，为游客提供体验式、沉浸式的互动感受。在布局上主要通过不同体验中心的构建，改善观音桥的传统消费模式，满足当代人的休闲体验需求。并通7个项目的打造，构建观音桥"体验中心"品牌——"最"系列的空间产品（图6-20）。

在步行商街的基础上，通过场景补充基于各类产业的体验，包括夜生活、直播演艺、体育运动、科技展示、数字电竞、生活服务等，将步行商街的流量如海绵般纳入整体片区，通过"体验"将"夜经济"做大做强。

主要的场景项目包括 7 个：

（1）最科技——电测村科技体验中心；

（2）最数字——小苑数字经济体验中心；

（3）最体育——洋河体育体验中心；

（4）最演艺——欧嘉直播演艺体验中心；

（5）最美丽——塔坪美丽容颜体验中心；

（6）最夜——大九街夜生活体验中心；

（7）最生活——新壹街休闲体验中心。

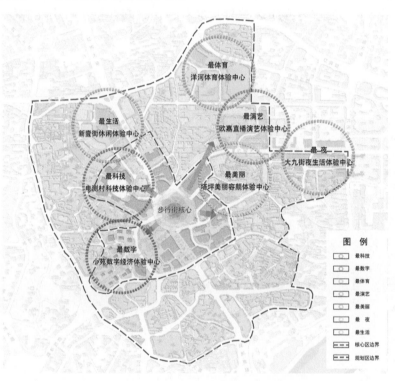

图 6-20　观音桥"多元体验场景"空间分布示意图

3. "特色街区"品牌："渝"系列

特色街区场景指以富有特色的居住街区为载体，通过主题打造与空间更新形成的商业消费空间产品。随着商业从步行街核心区向外围社区扩展，通过特色街区场景的打造，将商业动力注入周边社区，带动社区发展、展示社区魅力，让游客深入体验当地人文风情。并通过 3 个场景项目的打造，构建观音桥"特色街区"品牌——"渝"系列的空间产品（图 6-21）。

激发新潜力，创造新生产——商居的融合。

通过场景将商业流量引入社区，挖掘社区的人文积淀和空间特色，变"社区消费"为"社区生产"，为游客提供深度解读城市生活的微窗口。

主要的场景项目包括 3 个：

（1）渝市集——叶水坊商贸市集街区；

（2）渝味道——洋河一路西路美食街区；

（3）渝生活——北仓文创街区。

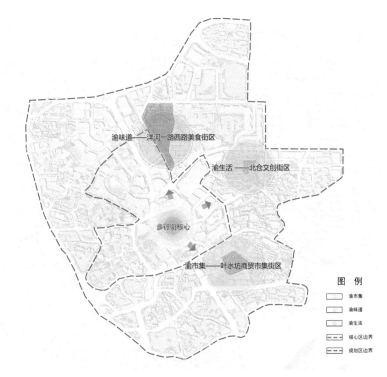

图 6-21　观音桥"特色街区场景"空间分布示意图

（二）开放立体类场景："云廊景隧"

开放立体类场景，指以凸显观音桥立体交通特色、通过空中廊桥、地面标识道和地下商街等形式构建的空间产品。并以"桥"的形象形成观音桥商圈的记忆点，为游客提供了立体多维的消费体验。主要包括空中廊桥场景、地面趣道场景和地下商街场景。

空中廊桥场景，针对商圈内商业体独立分离的现状，打破以地下通道连通的不佳体验，以空中廊桥系统构建连续畅通的步行逛街体验。包括 4 个主要场景项目。

地面趣道场景，针对商圈地面交通混乱、慢行道不连续、缺少标识系统的现状，通过连续、分段主题、标识性的地面道路，更好地串联观音桥的主要商业空间，从步行街抵达九街、北城天街、中环万象城的主要道路，为游人提供人性化的步行体验。包括 1 个主要场景项目。

地下商街场景，针对商圈目前地下通道商业较为凌乱、业态较为低端的现状，结合未来新的地下空间的建设，营造业态宜人、环境高雅的地下空间氛围。包括 5 个主要场景项目。

通过以上场景营造，形成观音桥"空中廊桥＋地面标识道＋地下商街"的立体消费空间（图 6-22）。

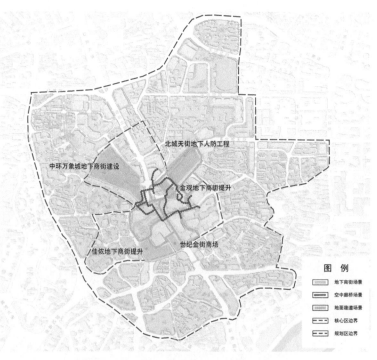

图 6-22 观音桥"开放立体类场景"布局示意图

（三）人文沉浸类场景："文桥艺境"

人文沉浸类场景，指以观音桥历史文化、大院记忆和工业文明为主题，通过场地景观、装置艺术、文化活动等形式构建的体验空间。主要包括人文之桥场景、潮流艺术场景和缤纷活动场景。

人文之桥场景，针对观音桥商圈文化艺术匮乏的现状，以观音桥的商业发展历史、大院生活记忆和工业文明为主题，塑造从历史到未来的步行街文化展示轴。包括 3 个主要场景项目。

潮流艺术场景，在重要的开敞空间设置快闪盒子、充气类艺术装置等，展出潮流艺术家的主题展览等，增加商圈的艺术气息，促进片区从烟火气到雅俗共赏的艺术殿堂的转变。包括 12 处装置点位。

缤纷活动场景，在现代流量商业的背景下，通过多元、丰富、定期、持续的活动策划招引人流，成为商圈引流的关键。选址在 15 个点位布设定期活动。

通过以上场景营造，形成"文化主轴 + 艺术装置 + 缤纷活动"的人文沉浸空间（图 6-23）。

（四）便捷交通类场景："畅行捷乘"

便捷交通类场景，指在商圈内为游客提供舒适便捷的轨道换乘、机动车驾驶及停车的空间产品。主要包括轨道畅换场景、人车畅行场景和智慧畅停场景。

轨道畅换场景，针对轨道换乘不畅的问题加以塑造，并兼顾景观、艺术、生态效

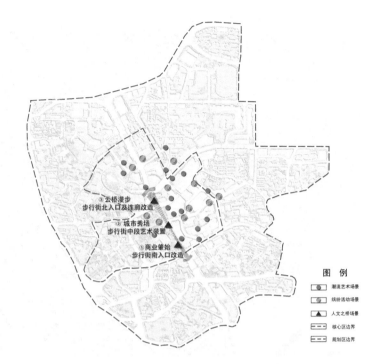

图 6-23 观音桥"人文沉浸类场景"布局示意图

果。包括两个场景项目。

人车畅行场景，针对人车互扰的问题，依据周边用地功能加以塑造。包括 11 个主要场景项目。

智慧畅停场景，针对地下停车隔离不联通的问题，通过地下空间的联通加以塑造，并广泛运用智慧停车技术。包括 4 个场景项目。

通过以上场景营造，形成观音桥"轨道+地面+地下"畅快换乘的场景体验（图 6-24）。

（五）生态韧性类场景："影园绿筑"

生态韧性类场景，指依托商圈内的生态绿地资源，通过公园品质提升、生态艺术装置、垂直绿化、屋顶花园等形式构建的，为游客提供生态价值及环境享受的空间产品。主要借助观音桥商圈较有优势的公园绿地，延续优势、凸显特色。主要包括共享绿地场景、垂直绿化场景和屋顶花园场景。

共享绿地场景，主要是针对观音桥商圈内的公园绿地加以提质更新改造，响应住建部公共绿地开放共享的政策要求，形成更好的生态服务效果。主要包括 4 个项目：嘉陵公园、新壹街景观绿轴、小苑景观绿轴、电测村绿地改造提质更新。

立体绿化场景，针对商圈绿视率分析中存在的绿视率断点，进行垂直绿化装置的布设和装饰，美化建筑及景观构筑物的外立面，形成健康绿色、趣味缤纷的视觉效果。包括垂直绿化点位 18 个。并推广第四代建筑的建设，通过给建筑"披上"绿色的外衣，使得内部环境与外部环境和谐统一，置身其中能将自然环境的完整性同人的生态本性联系起来，与自然产生情感上的共鸣。同时发挥商圈立体特色，结合廊桥设计，充分利用屋顶空

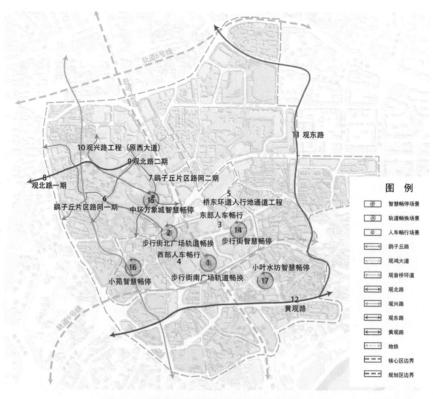

图6-24 观音桥"便捷交通类场景"布局示意图

间，增加绿色景观环境，为游客提供多维的生态体验。包括8个商业建筑的屋顶空间。

安全韧性场景，观音桥商圈人流密集，随着商圈的扩容提质，应加强应急避难场所的建设，增强商圈安全韧性，建设5处临时应急避难场所。

通过以上场景营造，做强"安全绿色商圈"优势，形成"地面＋立面＋屋顶"的绿色生态韧性场景（图6-25）。

（六）智慧低碳类场景："趣伴智享"

智慧低碳类场景，指以智慧平台建设、智慧服务单元建设、智慧体感设施布局、科技互动等多种形式形成的智慧化商业服务场景。主要包括智慧管理场景、舒适清凉场景和科技互动场景。

智慧平台场景，指观音桥商圈的整体智慧智能提升，包括智慧商圈IRS平台建构；智慧设施服务单元15个。

舒适清凉场景，针对重庆市夏季炎热的户外环境，通过智慧体感设施的布设建设清凉街道，包括凉感装置、遮阳凉亭等，为游人提供舒适、凉爽的购物休闲体验。

科技互动场景，通过AI技术为商圈提供更多元的数字互动乐趣，实现互动打卡、科技展示、多屏联动付费上屏、机器人巡游等多样化的科技互动体验。

通过以上场景营造，围绕"智慧平台、舒适体感、科技互动"构建智慧低碳场景（图6-26）。

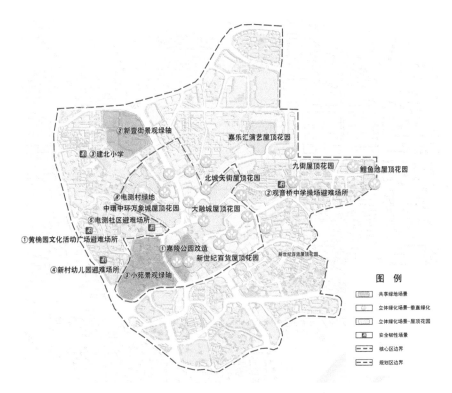

图 6-25 观音桥"生态韧性类场景"布局示意图

图 6-26 观音桥"智慧低碳类场景"布局示意图

（七）宜居宜业类场景："安居创业"

宜居宜业类场景，指延续观音桥商圈商居产融合的历史特点，将商圈商业及其他产业融入社区，以商业带动城市社区更新，激发社区生产的各类空间产品。包括社区服务场景、小店创业场景和共享办公场景。

社区服务场景，发挥商圈商业体的社区服务价值，提出"商业社区复合"的理念，依托商业设施提供更多的邻里消费、社区服务功能，使城市商业更好地为社区服务，同时使社区的消费反哺商圈。主要包括 5 个结合商圈商业建设的社区服务项目。

小店创业场景，将商圈核心区的商业动力通过"小店街"延伸融入社区内部，在提供社区服务的同时，为社区提供更多的就近就业机会，并通过街区小店个性化改造，促进消费全时全民。主要包括 5 个小店街的改造提升项目。

共享办公场景，为促进商圈产业的发展，挖掘社区办公潜力，创造更多共享办公空间，促进社区对新生企业和产业的孵化作用，促进创新人才聚集，形成社区与商圈共荣共进的良性扶植。

通过以上场景营造，以"社区服务—共享办公—小店创业"，为居民提供宜居宜业的社区整体发展环境（图 6-27）。

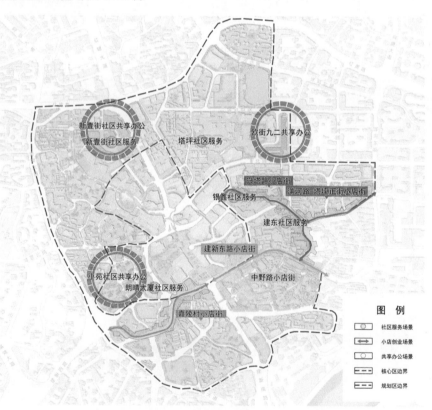

图 6-27　观音桥"宜居宜业类场景"布局示意图

综上，针对 21 条问题清单，形成共包括七大类、66 个场景建设项目的项目库。其中在建项目 11 个，规划新建项目 11 个，拆改结合项目 7 个，整合提升项目 37 个。

五、场景项目实施

观音桥商圈的建设是一个循序渐进的过程，从精细化的品质提升走向世界级商圈，并逐渐实现现代社区的理想形态。因此，依据总体项目库，按照"一年出效果、三年大变样、五年新气象"的总体要求，形成三期提档升级场景建设实施方案。并对已有项目分为主力项目和重点项目。主力项目主要体现当前建设时期的主要目标，极具代表性和鲜明的特色，能为商圈的发展形成显著的提升效果，并成为对外宣传的建设亮点。重点项目主要包含当前建设时期主要工作任务的建设内容。

场景的建设实施一定要以项目为落脚点，一事一议。针对不同项目的特点，形成"五态协同"的项目建设指引。只有对每个场景建设项目都制定"五态协同"的场景营造指引，才能更好地协调、引导所有场景项目，构建起以人为本的体验式氛围。我们将以两个重要的场景示范项目来展示"五态协同"建设指引的制定。

（一）空中连廊项目

考虑到观音桥商圈立体空间交通的复杂与不便捷，规划以多层级廊桥系统形成三维立体商圈步行系统，实施脚不沾地、空中逛街的"云端廊桥计划"。

通过空间廊桥串联 11 个商业组团，创造"多首层"商业效益，连通 6 个轨道站点和 19 个公交站点，出站即商圈；商业核心区建议设置封闭式连廊，宽度 5~8 米，净高控制为 4 米，两侧设置双向平行电梯提升慢行品质与购物体验。

各核心区之间的联系建议采用开敞式连廊，串联各商业核心区，连廊宽度 4~8 米，于上坡方向设置平行电梯。地面连廊宽度控制为 4~6 米，高度控制为 4 米。

整个廊桥系统中最关键的为"金三角"廊桥，"金三角"廊桥位于观音桥步行街的北端，为现状步行范围的端头，也是 2005 年步行街建设时"观音桥"雕塑的所在之处（图 6-28）。行人在此广场通过地下通道，与北部商业组团进行交通联系，如北城天街。考虑到未来西北侧中環万象城的规划建设，为进一步提升观音桥步行街的辐射范

图 6-28 "金三角"廊桥位置图

围，强化老步行街与北部重要商业设施的联动，未来规划新增空中廊桥。借此改造契机，规划营造"云桥漫步"节点场景。

彰显山城立体特征，体现"桥都"特色，从单一线性的通行桥到立体复合的"云端漂浮花园"，场景设计以"云端漂浮花园"为理念，设计立体连续的云端廊桥，串联广场与南北部多个商业体（图 6-29）。设计桥身宽 4~30 米，高 6~8 米，融合艺术、商业、

科技、生态等复合功能为一体，创造重庆首个空中、地面、地下三维复合型花园廊桥，刷新观音桥商圈的辨识度，成为争相打卡的城市新地标。

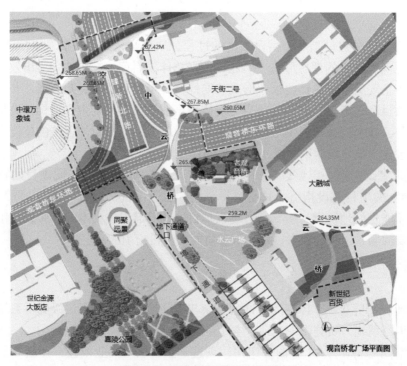

图6-29 云端廊桥场景设计平面图

本节点侧重"形态、活态、业态、生态、神态"五态的营造，构建空中廊桥的场景氛围。

（1）形态上，塑造灵动轻盈的步行体验。

提取重庆的地方特色，云雾缭绕、如梦如幻的"雾都"特征，和立体多维、交通复合的"山城"特色，塑造灵动轻盈的未来云桥，如漂浮云烟般地连接各大商业建筑。创造如在云端的漫步行走体验、同时展示山城的立体多维，将观音桥打造为重庆最立体的商圈。

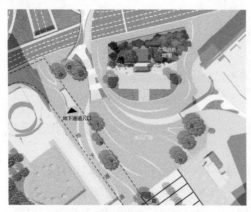

图6-30 云端廊桥水云广场平面图

广场改造以水为意象，设计曲线形铺装体现水纹的流动感，塑造"水上云桥"。顺着地面"水纹"自然台伸起云桥和地下通道出入口。水纹的铺装设计一方面是凸显"桥"的意象，同时也是引导人流行进方向，起到暗示人群流线在此广场的几个通行方向的作用（图6-30）。

通过灵动轻盈的空中云桥、四通八达的地下通道、结合地面的步行街，整体形成立体多维的步行系统与独特的连续步行体验，以此彰显观音桥作为重庆最立体商圈的特色魅力。

（2）在业态上，以廊桥串联周边各大商业设施，包括大融城、新世纪百货、天街二号、阳光城大厦、新港城、中環万象城。通过廊桥的链接创造出多个"新首层"，预计可创造新首层店面面积3600平方米，并可增设桥上外摆经营空间400平方米，提高人气活力与商业效益。

图6-31 云端廊桥设计效果图一

（3）在活态上，营造24小时清凉遮阴的舒适廊桥。云桥桥身局部翻转形成遮阳雨篷，采用动态可变的建筑表皮，塑造"会呼吸的顶棚"，适应重庆夏季酷热、秋季多雨的天气特征，实时变化。实现夏季遮阴避暑、喷雾纳凉，雨季遮风挡雨的功能，为行人提供舒适的行走体验（图6-31）。

（4）在生态上，营造无界共享的绿色体验。

针对桥下空间，完整保留现状古树与大树，结合桥体的遮阴设置桥下座椅，提供灵活多变的休憩空间。并在桥下设置趣味秋千，与旁边的老观音桥形成儿童玩耍空间，满足现状旺盛的遛娃需求。

针对桥上空间，采用覆土式种植形式，形成绿意盎然富有生机的空中花园廊桥。并植入艺术文化装置，例如与云桥主题呼应的云朵艺术装置。以绿促商，通过绿色植物景观、艺术装置，促进廊桥周边商业体的经营与人气活力。

通过打破绿地、天桥、商业的边界，营造无界共享的空中绿色商业花园（图6-32）。

图6-32 云端廊桥设计效果图二

（5）在神态上，塑造富有智慧未来感的艺术体验。在廊桥的地面设计中，融入未来科技的智慧标识指引、定制化实时提供需求。例如动态识别主要人流行进方向，进而动态地指引前方目的地。让人们能在行走中直接了解到各方向的去处，如中環万象城、北城天街、观音桥步行街，使此节点成为衔接观音桥老区与各大新区的核心枢纽（图6-33）。

图 6-33 云端廊桥设计夜景图

（二）南广场项目

本场景项目位于观音桥步行街的南端，为现状步行街的起点，也是 20 世纪 80 年代商业街起源时期江北百货所在的商业原点。现状存在地铁、过街地道、地下商场出入口众多、人行交通流线混杂、西侧空间利用低效、入口标志性不足等问题。为进一步提升观音桥商业街整体品质，规划"商业肇始"节点场景，塑造具有标志性的观音桥商业原点入口印象（图 6-34）。

图 6-34 商圈南广场位置图

本节点侧重"神态、形态、业态、活态"的营造，构建"商业肇始"的场景氛围。

1. 空间形态：由背街内向到积极开放的入口姿态

在形态上，现状场地共有 9 处地下出入口，包括地铁站、地下商场、过街地道三大类型。步行主街和西部场地被一层商业建筑和新冠疫苗接种点阻隔，成为背街低效的消极空间。规划主张局部拆除临街的一层商业与新冠临时建筑，整合连接入口空间，并改造场地中心的地下商场主入口与地铁站入口，塑造入口标志性建筑与景观场景（图 6-35）。

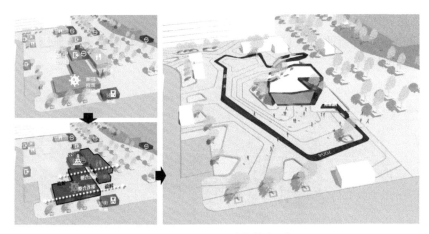

图 6-35 商圈南广场功能整理示意图

以流线性的地面铺装，引导人群流线，形成快慢有序的步行组织。地铁及过街地道出入口，形成快进快出，引导人流快速疏导。商场出入口及周边，塑造漫步停留。

在入口的形态上，设计贯穿场地的时光桥主题线及铺装线，引导各个入口人行流线方向。置入醒目的入口标识，包括观音桥吉祥物 IP、文字 LOGO 标志，塑造入口形象标志物。改造地铁及地下商场主入口，塑造个性鲜明、富有工业美学特征的小建筑，让人感知到观音桥过去的历史记忆（图 6-36）。

图 6-36 商圈南广场活动形态设计效果图

2. 文化神态：由标识匮乏到工业艺术美学新地标

在神态上，针对现状入口标识匮乏、特征不明的情况，重新赋予此场地文化主题。通过挖掘观音桥商圈的发源历史，可以了解到，在古代，观音桥为清代时期观音庙前的石板桥，是一座石桥交通要道。在近代，此区域分布着钢铁工业强企，是近代重庆工业制造标杆（图 6-37）。在当代，从 20 世纪 80 年代开始，1982 年江北百货开业后，多元商业不断汇聚，逐步形成了繁华而富有活力的观音桥商圈。而未来，观音桥将不断提档升级，成为世界级的潮流商圈。

规划希望在步行街的南入口，塑造看得见商业源头、摸得着场地历史的"商业肇始"入口标志性场景。

图6-37　商圈南广场文化发展示意图

在神态的具体营造手法上，设计一条时光文化线路，由地下商业走上地面广场，形成一次穿越时空、由历史到当下的时空体验。采用紫铜板或不锈钢板，以地面镌刻历史故事、工业艺术小品、建筑立面等形式，体现工业艺术美学氛围。通过场景的营造，人们可在此了解观音桥商业发展、历史变迁与记忆（图6-38）。

在时光文化线路的尾端，由地面雕刻抬升至小建筑（地下商场出入口）房顶，并向主街空中引出"凌空新桥"装置艺术。通过鲜明的空中装置艺术，塑造半空中的标志物，让各个方向（9个地下出入口）进入的游客能迅速地辨别方向，进入主街。

建议设置常换常新的空中艺术展区，每年度邀请不同的艺术家进行创作，形成持续的吸引力。

图6-38　商圈南广场时光文化线路设计图

3. 功能业态：由低端零售到焕发新生的特色商业

将地上商场出入口、地铁出入口进行整体改造，形成个性鲜明的标志性建筑。对出入口通道采用紫铜板结合放射状灯光，塑造绚烂富有穿越感的空间体验。针对地下美食城低端零售的商业业态，通过再现 20 世纪 80 年代观音桥历史场景、时代地标、特色活动，重唤城市历史记忆，创新消费体验。

4. 人群活态：由单一歇脚到异彩纷呈的活动聚场

在地下商场与地铁站建筑的后部，利用屋顶平台的高差塑造观演台阶。通过空间的围合，在此处形成极富活力的"无界秀场"。

多元人群可在此聚集交流。儿童可在互动旱喷玩水嬉戏；周边赛博建筑的科创企业，可在此宣讲路演，吸引路人开展试用体验；商户店家可开展商品展销活动；还可举办街头音乐会，定期邀请歌手驻唱，增加场景活动氛围（图 6-39）。

图 6-39　商圈南广场活动组织图

利用多维度的营造手段，让观音桥"商业肇始"的历史记忆与当代活力在此汇聚叠合，历史文化、潮流商业、科技艺术在此碰撞。

第七章

场景融资与运维

场景的建设，是通过多类型、多主题的项目实施为主要方式。因此场景项目的融资、运营和维护是场景营城模式的重要组成部分。本章主要介绍场景建设融资暨运营维护的一些典型做法，并提供了国内外的相关案例加以说明。

一、场景建设融资

（一）一般场景融资模式

场景的建设融资，与其他各类项目一样，其融资方式都较为多元。

1. PPP 融资模式 [①]

PPP（Public Private Partnership），即公共部门与私人企业合作模式，是公共基础设施的一种项目融资模式。在该模式下，鼓励私人企业与政府进行合作，参与公共基础设施的建设。

PPP 模式的构架是：从公共事业的需求出发，利用民营资源的产业化优势，通过政府与民营企业双方合作，共同开发、投资建设，并维护运营公共事业的合作模式，即政府与民营经济在公共领域的合作伙伴关系。通过这种合作形式，合作各方可以达到与预期单独行动相比更为有利的结果。合作各方参与某个项目时，政府并不是把项目的责任全部转移给私人企业，而是由参与合作的各方共同承担责任和融资风险。

2. PFI 融资模式 [②]

PFI（Private Finance Initiative）的根本在于政府从私人处购买服务，这种方式多用于社会福利性质的建设项目。PFI 项目在发达国家的应用领域总是有一定的侧重，以日本和英国为例，从数量上看，日本的侧重领域由高到低为社会福利、环境保护和基础设施，英国则为社会福利、基础设施和环境保护。从资金投入上看，日本在基础设施、社会福利、环境保护三个领域仅占英国的 7%、52% 和 1%，可见其规模与英国相比要小得多。当前在英国 PFI 项目非常多样，最大型的项目来自国防部，例如空对空加油罐计划、军事飞行培训计划、机场服务支持等。更多的典型项目是相对小额的设施建设，例如教育或民用建筑物、警察局、医院能源管理或公路照明，较大一点的包括公路、监狱和医院用楼等。

3. ABS 融资模式 [①]

ABS（Asset-backed Securitization）即资产收益证券化融资。它是以项目资产可以带来的预期收益为保证，通过一套提高信用等级计划在资本市场发行债券来募集资金的一种项目融资方式。具体运作过程是：①组建一个特别目标公司。②目标公司选择能进行资产证券化融资的对象。③以合同、协议等方式将政府项目未来现金收入的权利转让给目标公司。④目标公司直接在资本市场发行债券募集资金或者由目标公司信用担保，由其他机构组织发行，并将募集到的资金用于项目建设。⑤目标公司通过项目资产的现金流入清偿债券本息。

很多国家和地区将 ABS 融资方式重点用于交通运输部门的铁路、公路、港口、机场、桥梁、隧道建设项目；能源部门的电力、煤气、天然气基本设施建设项目；公共事业部门的医疗卫生、供水、供电和电信网络等公共设施建设项目，并取得了很好的效果。

（二）特色场景融资模式

1. 公园绿地类场景的专项债融资

各类在公园绿地内引入的场景项目，由于我国体制机制的限制，比其他类型的场景项目往往面临更加困难的融资问题，专项债对公园绿地类场景的规划建设就提出了要求。

当前中国已经进入城镇化发展的中后期，城市由大规模增量建设转变为存量提质改造与增量结构调整并重，仅靠传统土地出让收入已不足以覆盖新增基础设施建设的成本，已建成基础设施的运营维护、提质改造和债务偿还等费用支出给地方财政造成较大压力。专项债融资制度侧重于对建设项目长期财务平衡能力的评估，引导地方政府转变相对粗放的土地开发方式，对土地开发的长期经济效益进行精细化的预先安排评估，有效防范地方金融风险，适应城镇化中后期发展的实际情况（李云超等，2023）。

同时，该路径也要求地方政府在传统意义上的土地出让金之外，积极开拓建设项目的运营性收入，实现项目全过程的现金流平衡。这一变化必然对基础设施建设，尤其是对公园绿地这一传统意义上"纯公益、无收益"的基础设施类型建设带来深刻影响。2015 年版《预算法》实施以来，对 2015～2020 年成都市与公园绿地相关的地方政府专项债展开研究，本书认为与以地融资时期的建设相比较，已发行的相关专项债项目在公园绿地类场景的规划建设和运营上主要存在四方面明显差异。

（1）从"片区综合平衡"转向"项目自身平衡"，公园绿地需具备自身偿债能力。

[①] https://baike.baidu.com/item/%E9%A1%B9%E7%9B%AE%E8%9E%8D%E8%B5%84%E6%A8%A1%E5%BC%8F/2919264?fr=ge_ala

以往融资平台公司只需考虑开发片区内的总体财务状况，以土地出让收入来平衡片区内土地征迁、基础设施建设、人员及财务支出，以及土地抵押融资利息等成本，不需要就某一公园绿地项目建设单独考虑债务平衡问题。而当前的专项债融资路径要求在建设项目债务存续期间，项目收入现金流必须能够覆盖到期债务的本金和利息，地方政府专项债在上市发行前需要详细披露包括财务评价报告、法律意见书、信用评级报告等在内的债券相关信息。详细分析项目的应付本息情况、项目收益现金流预测情况和实能风险等。公共绿地建设项目自身的现金流平衡和偿债能力决定了专项债能否上市发行，也决定了项目最终能否实施。

（2）从"短期单一偿债"转向"长期多元偿债"，公园绿地需提高长期运营能力。以往融资平台公司土地抵押融资，债务一般在相对短期的时间内由土地出让收入偿还，而公园绿地场景相关专项债的存续期一般为7～20年，地方政府必须长期关注项目计息期内的现金流对债务本息的覆盖情况，客观上需要公园绿地实现一定比例的运营收益。虽然土地出让金仍然是公园绿地项目偿债资金的主要来源，但公园绿地自身的运营创收占比正在变得越发重要。如在2015～2017年，成都市公园绿地相关专项债偿债资金来源全部为"政府性基金收入中的国有土地使用权出让收入"，而从2018年开始，偿债资金从单一的土地出让金转变为以土地出让金为主的三部分，即项目内源性运营收入、外源性其他收入和广义的土地出让金。

（3）从"项目单独实施"转向"项目捆绑实施"，公园绿地需与周边用地加深融合。以往公园绿地项目多单独立项实施，缺乏与周边空间的深度联系，而当前公园绿地项目则多与周边其他的建设项目捆绑实施，共同发债融资和平衡债务，客观上强化了公园绿地与周边区域的内在联系。如2018年交子公园社区专项债券（一期）成都交子公园社区核心区域项目中，虽然主要偿债资金仍然为指定宗地的土地出让金，但为更好地推进项目建设，将项目区域内道路、隧道、中央绿轴公园、景观闸坝、地下停车场、智慧城市环境卫生工程、配套商业等一体化打造，将停车费、配套商业设施的租金、广告收入等统一纳入偿债资金中；2020年城乡基础设施建设专项债券（二十九期）临水雅苑景观绿化及建筑改建工程将临水雅苑公园与九里文化馆、九里美术馆进行捆绑。这种捆绑实施客观上要求公园绿地规划建设时要充分考虑与周边用地开发的深度融合。

（4）从"土地出让偿债"转向"土地溢价偿债"，公园绿地需增强区域带动作用。以往公园绿地项目的实际偿债资金全部来源于土地出让收入，而当前偿债资金则正由土地出让金逐步转向土地出让金溢价或项目周边商服用地增加的租金。2018年起，成都市公园绿地相关专项债偿债资金中出现了来源于土地出让金溢价的偿债资金，且数量在逐年增加。如2020年社会事业专项债券（九期）成都市环城生态区生态修复综合项目（东西片区二期）中，以项目周边500米范围内的土地出让金溢价作为偿债资金；2020年社会事业专项债券（七期）成都龙泉山城市森林公园旅游环线项目中，以项目外延2公里范围内的土地出让金溢价作为偿债资金。显然公园绿地规划建设需考虑对周边空间和产业发展的带动作用，进而提升自身偿债能力。

综上所述，专项债融资路径对公园绿地类场景的规划、设计、建设和运营全环节提出了新要求。

2. 公园绿地类场景的融资响应

"场景营城、五态协同"是近年来公园城市理念最重要的实践策略，是公园城市理念响应专项债融资路径有效且可操作的抓手。通过"五态协同"方式构建的场景项目更有利于提升项目偿债能力，实现融资达成。

1）生态沁人

专项债融资路径下公园绿地场景项目谋划建设需要强调计息期偿债能力，客观上要求公园绿地尽可能多地储备用于偿债的抵押物。同时要求地方政府尽可能提高信用评级。"生态沁人"强调公园绿地场景规划应优化布局，保护利用生态本底和各类生态要素，改善区域人居环境，充分储备未来可能用于抵押融资的生态系统生产总值（gross ecosystem product, GEP）和碳汇；同时促进城市价值和竞争力的整体提升，有助于提高第三方信用评级，与专项债融资路径高度契合。

因此，在公园城市布局中，应综合考虑场地生态本底，合理布局尺度适宜的结构性绿地，优化生态安全格局，注重营造大尺度的近自然复合林地斑块和疏林草地，增强绿色空间与周边绿地的连通渗透，构建物种迁徙廊道，保护和修复自然水系，适当扩大水体和湿地比例，注重城市生物栖息地的保护营建，不断提升城市生态效益（图7-1）。

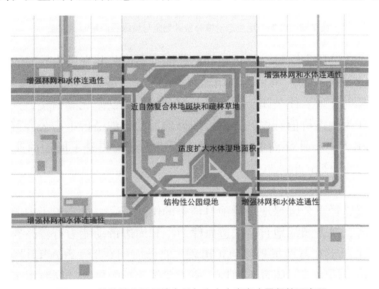

图7-1 结构性公园绿地布局与生态本底高水平保护示意图

2）形态宜人和神态动人

专项融资债路径下公园绿地场景项目的偿债方式正从非特定区域的土地出让金直接偿债，转变为具体项目周边特定区域内的土地出让金溢价偿债，进一步提升了对公园绿地生态价值多元效益转化的要求。"形态宜人"强调公园绿地和城市建设空间的渗透融合（图7-2），"神态动人"强调公园绿地与周边城市建设空间风貌特质的融合匹配，这有助于周边商服用地地价和租金合理提升，推动生态价值转化，与专项债融资路径高度关联。因此，宜在大型结构性绿地周边合理划定一定范围的城市空间作为生态价值补偿区，将该区域内由公园绿地建设引起的土地溢价部分作为公园绿地建设债务的偿债资金来源；利用河流、绿廊等适当延伸公园绿地，与结构性绿地一起组成公园绿地系统，在城园之间营造相互交融的形态与界限，引导城绿融合发展，在提升人居环境质量、促进城绿比例平衡的同时，充分释放土地价值。

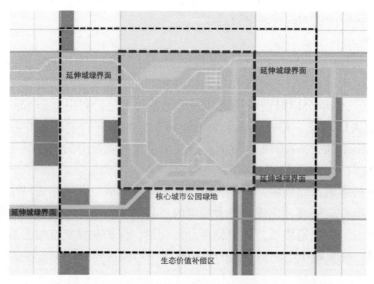

图 7-2   公园绿地生态价值补偿区划定与城绿界面延伸示意图

　　成都市新金牛公园即通过与周边地铁站共同打造以公共交通为导向的开发（Transit-oriented Development,TOD）项目，利用地下空间营造 TOD 文创综合体，加强与周边城市建设用地的辐射连通，使公园、周边商业综合体与地铁站无缝衔接，互相导流。同时划定周边区域作为生态价值补偿区，以公园修建后的土地溢价平衡公园修建成本，引导公园内部业态引人，与外部商业进行互动来吸引人流，提升了周边商业服务休闲的氛围，提高了周边商业地产的入驻率。

　　3）业态引人

　　专项债融资路径下公园绿地场景项目债务的偿债资金大量来源于内源性运营收入和外源性其他收入，对公园绿地自身"造血能力"和周边带动能力有较高要求。而这种能力的增强主要来源于经营性场景项目（出租、自营、门票等）和配套设施（地下停车、美术馆、艺术馆、博物馆、体育运动场、商业建筑等）的植入，同时也来源于周边项目的捆绑实施。"业态引人"要求积极转变规划设计理念，提前精准性配置混合业态，适当增加经营性项目的植入，与绿色环境良好融合，在提供多元游憩服务的同时提升公园绿地品质。增加运营收入，与专项债融资路径相契合。因此，应在保证绿地率和绿化覆盖率的前提下，适当引入合适的业态，同时破除原有的公园绿地空间边界的概念，将公园绿地及延伸的城绿界面的周边区域纳入统筹范围，差异化配置周边业态；在大型结构性公园绿地中采用组团、点状模式，设置商业、文创体育等业态；在周边临近区域采用界面交融模式，设置临街铺面、商业综合体，保护改造并利用周边传统街区、工业遗产等，配置商业商务、科技研发、文化产业等业态，充分考虑地下空间的使用，设置地下停车、地下商业等设施（图 7-3）。

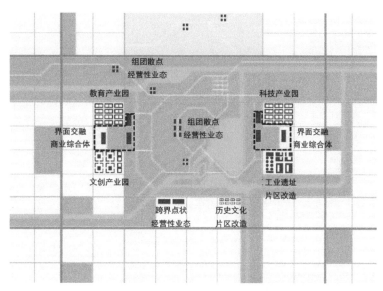

图 7-3　公园绿地业态混合配置与多元游憩服务供给示意图

杭州西溪国家湿地公园是一个类似的案例。该公园以湿地绿色空间为核心，以生态敏感性为依据，在内部的非生态保育区内适当植入与湿地公园生态和风貌相匹配的经营性及公益性业态，与周边业态配置形成差异互动。其内部组团集中式植入了西溪天堂旅游综合体（包含商业街、度假酒店等）、西溪创意产业园、度假酒店、艺术集合村、农耕体验村等一系列经营性项目，以及西溪生态文化研究中心、中国湿地博物馆、公益基金会等公益性项目，散点配置各种特色售卖和旅游服务点。同时，在公园周边差异化配置了印象城等商业综合体。功能业态上的混合与差异化的配置，不仅提供了多元旅游服务、增加了运营收入，还极大地提升了城市绿色空间的品质。

4）活态聚人

专项债融资路径下公园绿地场景项目债务存续期内的场地出租（博物馆、艺术馆展厅出租）、固定活动承办（自行车赛、马拉松赛、美食节、音乐节等）等费用收入已经成为偿债资金的重要来源，客观上强调活力的营造和游憩体验的提升。活态聚人模式要求提前策划城市事件及活动，在规划阶段预留场地，前瞻性营造绿地活力，在大幅提升游憩体验的同时塑造城市品牌形象，与专项债融资路径相契合。

因此，宜强化公园绿地的后期经营谋划，在前期规划设计的同时就应前瞻性地进行城市事件及配套活动的策划；通过妥善选址，在大型结构性公园绿地周边或内部以点状供地形式预留重大体育赛事场地、博览会永久会址等空间，谋求相关政策及配套资金的支持，以城市事件为契机推动公园绿地建设；提前策划举办一系列具有城市品牌效应的文艺、体育和会展活动，如音乐节、美食节和体育节等，为公园绿地吸引人流提升活力（图 7-4）。

成都桂溪生态公园即是如此。各级政府利用该公园与国内外政府机构和民间组织合作，举办了一系列文旅体育活动，如由市政府自行举办的全民健身运动会，与泰国国家旅游局共同举办的泰国潮玩夜市，与青岛市政府共同举办的青岛啤酒节，与行业组织和

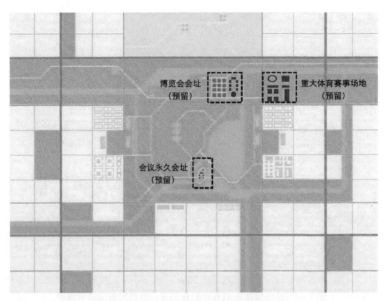

图 7-4　公园绿地中城市事件场地配置示意图

高校等单位共同举办的花园建造节等，打响了公园和城市的品牌，在提升场地活力、创造消费场景的同时，塑造了城市在国内以及国际上的旅游城市形象。

3. 小结

2021 年底，财政部同国家发展改革委印发《地方政府专项债券资金投向领域禁止类项目清单》（财预〔2021〕115 号），在全国通用禁止类项目名录"形象工程和政绩工程"子项中列入了"景观提升工程"和"园林绿化工程"，公园绿地类场景新建和更新项目的立项、审批和融资将面临更加复杂的局面。但未来无论是采用地方政府专项债、PPP 和融资平台公司城投债等已有融资方式，还是采用资产支持证券（Asset-backed Securities, ABS）和不动产投资信托基金（Realestate Investment Trusts, REITs）等可能的新型融资方式进行公园绿地场景建设和更新，要求项目自身及周边区域全过程财务平衡的基本逻辑都不会改变，"场景营城、五态协同"的模式仍然适用，但制度变化产生的影响仍有进一步深入研究的价值和必要。

二、场景运营维护

场景运营与维护是指针对不同的场景，通过适配的运营策略和维护手段，对场景进行常态化管理及动态化调整，满足人民群众不断升级的新期待及新需求，形成场景独特的文化和环境，从而使场景能够持续地吸引人来工作、来生活、来停留，顺应新发展阶段城市发展规律，最终建成以"人民为中心"的场景城市，推动城市经济社会可持续发展。

场景运营与维护根据场景类型不同，大致可以分为场景化片区（片区开发）——代表性场景（单体项目）两级层次分明、特色鲜明、上下联动、相互支撑的场景运营与维护。各层级场景运营与维护在目标、范围、内容等方面存在显著化差异，如场景化片区运营与维护更关注片区生态、形态、神态等整体性、视觉体验方面的要素，形成片区整体的亮丽风貌和文化印象；代表性场景运营与维护更关注具体形态、业态和活态等要素，提供完善功能及服务，并营造可感知、可互动的内容体验。通过各层级场景的运营及维护，最终使得人民群众获得悦人心态，增强幸福感。

同时，场景运营与维护根据时序也不同，主要分为两大阶段，一是场景成长期，在场景建立初期，建立管理机制及组织机构，对场景进行常态化、有序化管理，塑造"职住便捷、全龄友好、人性亲切"的业态氛围感受，在活态方面，开展市场化的合作运营及大事件、品牌化的传播塑造，打造有利于创新人才吸引、创新资源要素集聚的空间布局、功能配套和舒适环境，增强城市发展活力。二是场景成熟期，在成长期基础上，增加对生态、形态的焕新升级，对生态环境、设施服务等进行维修或更迭，从而让"场景"实现对人的需求的个性化满足，对新时代高质量与高品质的时代回应，真正实现以场景引导城市开发与更新。

（一）场景运维的重要性

场景运营与维护是"场景营城"的最后一步，但却是不容忽视的一环。场景运营及维护是"场景营城"的护航者，若只是将场景建成，而不重视后续运营与维护，那"场景营城"仅是虚有其表，难以推动场景成为城市开发与更新的内生动力。场景运营与维护的重要性主要体现在两方面：

（1）持续植入新内容，场景营造就是创造充满情感的空间，单纯依靠空间塑造，难以满足人的对新事物及情感的追求，需要通过场景运营与维护，对场景进行动态化调整，不断植入新业态、举办特色活动等，营造充满情感、活力的美好场景，并成为城市的内生动力。

（2）维持场景秩序，随着场景开始使用，若缺乏场景运营与维护，场景中的建筑物、基础设施将加速老化，降低舒适度，同时交通秩序、治安环境都将呈现紊乱状态，最终将变成"脏、乱、差"的场景，导致人民群众无法安居乐业，无法推动城市可持续性发展。

（二）场景的运营阶段

场景的运营常见于市场主体对于市场化的场景项目的运营管理，不同的场景类型的运营模式也各不相同。

场景项目开业后运营管理的水平对于项目成败尤为关键，从商业地产全生命周期来看，前期招商和后期运营对于商业地产项目的贡献率约为2∶8，运营管理是商业地产的核心竞争力之一，其中，商业项目的业态和活态管理是场景运营的重中之重。通常商业项目在开业五年后会步入稳定发展期，故而前五年是商业运营的关键期，主要涉及商业项目的培育阶段、发展阶段和成熟阶段（图 7-5）。

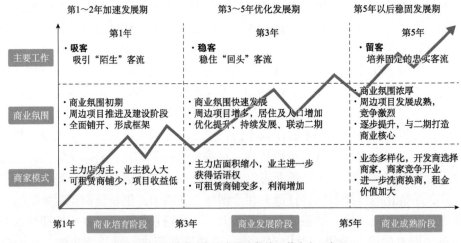

图 7-5　场景项目不同发展阶段的运营内容示意图

1. 培育阶段（第 1~2 年）：谋生存——跨越运营"生死线"

此阶段以提高顾客消费概率为目标，重点关注运营指标和业态结构指标，同时对店铺进行辅助性预警，协助调整经营模式，确保商家存活，尽可能缩短培育期的时间。运营的重点内容包括：

（1）关注业态结构与业态布局的科学性；

（2）关注租户结构、租约及租金的合理性；

（3）关注商铺招商、商铺出租率、商铺经营状态、商铺贡献度；

（4）关注租金收入、租金的增长变化及租户往来借款的及时性；

（5）关注宣传、促销方案的正确性，结果的准确性与有效性；

（6）关注客流计量和会员体系建设、固定客户群体的发展及顾客忠诚度的提升；

（7）关注项目服务范畴、服务质量，租户考核结果与管理措施的完善；

（8）关注顾客消费服务环境、消费热点，商品与租户的品质、质量；

（9）关注软、硬件环境，氛围营造及发展趋势的确定等；

（10）关注活动频率、活动主题及对人流的吸引和消费转化率等。

培育阶段要重点关注运营指标和业态结构指标，具体包括：

（1）汇集品牌的经营情况 - 静态参数：品牌、位置、租金、面积；

（2）了解品牌的经营指标 - 动态参数：销售、客流（整体与商铺）、车流、活动频次、人员变动；

（3）综合分析彼此之间的关系：销售坪效、租金坪效、租售比、贡献率、收缴率、客单价、费效比、客流密度等；

（4）经营分析预警 - 重要考核指标：销售坪效、租金坪效、租售比。

2. 发展阶段（第 3~5 年）：求发展——步入运营"正轨"

该阶段要基于竞争环境、消费者需求以及租户经营的变化，积极进行租户调整，以达到吸引消费者、调动租户经营积极性的目的，促进商业场景的快速发展。运营的重点内容包括：

（1）多种业态组合和功能组合互补，强调聚合效益；

（2）以商铺为主要"经营"对象，将商铺租金作为主要收入来源，采取灵活多样的计、收租方式，严格末位淘汰和违纪淘汰等管理规范，实现租金收入不断递增的运营目标；

（3）规范商铺招租与质量管理体系，注重"生态效应"，追求客流最大化；

（4）租户在各自经营领域及范围内可完全独立运作、自我经营，但必须建有统一的会员管理体系，实现租户会员信息的充分共享；

（5）提供多主题、多方式的商业整体宣传促销活动；

（6）进行统一的租户奖惩考核管理，量化考核，优胜劣汰，确保租户与商品的经营品质，提升租户服务的质量；

（7）提供多种销售收款方式，注重多种方式共存互补，强调信息服务、数据积累和分析。

发展阶段要重点关注业态结构指标和收入指标，具体包括：

（1）每日经营分析：客流、销售、车流，数据采集（各时段及各入口数据与预警值的对比）；

（2）每周经营分析：客流、销售、车流，数据对比（掌握关键指标变化趋势）；

（3）每月经营分析：静态参数——品牌、面积、租金，动态参数——销售、客流、车流（掌控商家盈亏状态）；

（4）重要时段经营分析：重要节假日——元旦、情人节、五一、中秋等；特定时间段——开业、周年庆、大型活动等（发现规律，预判参考）。

3. 成熟阶段（第 5 年以后）：做调整——预防运营"衰老"

此阶段以提高项目商业品牌影响力为核心，以提高消费者的忠诚度为标准，以物业的增值为目标，围绕培养顾客忠诚度、做好顾客的增值服务，进一步提高项目的品质，完成租金调整任务。运营的重点内容包括：

（1）以提升场景物业品牌为工作主线，做好品牌维护和管理工作，促进品牌扩张和社会影响，树立项目的良好公共形象，包括开展有社会影响的大型活动和多主题、多形式的整体营销活动；

（2）以培养顾客的场景忠诚度为核心，追求客流最大化。强调特色服务，超值服务；

（3）以提升租金为主要目的，采取灵活多样的计租、收租方式，通过经营分析得到的客观数据，严格执行末位淘汰和违纪淘汰制度，实现租金不断递增的经营目标；

（4）进一步提升物业品质，规范各项流程，强调精细化和人性化管理。

成熟阶段要重点关注收入指标和成本指标，具体包括：

（1）收入指标：保底收入、提成收入、促销互动收入；

（2）成本指标：营销费用；

（3）运营评价指标：租金收益、净利润、回报率、资本市场、增值改造。

（三）场景的运营模式

商业物业根据形态、功能等不同，可以衍生出购物中心、商业街区、文旅商业、专业市场、奥特莱斯等细分领域。不同细分类型的运营模式往往也各有侧重（图7-6）。

由于商业项目前期开发资金沉淀大、运营回收周期长，对于运营团队的要求较高，故而除了重资产持有运营外，也逐渐发展出了与专业运营商合作的轻资产运营模式。常见的商业运营模式从重到轻分别为重资产持有、合作开发、股权转让、占股操盘、整体租赁、纯输出管理（品牌及管理输出、委托管理）。

	运营模式	策略	模式解读	优势	劣势	代表物业	代表企业
重	重资产持有	针对前期资金投入可覆盖、未来收益增值潜力较大的物业	开发商独资建设并自行组建运营团队负责自有项目的运营，享受全部运营收益	• 开发商独享物业收益 • 开发商享有单一决策权	• 前期资金投入成本高 • 对于企业运营能力有较高要求	购物中心、商业街区、文旅商业	龙湖、华润
	合作开发	针对未来收益增值潜力大项目合作投资	针对市场上有价值项目进行并购或股权合作开发投资模式进行投资开发	• 降低开发商投资风险和财务压力，实现优势互补	• 物业选址要求高 • 双决策，存在分歧冲突	购物中心、商业街区、文旅商业	万科印力、红星美凯龙
	股权转让/REITS退出	针对具备发展潜力，处于上升期的增值型物业	物业持有方出售在营项目股权，或者将优质项目纳入基金包中，待项目运营稳定实现资产增值之后，以REITS形式退出，从而循环投资	• 资金风险低 • 循环投资获利	• 物业要求高 • 受政策影响明显	购物中心、商业街区	凯德、大悦城
	占股操盘	针对缺乏运营经验的开发商合作	开发商与合作方或者引入资方共同持有项目，操盘团队由一方组建，操盘方收取管理费，并按照股权比例进行利益分配	• 前期资金投入较低 • 提升运营收益	• 资方不一定享有运营决策权 • 存在收益风险	购物中心、商业街区	万科、印力
	整体租赁	面向无运营团队/缺乏运营经验的开发商进行合作	运营商整租物业后统一经营分散出租，赚取租金差额收益	• 现金流稳定 • 降低项目经营风险	• 整体租金收益低	专业市场、奥特莱斯	居然之家、天虹
	纯输出管理 — 品牌服务管理输出	针对存量/增量项目，面向偏开发型企业进行合作	运营商输出技术、团队、品牌，与开发商收益分成	• 提升运营专业度及项目成功率 • 降低项目技术压力 • 享受物业增值收益 • 一定程度与运营商风险共担	• 存在一定收益风险 • 存在管控与收益分配冲突	购物中心、商业街区	万达、龙湖
轻	纯输出管理 — 委托管理		运营商输出技术、团队、品牌，但不参与开发商收益分成，仅收取固定管理费用	• 提升运营专业度及项目成功率 • 降低项目技术压力 • 享受物业增值收益	• 企业承担资金风险，投入大 • 存在收益风险 • 存在管控与收益分配冲突	文旅商业	宝龙、爱琴海

图7-6　商业项目运营模式对比

1. 重资产持有

开发商重资产持有商业物业全部权益，自行组建运营团队和物管团队，全面负责整个购物中心的日常管理，营业收入为业主方所得，相应的业主方也需承担购物中心的日常经营支出。此种模式下，开发商对持有物业自负盈亏，往往需要成熟的运营经验，典型的企业如龙湖集团、华润集团等依托商业品牌影响力和成熟运营经验，对旗下标准化复制的商业物业基本采用自持运营模式，而香港置地集团旗下虽多为非标定制化项目，但依托企业强运营能力仍能取得高效运营成果。例如，重庆光环购物公园是由香港置地集团独资打造、独立运营的购物中心，也是其"光环"商业品牌的首个落地项目，其室内植物园"沐光森林"自开业后迅速成长为国内购物中心场景营造的标杆。在开业第一年里，重庆光环围绕大型室内植物园这一特色场景，举办了主题时装周、森林瑜伽、森林艺术展、森林直播间等30多场与"沐光森林"相关联的主题活动，多元化场景运营对客流的转化率高达14%~20%；可见，室内植物园虽然前期投入成本高，但后期借助运营商多样化的营销方式可获取显著的运营收益。

此种运营模式的优势在于开发商可独享物业100%权益并拥有单一决策权，但项目前期投入高、资金压力大，对后期的商业运营管理能力也有较高要求，通常适用于资本雄厚、品牌实力强劲、运营经验丰富的大型企业，以购物中心、商业街等传统商业项目运营为主。

2. 合作开发

有丰富的运营经验的房企，寻找有资金或土地资源优势的公司合作开发新项目，双方各取所需，前者负责商业运营赚取商业运营管理服务收入。

实际操作中主要包括两种方式，一是与资金成本低的金融机构合作，例如，龙湖与海外低成本资金合作，海外资方认可中国商业市场的长期发展潜力，但没有自行开发建设管理商业地产的能力；而龙湖可以少投入资金开发项目，却能赚取全部运营管理收入。二是与拿地有优势的本地公司合作，例如，太古地产与远洋地产共同出资拿下成都大慈寺商业地块，双方各占 50% 股权，共同打造了成都远洋太古里项目，其中，远洋集团拥有国内不同城市工程和开发经验以及本土优势，主要负责项目前期的工程建造与成本控制，太古集团拥有成熟的商业运营经验，主要负责项目中后期的招商运营，双方发挥各自优势，将成都远洋太古里打造为西南乃至国内的商业标杆项目之一。在场景运营方面，运营团队为成都远洋太古里引进了路易威登之家以及全球第三家路易威登餐厅——THE HALL 会馆，拉夫劳伦之家、DIOR 女装精品大店、WE11DONE 全国第二店、Nanushka 全球旗舰店等，品牌汰换率保持在较高水准上。2022 年 12 月起，太古地产分三期从远洋集团收购成都远洋太古里其余 50% 权益，实现单独持有项目 100% 权益，并于 2023 年 8 月将项目正式更名为成都太古里，通过陆续升级调整租户品牌组合，保持着成都太古里开业以来的"长盛不衰"。

合作开发模式往往适用于前期投资较大、建设周期长、运营要求较高的项目，常见于大型购物中心、文旅商业等类型。此种模式可以降低开发商前期投资风险和财务压力，双方实现优势互补，但后期运营涉及双决策，可能存在分歧冲突。

3. 股权转让

物业持有方出售在营项目股权，将重资产项目轻资产化，可尽快收回投资成本或变现资产增值收益，基于对项目价值的看多，目前采取该路径的开发商大多只出售部分股权，保持实际的控制权和管理权。在美国、日本、新加坡等发达国家的成熟市场，开发商旗下商业地产项目的股权转让可通过发行公募 REITs 实现。具体做法是，将投资开发的优质商业项目纳入基金包中，待项目运营稳定实现资产增值之后，以 REITs 形式退出，从而循环投资。目前，中国大陆尚未出台针对商业地产的 REITs 政策，尝试境外 REITs 外，也可借助类 REITs、CMBS 或经营性物业贷实现抵押融资，盘活存量资产。典型案例如光大安石开拓了大融城、大融汇两大商业地产品牌，开创了国内 PERE+REITs 模式扩大商业版图，大悦城集团以基金收购模式盘活大量存量资产，砂之船房托发行了亚洲首个、中国唯一奥莱 REITs 项目，名列新加坡房地产投资信托基金前五。

4. 占股操盘

开发商与合作方或者引入资方共同持有项目，操盘团队由一方组建。操盘方收取管理费，并按照股权比例进行利益分配，分配比例与持股比例往往不同。典型案例如上海 TX 淮海，由物业持有方百联集团与运营商盈展集团联手打造，盈展集团通过占股操盘形式全权负责该项目的改造升级和运营管理，操盘手创新性提出"策展型零售"的概念，融入潮流、艺术和文化元素重构商业空间，优化业态品牌组合，打造出备受 Z 世代喜爱的年轻力中心，使项目一跃成为国内城市更新的标杆案例。

占股操盘模式下较为特殊的一种合作模式是小股操盘，即运营商对项目的控股权低于 50%（实际上通常不会超过 20%），但可独自操盘项目，并获得运营项目的管理费和股权分红，而其他投资人无论是否控股，都不可干涉项目的具体经营管理。典型代表如上海七宝万科广场、上海三林印象城（已改名新达汇）均是资方占大股，万科商管和印力集团小股操盘。装入上市 REITs 的项目本质上也是属于小股操盘的性质。通过小股操盘模式，运营商用最少的资金撬动项目，通过输出品牌和管理，放大自有资金投资回报率。

5. 整体租赁

开发商独立开发完成商业项目后，将物业整体租赁给运营方，获取较低的租金收益；运营商整租物业后投入装修改造成本，再统一经营分散出租，赚取租金差额收益。此种模式适用于无运营团队或缺乏运营经验、追求低风险、收益敏感性较低的开发商，常见于奥特莱斯、专业市场等商业细分类型，如砂之船房托、百联集团、RDM 集团等奥特莱斯运营商和红星美凯龙、居然之家等头部家居卖场运营商。整体租赁模式实际操作中主要包括两种方式，一是纯租赁模式，二是开发商按照运营方要求进行开发，运营方收取前期设计咨询费，后期租赁物业后支付开发商租金。由于整体租赁模式中往往需要承租方投资内装及改造成本，因此在某些口径里，也把这种模式叫作中资产模式。比如，深圳龙岗的万达广场，投入的是一次性装修改造成本以及每年的业主场地租金，获取的是租金收益。该项目通过多次的业态调整、节庆美陈及艺术装置的打造、高频活动推广等场景运营手段促使项目得以存活并稳步增值。

此种"二房东整租"模式下，无运营经验的开发商可以获取稳定的现金流、降低项目经营风险，但整体租金收益较低；而运营商可以降低前期投入成本、享受物业运营管理的单一决策权并获取运营收益，但也需要承担项目经营风险。

6. 纯输出管理

开发商负责投资开发，运营方提供技术进行合作，此种模式适用于缺乏运营经验或者自身商业品牌市场影响力不足的开发商。对于开发商来说，此合作方式可以提升项目的运营专业度及项目成功率、降低项目技术压力、享受物业增值收益，但在运营过程中可能存在管控及收益分配冲突，也会面临一定的收益风险。纯输出管理模式包括品牌及管理输出和委托管理两种合作方式。

1）方式一：品牌及管理输出（定制开发，收益分成）

开发商负责投资建设，运营商不投资，仅输出技术、商管团队、商业品牌，负责商业项目的运营管理并与开发商收益分成。运营商收取的管理费 = 租金收入 * 低固定比例 + 运营利润 * 高固定比例，这种保底 + 超额利润分成的模式，很好地平衡了业主方和运营方的利润分成，能督促运营方努力提升商业业绩。此类方式在新城、万达、宝龙等开发商转运营商的输出管理合作中最为常见，运营商依托成熟案例及品牌实力背书，以较强的标准化体系及品牌市场影响力，在开发建设阶段即强势介入，要求开发商完全按照运营商提供的标准定制开发；而运营期则以 NOI 的百分比或者租金收入的百分比与开发商分成。此合作方式中，业主在运营期的话语权较小，但能在一定程度上与运营商风险共担，减轻经营压力。

2）方式二：委托管理（辅助开发，固定收益）

开发商负责投资建设，运营商输出技术、商管团队、商业品牌，负责项目运营管理但不参与开发商收益分成，仅收取固定管理费用。此类方式多见于盈石等运营商背景的输出管理合作中。在开发建设阶段，运营商仅以顾问辅助角色介入，对开发商提出设计优化、工程整改建议；后期运营过程中，运营商以固定月费收取开发商管理费用，如运营收益达到绩效目标，可按照 NOI 提点获取运营激励费，而开发商可派驻驻场代表介入后期运营管理。此合作方式下，业主在运营期的管控权限较大，但独自承担全部资金风险。

三、场景运维的相关做法

场景运维主要分为管理治理机制、活动氛围策划、品牌宣传推广等，一是通过建立相关的管理机制或机构，落实管理责任，维护场景的基础设施、环境卫生以及安全等，为人民群众提供舒适的体验；二是举办特色活动或艺术装置等，聚焦多时空、多维度、多群体的活动策划，实现"近悦远来、深入人心"的活态氛围感受；三是加强品牌宣传推广，通过大型促销节、精品活动等，打响品牌影响力，成为一张金名片。

（一）日本 Park-PFI 制度在南池袋公园的应用

日本通过 Park-PFI 制度，成功地在公园内引入了可运营的场景商业项目，实现了多方共赢。该制度创设于 1969 年，根据日本都市公园法第五条，"允许公园管理者以外的人向公园管理者提出申请，在公园内设置收装设施并对其进行运营。"这是一种"自上而下"的管理制度，由公园管理者进行决策。且按照该制度的规定，公园内收费设施的使用期限不超过 10 年（宗敏等，2020）。

1. Park-PFI 概述

1）Park-PFI 的定义

Park-PFI 是指在城市公园中设置提升服务品质、扩展服务内容的付费设施，采取公开优选、严格准入的方式，对其进行市场化经营并通过该设施产生的收益，反哺公园设计、建设、改造及持续管理的"收益还原型"公园运营制度。

2）Park-PFI 的特征

Park-PFI 制度的主要特征体现在三个方面：

（1）私人融资与公共属性的兼备。通过公开优选的方式对私人企业进行筛选并签署长效合作协议（一般 10 年以上），整个过程涉及多方参与，在市场化经营的同时确保公园使用者对该设施需求的必要性，以及设施服务对象的大众性。

（2）设计、建设、管理运营一体化。通过在设计之初考虑收费设施的建设并提前签署协议，规定运营商向公园管理者缴纳部分收益用于公园维护管理。使得公园的设计、建设和管理运营在协议下一体化开展，为公园建成后的可持续性管理提供长效资金与制度保障。

（3）鼓励区域协同。一方面，将区域贡献作为选取优质运营商的重要指标。另一方面，公园管理部门与城市其他管理部门相互合作，以公园带动周边地区的经济发展。

3）Park-PFI 的实施过程

私人企业根据公园管理者公布的运营商招募信息，提交申请计划，由公园管理者对商家及企业进行筛选，过程规范严谨。为建立长效合作机制、保护本地文化及社区传承，优先考虑本地商家及特色商家，为公园后期运营及地域活化建立良好的基础。选定之后，私人企业与公园管理者签订包括设施管理运营在内的有关条件的协议。私人企业根据相应的计划及协议，统一设计建设公园收费服务设施及园内基础设施。由公园管理者向私人企业提供一定的建设费支持，私人企业向公园使用者提供服务，并获得该服务所产生的收益。

4）Park-PFI 的应用价值

对公园管理方而言，有利于减轻管理者财政负担并分担其管理维护事务；对私人企业而言，有利于经营业务拓展和收益增加；对公园使用者而言，有利于增强其使用便利性、舒适性和安全性，以及获得更优质的服务。总体而言，Park-PFI 是一种集政企合作与公众参与于一体的城市公园建设管理制度，该制度有利于协调公园管理者、私人企业、公园使用者等多方利益，提升公园设施品质及服务质量，对于公园活力的提升和区域经济的发展具有较高的应用价值。

2. Park-PFI 理念在南池袋公园建设管理中的应用

1）南池袋公园简介

南池袋公园是位于东京都丰岛区南池袋的区立公园，于 2016 年更新建设完成，面积 7811.5 平方米。在日本城市公园分类中属于近邻公园。公园位于 JR 池袋站和区政府大楼之间，周边紧邻商业办公楼与文化建筑。更新后的南池袋公园集休闲娱乐、聚会餐饮、儿童游戏、防灾等功能于一体，主要由草坪、儿童活动场地和一栋收费型服务建筑组成。

在 Park-PFI 理念的指导下，南池袋公园在充分调动本地居民参与公园管理运营方面取得了显著成果。公园采取公开招募的方式选取私人企业并与之签订协议，其设计、建设、管理运营在协议指导下一体化进行，建设和运营管理阶段均有私人资本的加入，同时私人企业的部分收益还原于公园管理。此外，丰岛区公园管理部门与其他部门合作，以南池袋公园的管理运营带动区域经济的发展和活力的提升。

2）南池袋公园建设过程的多方参与

南池袋公园诞生于二战后的日本区划整理事业，初次开园可追溯到 1951 年，其后逐渐成为流浪汉聚居的场所，居民不敢靠近。直至 2007 年，东京电力公司计划在公园地下设置变电所成为南池袋公园更新的契机。在东京电力向丰岛区提出申请后，公园关闭了近 4 年。直到 2013 年 9 月，该区召开研究会，听取公园周边的土地管理者和居民的意见，提出在公园内设置咖啡餐厅。为丰富使用体验，咖啡餐厅综合了书吧阅读及临时办公等功能。

公园一期建设于 2014 年 10 月开始实施，以建筑工程为主，建筑物由区建设、持有、楼层出租，内部装修委托给经营者。公园内咖啡餐厅经营者的选定通过公开招募的方式，由申请者提出申请后，2015 年 3 月，区内召开研究会最终确定由区内经验丰富的私人企业接管。2015 年 4 月开始咖啡餐厅向周边市民开放，随后开始了二期工程（即广场、草坪等园林工程）的建设，于 2016 年完成建设并全面开园。

南池袋公园的建设费用主要来源为东京电力地下变电所修复费，此外还包括咖啡餐厅经营者和政府出资。私人资本（咖啡餐厅）的加入减轻了丰岛区财政负担，在设计建设之初除考虑环境与社会效益外，充分考虑其经济效益，为公园的可持续管理奠定基础。

3）南池袋公园的协同管理机制

公园的维持管理由丰岛区公园管理部门外包给西武造园公司，主要负责清扫、植被管理、儿童活动区的木具更换等。同时，成立地区组织"南池袋公园促进会"协助公园管理。"南池袋公园促进会"由政府、市民、社区代表等利益相关者合作成立。主要职能是讨论公园使用准则、为提升公园魅力定期举办研讨会，以及审议公园活动申请等。

● 南池袋公园的运营收入反哺公园管理

南池袋公园的运营以私人资本（咖啡店运营商）为主导，通过租用公园内的建筑，拥有其使用权，咖啡厅经营者每年需缴纳约 1930 万日元的租金，占管理总收入的一半以上。此外，东京电力和东京地铁每年需向公园缴纳一定的占用费。总体而言，南池袋公园在 Park-PFI 模式下的管理运营每年收益约 1000 万日元，这部分收入为地区协会"南池袋公园促进会"提供资金支持。

4）Park-PFI 理念在南池袋公园的应用效果

● 南池袋公园利用率显著提高

在私人企业、"南池袋公园促进会"和公园管理者的共同努力下，南池袋公园从居民不敢靠近的黑暗场所成为丰岛区人气公园，公园环境与服务质量均得到了显著的提升，吸引了大量周边市民及游客。据了解，公园平日人流量约 1000 人 / 天，休息日平均2000 人 / 天，约 30% 游客在此消费，公园的建设与管理运营取得了良好的效果。

● 公园活化运营带动区域协同发展

在公园管理者和"南池袋公园促进会"的协同合作下，周边道路管理者也参与其中，由 Nest 公司定期开展活动，一方面为市民提供更为优质的服务，另一方面为"南池袋公园促进会"的管理提供资金支持。此外，Nest 公司还定期在官网上发布相关活动信息，如美食活动、音乐节等，为南池袋公园进行宣传，进一步吸引游客，丰富的运营活动为公园带来活力的同时推动了周边区域的经济发展。

3. 总结思考

由于国情的不同和土地权属的差异，"Park-PFI" 制度不一定适用于中国，但对于目前中国普遍"自上而下、政府主导"的公园建设管理模式，Park-PFI 可以给我们如下启示。

1）对管理者的启示

与时俱进更新管理思维。管理不等于维护，不只是公园建设完成后的一个环节，而是公园生命力的开始，且公园会随着自身的发展和每一代人需求的变化而变化。

多方协作促进多元管理。在以政府为主导的管理基础上，鼓励多方参与公园管理，如本地居民、本地经营者、专业人员等，建立合作管理组织，协助政府进行公园管理。

多维角度贯彻管理目标。管理者应从公园满意度评价、活动组织、管理机制、财务经营等多方面进行整体考虑，确保公园管理的可持续性。

2）对管理方法的启示

采用设计、建设、管理运营一体化模式和思维。传统的 EPC（设计＋采购＋施工）模式于管养期后便移交政府管理，政府多采用购买服务模式。服务费用仅包含绿化养护及维护费用，而社会服务、设施更新等费用几乎空白。将设施运营纳入一体化实施范围，使 EPC 模式逐步向 EPC-O（Operation）模式发展，真正做到"以设施养设施"，建立长效管理机制，加强城市公园建设管理的可持续性。

通过"管理＋运营"实现公园活化与区域协同发展。城市公园具备"准公共产品"与公共资产的双重属性，在城市公园体系中，对于投资成本较低、具备区位优势和经营潜力的公园（尤其是中小公园），可通过设置收费服务设施，公开优选运营商并签订服务合同的方式实现这类公园的可持续管理；对于不具备上述条件的公园，也可设置收费服务设施，由广告收益或政府拨款对私人企业进行补贴（宗敏等，2020）。

（二）美国纽约时代广场彰显多样文化的特色活动

美国纽约时报广场（Times Square）是美国纽约市曼哈顿的一块繁华街区，被称为"世界的十字路口"。广场附近聚集了近 40 家商场和剧院，是繁盛的娱乐及购物中心。百老汇的剧院、大量耀眼的霓虹光管广告以及电视式的宣传版，已经深入人心，成为象征纽约的标志，反映曼哈顿强烈的都市特性。广场汇集了众多著名的商店、餐厅和娱乐场所，吸引着世界各地的游客前来体验，是全球范围内声名远扬的广场之一。

1. 背景介绍

除了经济、商业的发展，时代广场也代表着美国文化的一部分。这里每年举办的各种庆祝活动和盛典，如新年倒计时、感恩节游行和奥斯卡颁奖典礼等，吸引了全球数百万观众的关注。这些活动不仅丰富了纽约市民的文化生活，也展示了美国文化的多样性和包容性。总的来说，纽约时代广场是一个具有深厚历史和文化底蕴的地方。它代表着这座城市的繁华与活力，也寄托着美国人民的希望与梦想。走进时代广场，我们不仅可以欣赏到这座城市独特的商业气息，更可以感受到美国文化的魅力和影响力。

2. 活动氛围策划内容

1）传统跨年仪式 Ball Drop

时代广场的 Ball Drop 是全纽约最盛大的跨年活动，是 1907 年就开始的一项传统。纽约客济济一堂，集体迎接新年钟声的敲响，观看水晶球的坠落！每年时代广场 Ball Drop 和演出的核心位置，就在 Broadway 和七大道的交叉口，42～48 街之间。每年 12 月 31 日下午 6 点开始会有舞台演出，主舞台和音响设备设在 42 街附近。午夜 12 点前一分钟水晶球释放，释放点在 47～48 街附近。所谓 The Times Square Ball，是一个位于纽约时代广场 1 号楼屋顶的时间球，落球仪式是时代广场新年庆典的其中一个重要环节，每年东时区 12 月 31 日晚上 11 点 59 分，这个球将沿着特制的旗杆从时代广场 1 号楼前落下，整个过程 60 秒，在球落地的时候，宣布新的一年的开始。例如 2016 年的 The Times Square Ball 直径 12 英寸[①]，重约 1.2 万磅[②]，整个球由 2688 块不同尺寸的沃特福三角水晶和 672 个 LED 组成，这个球能够显示 1600 种以上的颜色和数十亿的图案，像一个壮观绚丽的万花筒。

2）定期大型艺术装置策展活动

情人节是个浪漫的节日，在这一天每个人都花尽心思为另一半制造浪漫惊喜。作为世界各地文化交流所在地的纽约，自 2009 年起，每年在时代广场都会举行一场名为 "Times Square Valentine Heart Design" 的设计比赛，邀请全球的建筑与设计公司为情人节设计一款装置，获胜作品将在情人节前后一个月的时间里，在时代广场最热闹的地区展出，以此来庆祝这个特殊的节日。

3）借助数字科技打造线上活动

受 2020 年疫情影响，美国纽约时代广场一年一度的 Ball Drop 仪式无法在线下举办，Jamestown 举办了一场虚拟的跨年晚会。当时，定制应用程序体验的人数达到 370 万。有了首次线上试水的成功，在 2021 年的跨年活动中，Jamestown 在 Decentraland "建造"了时代广场的一座元宇宙建筑。从新年前夜开始，参与者可以参观时代广场的虚拟版本，并参与 2022 年除夕夜庆祝活动 "MetaFest 2022"——包括 Ball Drop 仪式、NFT 艺术画廊、屋顶 VIP 休息室和虚拟音乐表演，一直持续到新年的凌晨。据悉，这场虚拟新年派对将 Ball Drop 仪式参与度提升到了约 24 亿人次。

3. 总结思考

美国纽约时代广场不仅作为美国商业聚集地，也是美国文化的重要展示地，通过商圈大型传统活动、定期艺术装置展示、线上活动等，营造极富人文艺术的活动氛围，不断吸引人才及游客聚集，让百年商圈持续焕发活力。

---

① 1 英寸 = 2.54 厘米
② 1 磅 ≈ 0.45 千克

场景营城除了在重庆市的相关实践，还被广泛运用于城市规划领域的各项工作中。本书下篇选取了七个场景营城的代表性项目，分别从场景促进城市消费、场景助力城市更新、场景促进生态保护、场景带动乡村发展四个方面阐述了场景在城市规划建设中的多元运用，从不同的建设角度为居民提供更好的生活体验和精神归属。

下篇 场景何用——场景营城的应用领域

第八章 场景促进城市消费

一、重庆市三峡广场商圈提档升级规划

（一）规划背景

2021 年，中共中央、国务院印发《成渝地区双城经济圈建设规划纲要》。沙坪坝区，作为西部陆海新通道策源地、中欧班列始发地，成渝双城经济圈门户地区位置日益显现。同时，重庆加快国际消费中心城市建设，围绕"五大名城"目标，实施"十大工程"。沙坪坝区以建设重庆现代化国际大都市主客厅为目标，将三峡广场商圈加快打造为"国际消费标志性商圈"，并以其作为引擎，带动沙坪坝区东部老城的城市更新。

（二）现状概况

三峡广场位于沙坪坝区东部老城，始建于 1997 年，是集商贸、文化、景观、休闲于一体的大型城市广场。三峡广场，总用地面积 8 万平方米，采取微缩景观的形式展现了三峡瑰丽的风光与历史人文风貌。

1. 商圈发展历程

三峡广场商圈起源于 20 世纪 80 年代，重庆第一个集贸市场——双巷子水果批发市场，该市场成就了重庆市第一批"万元户"，见证了重庆民营经济的兴盛发展。1997 年，沙坪坝区在此实施建设三峡广场。步入千禧年，广场的商业魅力"持续发力"，先后引入重庆第一家必胜客，重庆第一个水幕电影……依托高校客群与沙坪坝火车站区位优势，三峡广场商圈跻身重庆"第二商圈"。

但随着沙坪坝区城市空间布局向西发展，西部科学城日益成为重庆城市建设重点。加之，千禧年后观音桥、南坪、杨家坪等其他商圈的建设与升级；电子商务时代的来临、消费者对于商业消费习惯的转变……三峡广场受限于空间规模的局限、商业设施的陈旧，发展逐渐放缓。

2020 年 12 月 30 日，沙坪坝站 TOD 城市综合体——龙湖金沙天街，投入使用。其作为全国唯一集高铁、地铁、公交、出租车站等于一体的交通枢纽商业综合体，为三峡广场带来了"强心针"，借力"双城经济圈"门户前区战略地位，三峡广场商圈这一老牌商业广场，迎来了新的热度与契机。

2. "老商业"遇"新机遇"

现今的商圈的改造升级，离不开对使用游客的画像、消费活动、购物偏好等数据支撑。对三峡广场商圈设置"电子围栏"，通过手机信令的拦截捕获，获取居住、工作、到访者的人群画像数据。根据统计，三峡广场商圈日均客流达 28 万，其中常驻客群达 9.4 万人，以 25 岁至 44 岁的年轻家庭客群为主导，整体呈现"高学历、高稳定职业、中高收入"等基础特征（图 8-1）。

图 8-1　三峡广场商圈大数据调查分析

为细化各类客群对三峡广场的空间消费感知，从小红书、大众点评等社交媒体中收集三峡广场的笔记、点评共计 9526 条、34 万字评论，经过质性分析软件分析，三峡广场情绪评分达到 10.73，高出观音桥 6 分。在正面评论中，特别对于儿童友好、遛娃场地，市民较为认同，"小朋友"的相关评论，正面高达 86.67%。同时，就现状问题来看，客群对于商圈交通拥堵、业态同质化等希望得到改善（图 8-2 和图 8-3）。

图 8-2　三峡广场商圈质性分析总体评述

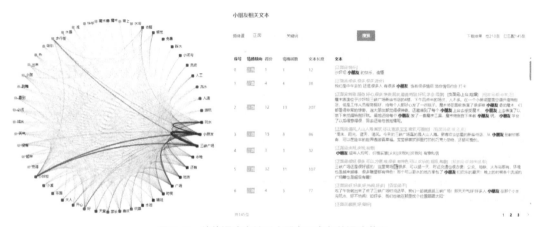

图 8-3　总体评述中关于小朋友可参与的评论截取

沙坪坝作为重庆第一教育大区，拥有非常大的人流量。但对比商业销售额、商业话题度等来看，三峡广场日渐落寞。主要原因包括：

第一，"小业主"多，商业业态调改难度大。受限于核心商圈内商业载体业权分散，国有自持商业比例仅占56.2%，分散的业主对于商业业态整合与实施带来了难度。

第二，品牌同质化严重。商圈业态基本趋同。零售餐饮占比超80%，亲子、娱乐业态缺乏。

第三，现有优质商业物业体量不足解放碑商圈的十分之一；优质商务楼宇体量排名五大商圈末位，社会消费品零售总额落后于其他商圈。

第四，商业空间环境品质一般。主街南段，特别是金沙天街北广场，虽有一定的景观绿化，但街道上处处设置临时大棚展位，叫卖声不绝于耳，销售产品质量参差不齐，商业形式老化，对于商旅人群来说吸引力不足。就辅街里巷来说，绝大部分街道D/H值小于0.5，空间压抑闭塞，进入性、吸引力不足，导致背街小巷经济活力缺乏。

第五，从商圈周边交通组织来说，商场彼此独立的地下停车系统、地下停车导向不明，导致游逛购物停车、找车困难。再者，就三峡广场整体步行体系来说，商圈商业流、货运流、上下班人流等，人行、车行重叠度高，常常导致拥堵（图8-4）。

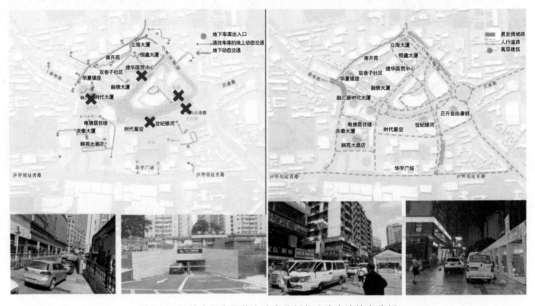

图8-4　三峡广场商圈停车泊车分析与人流车流堵点分析

第六，受限于周边用地权属的割裂，多部门管辖造成商圈扩容困难，依托成渝双城经济圈建设，沙坪坝高铁站的投入使用以及商圈核心区内龙湖金沙天街的开街，"老商业"迎来"新机遇"。按照TOD发展规律看，基本呈现0~300米、300~800米，以及800米以外的"三圈层"的功能结构（图8-5）。对于三峡广场商圈，在高铁枢纽核心区，即站点300米以内，可发展总部经济、商贸商务、专业服务、酒店服务等复合型现代服务业功能，并且依托高校资源、便捷交通服务，未来将补充更多从交通到交互的相关功能，有待拓展如产业展示、科研转化等功能。

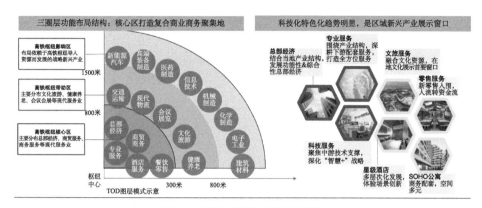

图 8-5　TOD 圈层化功能布局指引

3. 从"大学生"到"全龄客"

1）学生商圈

1938 年，以中央大学、中央短波广播电台、重庆钢厂、巴县汽车公司、川康平民商业银行等企业为代表，发起了重庆沙坪坝文化区自治委员会，至此"文化区"的称号逐渐叫响。沿沙磁公路一带以小龙坎为起点，磁器口为终点，在南开中学、重庆大学地段连成片形成教育中心，各类学生人口占了全当时区域人口大半，周边居民都直接、间接依附学校营生。彼时文化区商铺、书店等特色商业接连形成，"学灯文化"闪耀不断（图 8-6）。

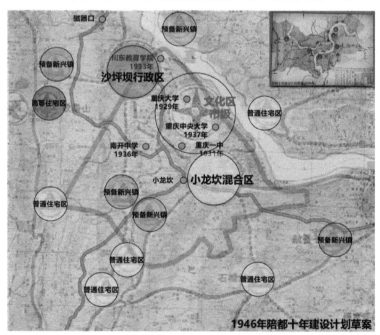

图 8-6　1946 年陪都十年建设计划草案：沙坪坝东部功能分区

时至今日，通过对三峡广场周边 POI 分析统计，通过业态对比，三峡广场科教文化型业态占比达到 7.01%，遥遥领先观音桥的 4.35%、解放碑的 3.32% 等重庆其他商圈的占比，证明三峡广场周边，科教文化氛围最为突出（图 8-7）。

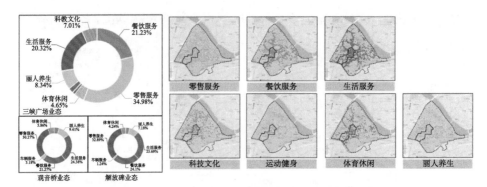

图 8-7　三峡广场商圈周边业态分析

高校结合科研实践，助推战时重庆工业发展，三峡广场篆刻了重庆最早的科创工业实践基因。正如前文所述，文教大区的形成离不开工业企业家的资助。在三峡广场周边，沙坪坝高等学府与工矿企业紧密关联，开展了最早的"教学与实践结合""产学研应用"的创新活动。特别是战时，高校师生顶住轰炸坚持教学和科研不中断。如，重庆大学采取挖防空洞、建立地下实验室等各种措施，坚持进行教学活动。展现了师生不畏强暴，刻苦钻研，投身工业救国的满腔热情，篆刻了沙坪坝文化区创新应用与实践应用紧密结合的优良特性。

2）学生商圈的蜕变

随着西部科学城的投入使用，重庆大学等周边高校的教育功能大多向大学城疏解，三峡广场周边的老校区，大多留以研究生教育、成人继续教育、行政管理等功能。经过调研访谈与数据分析发现，虽然学生客群规模降低了 62.8%，但客群年龄与购买力双提升，研究生客群、在职培训客群等为消费成交机会增加了 75%，该类客群，对于如健身房、咖啡厅、书吧、美妆店等品质化商业业态，消费类型需求增加了 45%。

高校腾退搬迁后，校园楼宇转型再利用，对于商圈提质扩容给出了"新思路"。如，商圈西侧的重庆师范大学，利用闲置楼宇打造新东方学习发展中心，发展成人再教育产业，以"政府扶持＋学校支持＋企业运营"的模式实现盘活。

2022 年 6 月，沙坪坝区入选全国青年发展型城市建设试点，曾经的大学生商圈正向着青年商圈转型。依托试点优势，在商圈闲置、低效商业空间中，可适当考虑面向青年需求的"公共文化设施空间、人均零售商业面积、咖啡厅密度、图书馆密度、便利店密度、共享自习室"等设施配置。

3）"全龄客"的成型

此外，三峡广场也呈现服务周边居民的融合型商圈，且大量的常住居民的日常消费活动为地区商业营收提供稳定化的支撑。通过"贝壳找房"的二手房房价分析，三峡广场周边是沙坪坝区平均二手房房价的 1.32 倍，以南开苑小区为例，其房价超出全区平均房价 150%。从电子围栏的客群捕获上看，三峡广场，月收入在 5 千至 1 万之间的人群超过 40%，高收入人群到访占比基本达到 26%。面向高收入人群，三峡广场商圈也应适时补充新消费、新业态，弥补高端商业业态缺项，防止本地客群外溢。

（三）方案设计

1. 场景定位

结合三峡广场提档升级场景规划，形成"现代化新重庆标志性窗口"成渝地区双城经济圈重要的站城融合的TOD中心地区；"创业智荟、聚焦青年"的多元文化商圈；"全龄友好"商圈、社区、校区，多方共育的现代社区，三个层面的发展定位。

根据前期研究，制约三峡广场商圈提档升级的首要问题，是商圈扩容范围的不清晰。商圈有新项目落位需求，老旧商业有更新改造需要，但由于权属管理交错，导致商圈周边存在闲置、搁置、低效用地。为了深化目标定位，以TOD模式为建设理论依据，划定沙坪坝轨道站点800米范围、小龙坎站点600米范围，再结合现状路网、单位权属，形成1.44平方公里规划范围，在此边界内，优先整合三峡广场商圈存量用地，增补品质化商业、科研创新展示等相关功能，形成商业、商贸、居住区、校园等多方对话的"工作底图"，探索商圈带动的现代社区建设（图8-8）。

图8-8 规划范围划定

2. 场景结构

形成"一带、五片、两轴、多线"的空间结构。

"一带"，沙坪坝青年创业生活带。"一带"，从沙坪坝北街至天陈路，直线距离3.7公里，串联重庆大学、重庆师范大学、沙坪坝三峡广场、沙坪公园、平顶山公园、天星桥、马家岩等城市功能。通过"一带"的建设，服务"环大学创新生态圈"，进一步完善老城东部居住、商业服务、技术展示交流、知识变现、公服等功能，助力区青年友好城市建设（图8-9）。

"五片"，聚焦规划范围1.44平方公里空间，统筹商区、校区、居住区，孕育以商圈带动的现代化社区升级提档。以三峡广场形成"成渝双城三峡广场商业商务核心区"，对传统商业升级，增补服务科技成果集中展示、交流的相关功能；西侧依托拾光格（重

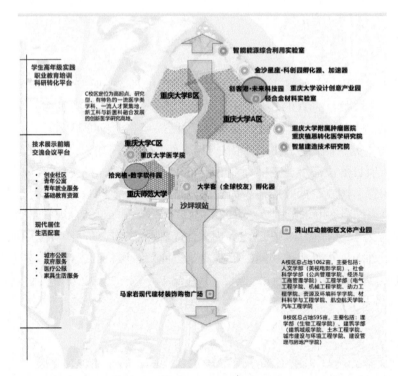

图 8-9 规划"一带"结构示意图

师）数字经济产业创新港，结合南友村、南开苑等社区改造，打造"家校社共育区"；东侧依托小龙坎广场、沙区体育馆，以及诸多老旧小区改造项目，形成"小龙坎市井生活区"；南侧结合东原 ARC 中央广场商住混合社区，打造"石碾盘现代居住区"，提供青年品质居住、完善托幼等相关服务；西侧依托沙坪公园更新改造，打造"沙坪公园共享开放区"，进一步探索商业与公园的融合利用机制模式，推进传统城市公园适应现代生活需要的如露营、休闲、亲子游憩等功能补充（图 8-10）。

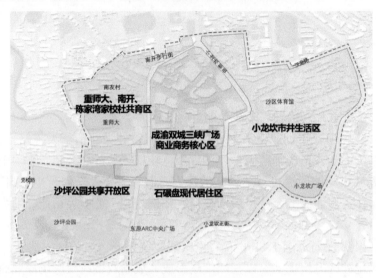

图 8-10 规划"五片"分类指引

"两轴"，第一轴，即金沙天街南侧的绿色开放共享轴，以绿廊、绿道、游径为载体，缝合金沙天街南侧至"石碾盘现代居住区"的消极公共空间，串联沙坪公园、小龙坎广场，形成漫道绿轴。第二轴，即沙磁文化联动轴，策划串联沙区东部的大文旅轴线，统筹汉渝路、三角碑科学之光雕塑、三峡主题水景观等诸多文化要素，形成包括历史、商贸、社区生活等文化展示，展现重庆山城继往开来，革故鼎新的历史人文魅力（图8-11和图8-12）。

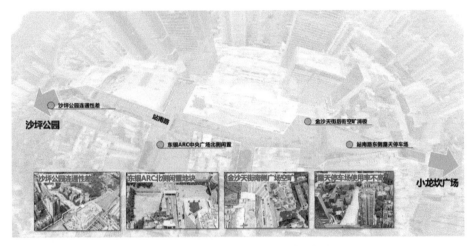

图8-11 规划"两轴"绿色开放共享轴

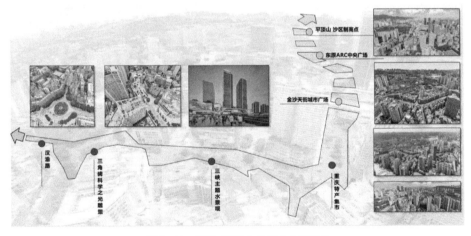

图8-12 规划"两轴"沙磁文化联动轴

"多线"，策划如南开步行街书香探访线、陈家湾移民文化探访线、小龙坎市井烟火探访线、石碾盘水泵厂家属大院探访线、土湾工人村老街旧巷探访线、沙铁村高铁记忆探访线等，以挖掘文化资源点与历史脉络，深入里巷、社区、校区，丰富三峡广场商圈的游逛体验，以促进消费的延时与拓展。

3. 特色场景体系

结合三峡广场的特色本底，与发展研判，在1.44平方公里的规划范围内形成场景化片区，策划"开放枢纽类、创新创业类、人文沉浸类、生态共享类、便捷交通类、智慧数治类、宜居全龄类"七类场景，形成消费价值观与生活方式的塑造；并结合重点项目，进一步细分形成 15 个代表性场景，以注重对消费空间与体验的营造（图 8-13）。

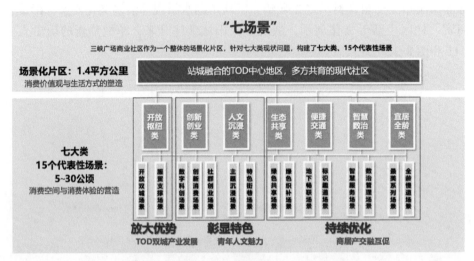

图 8-13　三峡广场商圈提档升级场景体系规划图

开放枢纽类，第一，开放双城场景，旨在服务于双城经济圈建设，依托三峡广场周边高校资源，建设科研展示前区，策划打造成渝双城企业总部集群、成渝高校全球校友联盟项目，促进从双城通勤地到双城工作地的转换。第二，服贸支撑场景，以金融、法律、教育、旅游、娱乐、文化演艺等服务贸易为商圈提供支持和推动力，从而促进商圈的繁荣和发展。鼓励庆泰大厦、华宇广场、三峡广场大厦、正升自由康都、融信大厦、商业大厦等 5.44 万平方米低效闲置办公空间，拓展如专业咨询、商务服务、生活服务、培训服务等功能，成为引领沙区东部产业转型升级的重要引擎。

创新创业类，包括三个场景。第一，数字科创场景，围绕重师大拾光格·数字软件园项目，拓展数字科创，紧扣量子科技、数字商贸、数字教育、数字城管、数字服务五大功能。第二，创新消费场景，对商圈内以金沙天街、三峡广场形成改造指引。第三，社群创业场景，依托南友村、工人村等居住空间，挖掘社群创业的潜力，推进校区、社区、居住小区"三区融合"打造创意小店、创客街巷。

人文沉浸类，通过策划不同主题、艺术装置、快闪活动、露天表演、主题节庆，打造主题沉浸场景，使得消费者完全参与到商业互动之中。第一，在重百黄葛树广场、名人广场、核心下沉广场、华宇广场、金沙天街等布设美陈装置。第二，特色街巷场景，围绕背街小巷，深入挖掘历史记忆与民风民俗，激活后巷消费潜力。

生态共享类，针对三峡广场"北闹南静"的特征，为了吸引南侧石碾盘社区居民来此消费活动，在金沙天街南侧，设计成渝高铁记忆广场、金沙城市露营休闲广场、金沙儿童游园等项目，打造"绿色织补场景"（图 8-14）。第一，以绿色空间的营造，织补道路交通、地形高差带来的割裂性，增补儿童活动、文化展示等内容，缝合城市断点，达到扩容提档作用。第二，打造"绿色共享"场景，主要以沙坪公园为改造对象，结合住建部开展的城市公园绿地开放共享试点工作，探索重庆公园绿地开放共享典型应用。

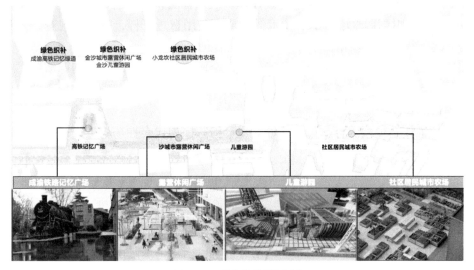

图 8-14　绿色织补场景示意

便捷交通类，打造舒心畅行场景。第一，拟通过打造金沙天街至沙坪公园的过街廊桥（图 8-15），以提供连贯完善的步行系统，促进商业、公园功能的交互融入。第二，打造"标识趣道"场景。设计富有创意的商业街标识、特色路牌、多语言标识、地面引导线，为商圈增添亮点游线，引导游客流动，提升品牌形象。

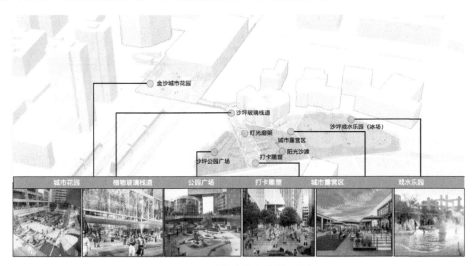

图 8-15　沙坪公园廊桥项目示意

宜居全龄类，包括"最美系列"场景。第一，依托菜市场、文化馆、体育馆、社区服务站等公共便民设施升级，打造"最美系列"场景。第二，"全龄慢道"场景，策划学径作品墙、无障碍街道建设，推广全龄友好的步行街道改善计划。

智慧数治类，包括智慧服务场景。在商务部的推动下，全国示范智慧商圈、全国示范智慧商店正在逐步增多。第一，本次场景规划，策划智慧电子商务服务、商圈停车物联网感知平台等"智慧服务"场景建设。第二，结合"数字重庆"建设，推动"数治管理"场景。在商圈广泛应用大数据、云计算、人工智能、物联网、区块链、元宇宙、虚拟现实（VR）和增强现实（AR）技术等，推广使用智慧灯杆，智能导视牌、无障碍地图服务、巡街机器人、停车机器人、城市书房自助系统等。

最终，通过前文的问题分析、发展研判，全面梳理三峡广场商圈问题清单，结合七类场景体系构建，制定特色实施项目，形成从"问题清单"到"项目清单"的转变，促进后续项目的建设落地。

按照场景体系规划内容，选取"南开步行街"作为代表性场景，进行改造设计方案详细阐述。

（四）场景设计内容

1. 现状分析

南开步行街位于三峡广场的北端，南开中学以南，街道是由南开苑 A、B、C、D 四栋住宅的底商及南开中学体育馆南侧临街底商合围而形成，是一条比较安静的社区型商业街，街区总长约 200 米，商业建筑面积约 7038 平方米，沿街分布约 45 个店铺（图 8-16）。

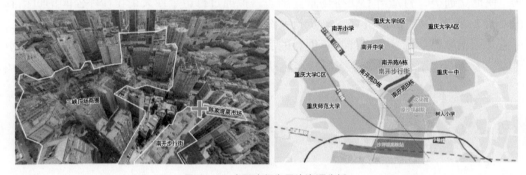

图 8-16 南开步行街周边资源分析

南开步行街通达性佳，兼具教育、艺术、高品质居住等属性，步行街附近的"懒鱼时光咖啡屋"深受大学生、文艺青年喜爱，有着一批固定客群，这也为此次改造奠定了良好的工作基础。

1）历史演化

从历史上看，南开步行街作为三峡广场后巷，依托南开中学自身 IP，便自带书卷文艺气质。

1936 年夏，我国著名教育家张伯苓先生在沙坪坝购地 800 余亩，建成重庆私立南渝中学，自学校动工建设，学校周边的陈家湾公路边便逐渐兴盛发展。1938 年，南渝中学更名为重庆南开中学，以示南开学校生命之延续及不屈之决心。学校因爱国和教学质量高而闻名，抗日战争期间，毛泽东、周恩来、华莱士等政要多次光临南开中学，重庆南开中学被评价为抗战时期中国基础教育的典范。

从城市格局演变上看，南开步行街原为沙坪坝老地名"双巷子"的其中一条巷子，后因南开中学，带动了商服业发展。1941 年，随着沙磁区划为迁建区，双巷子、三角碑等地成为全区政治经济文化中心地带。双巷子相继有了不少茶馆、酒肆、旅馆、文化用品商店、照相馆、缝纫铺、洗染店等。

改革开放后，双巷子商业不断发展壮大。1981年，重庆第一个集贸批发市场"沙坪坝区双巷子水果批发市场"在此开业，该市场成为川东地区最大的水果集散地，也诞生了重庆最早一批万元户。1997年，重庆主城区第二个商圈——三峡广场商圈诞生，双巷子商业发展逐渐南移至现今三峡广场位置。2006年3月，南开步行街下穿通车，下穿路打通了三峡广场至小龙坎新街的交通联络线，因为上盖形成了当前南开步行街，形成了三峡广场背后的特色小商街。

从历史上，从双巷子到南开中学，这条街上，承载了南开师生的家国情怀，学生的花样年华与成长记忆，当然也围绕着双巷子，体现了社区居民生活，邻里商贸的安居乐业祥和场景。

2）现状业态分析

南开步行街主要呈现分散式街区商业形态。店铺分布散碎，50平方米以下店铺占比45%；从业态上看，生活配套类品牌最多，占比58%，整条街道具备餐饮条件的只有体育馆西侧与南开苑C栋之间的建筑，经营面积占比只有3.4%；从租金效益来看，店铺租金在100～350元/平方米的月租金不等，相关店铺正处于续约关键节点，这也为本次南开步行街改造，业态调改升级提供了契机。

贝壳网的相关数据显示，南开苑约1228户，周边小区涉及4036户潜在服务人口。从街道交通流线上看，南开步行街是三峡广场外围东北侧居民去陈家湾菜市场的必经之路，也是西南侧学生放学回家的必经之路。

对于步行街的街道环境，以中轴线划分南北两侧。街道北侧，由于建筑布局的变化、退界，导致北侧街道界面丰富，建筑交错，形成连续的4处"转交"空间，中间两处"转交"空间有大树覆盖，能提供简单的歇脚、小憩功能。南侧，主要由南开苑B座居住建筑与街道空间形成了155米长的临街商业，商业经营分为两层，其中首层，由于紧邻街道，出租率较高，二层，商业效益缺乏，出租空置率较高（图8-17）。

图8-17 步行街北、南两侧现状照片

从交通组织上看，街道基本上实现了人车分流，来自沙杨路、小龙坎新街的主要车辆从地下走南开下穿至三峡广场。步行街上的北端，由于临近立海大厦、新纪元购物广场，以及南开苑的两个地下行车出入口，偶有车辆经过；在步行街主要路段基本无机动车通行。现有街道地形较为平整，呈现西低东高的地形变化，局部高差地段，通过梯步平台进行了高差化解。

2. 改造案例与规划定位

1）规划定位

南开步行街使用的客群是面向中产家庭及南开中学等学校的学生家长客群，该类型人群，对品质化、安静化、内涵化的背街小巷商业需求较高。

改造形成"富有文化气息、高品质的休闲生活街区"的设计定位，形成三层面改造愿景，之于南开，服务于高知家校的品质生活街区；之于商圈，融合沙区人文气质的休闲后巷；之于重庆，凸显南开城市级 IP 的文教特色街区。

2）改造案例

按照定位与客群需求，参考"YOYOGI VILLAGE 日本社区"案例。该案例，是代代木地区"学生之城"中的社区，社区遍布学校和升学培训中心，周边居住人口以有一定消费力的中产家庭为主。在该社区的改造中，形成了自然营造、生活美学业态、主理人品牌、社区共治活动运营等经验。除对街道空间景观的改善外，对业态的调改也激发了社区共育。故此，在南开步行街改造中，把握好定位和品牌氛围；做好业态调改，激发校方、社区、商圈多方共育，才能使得南开步行街明显提档升级。

3. "五态协同"场景设计

按照"业态引人、神态动人、活态聚人、生态沁人、形态宜人"五态协同的场景设计原则，结合南开步行街改造需求，形成三方面的改造侧重，就形态、业态进行全街道的改造整体统筹、系统性提升。

第一，形态宜人，街道空间重构，划分动静分区，塑造可停留的街角慢生活空间。对步行街的街道空间形态改善，体现在对人行空间的优化设计，引入休息座椅、景观绿化等元素，创造宜人的步行环境。南开步行街现状"西低东高"，街道主要通行区为缓坡，受到地形影响，主街两侧建筑前区的地面高差较大、台阶空间切割建筑前区，导致空间细碎难以停留。

步行街道，尤其是建筑前区，为营造吸引人停留的空间界面，常结合着餐饮业态做外摆经营。因此，在"形态宜人"场景优化中，丰富街道空间分区，划分动静分区，塑造可停留、可小憩的慢生活街道。主街，沿中心两侧预留至少共6米宽的步行通行空间；两侧结合高差台地，再进一步自由划分。街道北侧，因有多个转角空间，可结合树池、广场，设置灵活外摆，激活空间活力；街道南侧，预留约7米的建筑前区空间，灵活设置外摆座椅及街道家具，增加界面丰富度。根据店铺业态及调改情况，鼓励调改后的店面美化"门前三包"地区，如，餐饮档口在外增加座椅、绿植；面包档口增加外摆堂食、增加咖啡饮品休闲座椅业务；花店，增加店门口座椅、花事打卡墙等；零售业，鼓励增加展陈空间。

第二，业态引人，店铺整合，增加文化型业态空间，营造花样书香氛围。按照前期街道业态统计分析，在评估近期调改可行性以及增加街道南开文化型业态空间需要的要求下，形成了"一街四段"业态指引。北区西部，结合现状具备烟道条件，鼓励以休闲社交功能为主，形成轻餐饮配套，满足居民、学生家长外出就餐需要；北区东部，结合西西弗书店入驻，打造活力文艺区，形成"潮流零售＋书店教培"产业；南侧，以南开苑

B栋住宅底商为基础，从西至东，形成品质生活商业配套、南开主题文化体验区打造。

经过业态调改，保留如银行、证券、面包水果、理发店、教培等高坪效稳定业态；突出如书店、文创杂货等文化艺术业态；增加公共服务业态；增加南开记忆馆及南开社群中心、升级家校共育中心及南开活动中心（图8-18）。

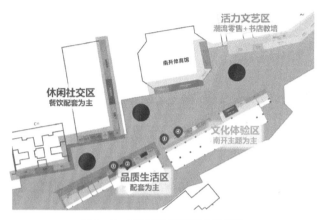

图8-18 南开步行街街道业态布局

第三，以节点设计，统筹生态、神态、活态内容，细化节点景观方案。其一，神态动人，追本历史溯源，延续历史记忆，增加街道文化氛围；其二，生态沁人，营造本土化、生活化街道景观自然环境；其三，活态聚人，以邻里街道邻里生活为主线，增加儿童友好、校方社区共育共建系列合作活动。以卷轴为景观序列，从西至东，营造三段特色景观节点。

第一卷，时光年轮，历史许愿之卷——体现南开近百年历史，传承美好未来祈愿。

按图索骥，比对历史照片，该节点曾为南开中学东南侧联系双巷子的唯一通道，是校园文化、社区生活的历史记忆空间。

景观主题以"时光年轮"为形式（图8-19），层层向外代表南开的历史、当下与未来，共绘"花样年华"。以现状榕树树池为原点，形成"年轮"铜雕，以地面铜雕的形

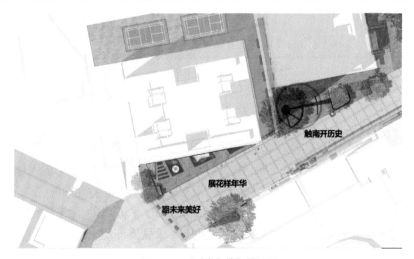

图8-19 "时光年轮"平面图

式镂刻南开大事件并层层外扩，通过引入六版校徽做地面装饰，配合地灯、光带形成历史文化展示（图 8-20）。

图 8-20　年轮铜雕及六版校徽地雕

第二卷，黄葛小憩，亲子休闲之卷——体现亲子时光，黄葛树下南开会，展现邻里和谐交往。作为街道中段面积最大的一个街角空间，场地中心有棵黄葛树（图 8-21），正对黄葛树为南开游泳馆出入口，平日课后、周末休息日，大量家长汇集门口等候孩子游泳训练。现状除有树池座椅外，北端有一排竹林、一堵矮墙，以遮挡其后变电箱。整体空间较大，约 2000 平方米。

图 8-21　模块化树池坐具

第三卷，再会南开，缤纷校友之卷——体现南开输送济济人才，成就灿烂缤纷。

东入口距离南开中学校门约 200 米，因位于小龙坎新街这一城市道路上，来往人流密集，成为步行街的主要入口。周边有咖啡茶饮店、新东方教育培训中心，该节点大约有两米的地形高差，由树池、绿化带与楼梯形成了 463 平方米的小型平台广场，成为街道难得的停留休憩且视线开阔的广场空间，但从现状品质环境来看，缺乏坐具与绿植美化（图 8-22）。

图 8-22 东入口节点现状问题

在改造设计中，拟引入南开咖啡馆主题店铺，打造可供校友聚会、停留交谈、惬意阅读的南开文化街角空间，在东入口形成"转角遇见南开校友"场景（图 8-23）。

改造利用台阶挡墙，局部抬高形成景墙，镌刻"南开路步行街"文字标识与街道地图，形成入口标识，以条石坐凳及乔木绿化取代生硬护栏栏

图 8-23 再回南开效果图

杆，形成延续一体的立面设计。在平台广场上，结合"南卡咖啡"外摆，植入"图书漂流"活动，开展借阅、捐书、图书互换，营造书香浓郁、咖啡伴读的特色阅读角。在植物配置上，保留现状 3 棵银杏树，增补彩化植物，中下层植物以观赏性强的开花草花为主，如紫娇花、木春菊、金丝桃、狼尾草，营造紫色调为主、色彩缤纷的开花植物景观，呼应南开"青莲紫"特色色彩，并吸引人临花而坐、观赏休憩、惬意美读。

二、武汉市江汉路步行街品质提升规划及综合整治工程设计

（一）规划背景

1. 工作背景

我国商业步行街的发展兴起于 2000 年左右，如北京王府井、上海南京路、武汉江

汉路（图8-24）等。历经二十余年发展变迁，传统商业步行街逐步显现诸多问题，包括业态同质、环境不佳、设施陈旧、交通不畅等，曾经辉煌的商业步行街空为一张张城市名片，却难以赢得游客与市民的认可。步行街作为城市中心区重要的户外公共空间，是代表城市形象、体现城市品质的重要载体，如何对步行街进行新一轮改造提升，体现新时代要求，满足人民群众对于美好生活的愿望，是近期亟待完成的一项重要任务。

图8-24　武汉江汉路步行街演变

引自：1：田联申《江汉路历史建筑欣赏 以不变应万变》

2：http://www.360doc.com/content/20/0222/10/741756_893846277.shtml

3：江汉路步行街官方公众号《23周年！重温江汉路百年历史》；《这个十一长假，江汉路太太太太好玩了！》

为贯彻落实党的十九大战略部署和《中共中央 国务院关于完善促进消费体制机制进一步激发居民消费潜力的若干意见》（中发〔2018〕32号）精神，2018年7月，商务部办公厅发布《关于推动高品质步行街建设的通知》，决定推动有条件的城市开展高品位步行街建设，并于2018年12月正式开展步行街改造试点工作，选取全国11条步行街作为第一批改造试点步行街，武汉江汉路步行街作为其中之一开展改造试点。商务部从全国层面推进商业步行街建设，是为了贯彻落实党的十九大要求，应对于我国社会主要矛盾的转变，体现以人民为中心的发展思路，解决我国现状步行街难以满足当代人们需求的困境。

立足新时期，如何从人的需求角度出发，围绕人可感知的场景维度对商业步行街进行改造升级，实现城市活力复兴，满足人民日益增长的美好生活需要，是本次改造提升的核心任务。

2. 工作层次与内容

江汉路步行街位于湖北省武汉市汉口中心地带，自19世纪60年代汉口开埠后开街，成就了老汉口"十里帆樯依市立，万家灯火彻夜明"的商业繁华，被誉为武汉商业的"首街"。为深入贯彻习近平新时代中国特色社会主义思想和党的十九大精神，落实商务部关于开展高品质步行街改造提升试点工作的要求，特编制本次武江汉路步行街品质提升规划与综合整治工程设计。

本次提升包含街区层面系统性整体规划和街道层面详细设计两个工作层次，具体涵盖50公顷街区规划范围与5.43公顷街道详细设计范围。主要工作内容如下。

①高点定位，突出自身优势特色，明确发展愿景。本次规划首先突出高点定位，体

现国家试点和武汉市政府的要求。基于城市发展要求与自身优势特征,确定本次提升规划以"闻名世界、示范全国、代表武汉"为总体目标,将江汉路定位为:长江纵轴,国际卓越滨江魅力空间;武汉首街,中国极致城市体验街区。力图建设一条具有国际吸引力的街道,成为国家层面步行街提升改造的示范与样板,塑造新时代武汉城市地标与形象窗口。

②文化引领,多专业"内外兼修",实现系统提升。围绕总体目标定位,对标国际一流步行街、对比国内试点步行街,找准江汉路步行街的问题与差距,明确本次提升的总体策略——文化特征引领下的产业与空间"双转型"。在凸显江汉路历史文化特征、武汉地域文化特色的引领下,实现产业从单一零售到文旅商融合的转型、空间从商业街道到慢行街区的转型。依据"双转型"总体策略,对交通组织、建筑风貌、街道景观、夜景照明四大系统编制专项提升规划,实现系统性整体提升。

③面向实施,制定技术导则与计划,确定工作抓手。从技术导则和项目计划角度对接后续工作,在专项规划的基础上,针对交通、建筑、景观、夜景四个系统编制专项技术导则,确定具体控制实施的内容与方式。针对步行街的考核要求,结合属地管理与政府工作,编制实施项目库与行动计划,指导具体实施工作。

3. 工作成效

江汉路步行街的改造提升自2019年初启动,2020年克服新冠疫情的不利影响,完成历史建筑修缮、建筑立面、街道景观、地下管线、智慧街区等多方面的改造提升,并于10月21日正式开街。改造提升后,步行街多方面的效益得到了显著提升(图8-25)。

图8-25 武汉江汉路改造成效
引自:武汉市江汉路步行街官方公众号

1)经济效益
①商业结构优化完善。改造提升后,江汉路步行街的商业结构得到优化,其中零售

比例下降了 8%，餐饮及休闲文化的比例提高 4%，分别为 55%、34% 和 11%。江汉路步行街主街有企业 905 家，品牌 621 个，旗舰店 24 家。先后引进 30 余家品牌旗舰店、区域首店或特色店、新型文创华中首店、特色博物展览馆等，支撑江汉路步行街促进消费升级、拓展消费领域。

②街区销售额有效提升。改造提升后，2021 年一季度实现销售 30 亿元，五一期间江汉路街区总销售额达 2.93 亿，日平均 5860 万元，日均销售额比 2019 年同期上涨 59.67%。江汉路在改造提升后，街区商业不仅克服了新冠疫情的影响，并比疫情前 2019 年的经营水平大幅提升。

2）社会效益

①客流量提升显著。改造提升后，2020 年四季度客流量 1711.72 万人，同比 2019 年增长 11.5%。2021 年五一期间，江汉路步行街合计客流量达 190.8 万人次，其中一日客流人数达 45.36 万人，创历史新高。

②文化活动凸显特色。多样化的文化活动在江汉路步行街不断举办，例如 2021 年 3 月举办"花 Young 武汉"樱舞文创市集、樱花主题灯光秀，五一期间举办 2021·汉绣嘉年华活动，从文创市集到汉绣展示，从武汉特产到汉味美食，各类独具特色的产品汇聚了旺盛的人气。市民游客通过各类活动打卡体验，感受江汉路传承千年的文化底蕴与地域特色。

③智慧街区全面覆盖。建立江汉路智慧街区综合管理平台。沿街设置多功能智慧路灯，实现包括 5G 覆盖、天网工程、无线充电、语音播报、一键求助、智慧发布、环境监测、智慧照明、智慧防疫等科技应用。5G 无人售货车、洗地车、扫地车均已投入使用。已建立江汉路步行街微信公众号、抖音号，定期上传消费信息，实现智慧商业运营。

本项目获得了全国示范步行街的称号，并先后获得了 2021 年中国风景园林学会科学技术奖二等奖、2021 年北京市优秀工程勘察设计奖二等奖、2022 年 IFLA AAPME 荣誉奖，对全国商业步行街的更新提升起到了良好的示范作用。

（二）现状概况

1. 空间（场景）特色

武汉江汉路作为武汉商业的"首街"，其毗邻长江的核心区位及历经百年的深厚历史积淀，赋予了这条商业街独特的魅力，其场景营造的潜力巨大。

1）滨临长江的核心区位

从整体区位来看，江汉路位于武汉汉口老城的中心地带，从武汉市城市发展空间演变来看，是武汉两江四岸的核心区，承担着城市中心区重要的商业职能。江汉路步行街垂直长江拓展，南至长江江滩，北通一环，具有绝佳的滨水景观资源优势，是彰显长江文明魅力形象的展示区。

2）历史深厚的百年老街

纵观江汉路的形成与发展，其毗邻长江的区位、丰富的历史遗存、武汉潮流首街等特点的形成，均离不开深厚的历史文化积淀。可以说，江汉路步行街最核心的特色在于历史悠久、多元文化荟萃。从历史演变来看，江汉路作为百年商业老街，承载了武汉的商贸文脉。江汉路自汉口开埠形成，历经百年历史。自 19 世纪 60 年代汉口开埠时银行林立的华洋"界街"，发展为 20 世纪初民族资本聚集的繁华商街，经历改革开放后数次改造提升，成为现状全国闻名的商业步行街。悠久的发展历史为江汉路留下了丰富的历史遗存。江汉路步行街位于历史文化街区，是"江汉路－中山大道片"历史文化街区的中轴线，江汉路沿线汇聚 29 处历史建筑与文保单位，有"武汉二十世纪建筑博物馆"的美誉（高飞等，2021）。

2. 空间（场景）问题

武汉江汉路步行街于 2000 年 9 月首次完成步行化改造开街，至今已有二十年，目前主要存在文化内涵不显、业态品牌乏力、空间品质不高几方面问题。

在文化上，江汉路沿线历史遗存众多而文化彰显不足，现状历史建筑的利用率不高，存在空置或被单位使用的情况，大量的历史建筑及独具地方特色的传统里份未能开放给公众展示体验，江汉路深厚的历史文化底蕴体现不足。

在业态上，主要存在业态结构单一、品牌档次不高的问题。业态类型以服装零售为主，缺乏多元购物体验。整体品牌档次低端，国际化程度不足，缺乏引领性品牌与特色品牌。

在空间上，主要存在四点问题。①休憩停留空间不足，步行街行人只逛街不进店，空有人气而店铺无人问津。②滨江空间区位优势不显，毗邻长江而难以让人感知，江汉路依托长江埠口而发展的格局特点未能展现。③环境品质不高，存在景观设施老旧破损、建筑店招杂乱、建筑风貌杂糅等问题。④交通联系不畅，步行主街与周边街区步行联系不佳，阻车栏杆等分流设施不人性化，街区慢行体系有待提升，并存在车行不畅、停车拥堵的问题（高飞等，2021）。

（三）方案设计

1. 规划设计定位

本次江汉路步行街提升规划的总体定位是"国际卓越滨江魅力空间·中国极致城市体验街区"。基于目标导向，以世界眼光，突出国际标准、汉口风韵街道气质，建设江汉路成为国际一流的文化内涵步行街区；依托长江文明，凸显独一无二的滨长江区位特征，形成极具滨江魅力的街道空间；构建面向未来的多元业态，继承江汉路在商业业态上引领地位，提供新时期国内最佳的城市步行街体验；以丰富空间、特色场所为基础，充分利用街道距离长度和两侧场地纵深，实现主辅街联动的街区形态空间格局。

2. 设计思路

为实现总体定位，本次提升立足人的感知维度，希望从人可体验的场景维度来实现街区的更新提升。因此，提出改造提升总体策略——文化特征引领下的产业与空间"双转型"（图 8-26）。在凸显江汉路历史文化特征、武汉地域文化特色的引领下，实现产业从单一零售到文旅商融合的转型、空间从商业街道到慢行街区的转型。在神态引领下实现业态与形态的转型，进而带动生态、活态、心态的更新提升。

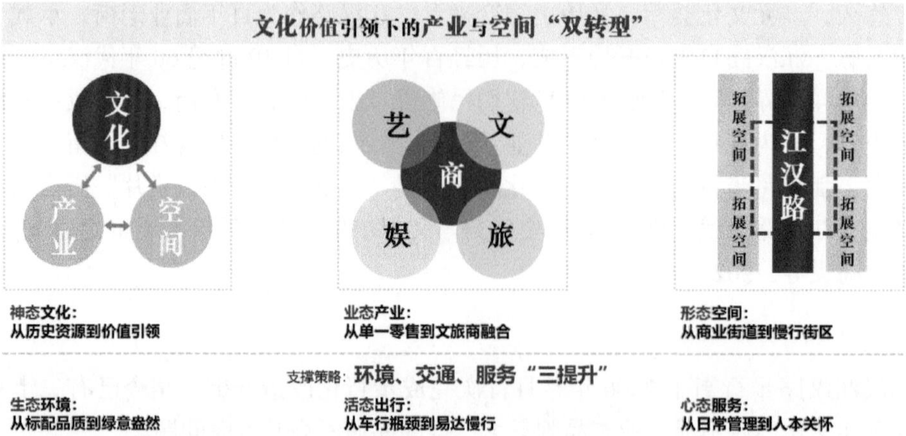

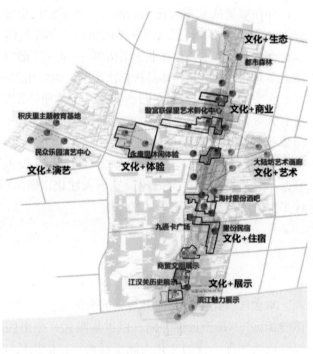

文化价值引领下的产业与空间“双转型”
文化
产业
空间
艺
文
商
娱
旅
拓展空间
拓展空间
江汉路
拓展空间
拓展空间
神态文化：
从历史资源到价值引领
业态产业：
从单一零售到文旅商融合
形态空间：
从商业街道到慢行街区
支撑策略：环境、交通、服务“三提升”
生态环境：
从标配品质到绿意盎然
活态出行：
从车行瓶颈到易达慢行
心态服务：
从日常管理到人本关怀

图 8-26　文化引领下产业与空间转型模式图

1）挖掘历史文化特征，明确文化价值引领目标

江汉路所在的汉口区域，自古以来就是文化与商贸兴盛之地。自近代以来，江汉路连接长江与城市，吸纳商贸，汇聚民俗，串联重大历史事件，文化特征多元荟萃，包括汉派文化、码头文化、商贸文化、建筑文化、首义文化、红色文化、长江文化等。规划以“传承经典，自信创新”为文化引领目标。一方面，以各类传统文化的主要载体为依托，将多类型文化内容负载到江汉路中，实现传统文化的传承、历史资源的活化利用（图 8-27、表 8-1）。另一方面，坚定文化自信，将生态文明等创新发展理念融入江汉路步行街的发展内涵中。

文化+生态
都市森林
璇宫联保里艺术孵化中心
文化+商业
积庆里主题教育基地
民众乐园演艺中心
文化+演艺
永康里休闲体验
文化+体验
大陆坊艺术画廊
文化+艺术
上海村里份酒吧
九通卡广场
里份民宿
文化+住宿
商贸文明展示
江汉关历史展示
文化+展示
滨江魅力展示

图 8-27　江汉路步行街“文化 +”业态提升指引图

表 8-1　江汉路传统文化特征与传承

文化	主要载体	特性体现	江汉路文化传承要点
汉派文化	汉戏、汉绣、楚辞等；	湖北地方性文化	非遗内容展示
码头文化	码头代表物流运输； 江汉关代表海关； 知音号体验戏剧代表城市文化旅游新名片	多元内容融合	功能性与景观性展示

文化	主要载体	特性体现	江汉路文化传承要点
商贸文化	商业"老字号" 大清银行、上海银行等银行建筑	商业网络枢纽 中西方交融碰撞	复兴"老字号" 传统建筑空间功能转型
建筑文化	历史建筑、特色里份	中西方交融碰撞	"武汉二十世纪建筑博物馆" 历史建筑及周边环境活化利用
首义文化 红色文化	璇宫饭店、南洋大楼等历史建筑	名人名流聚集	首义历史事件展示 爱国主义教育
长江文化	长江流域文化特征与文化集结 新时代长江大保护理念	长江文化综合展示 生态文明建设	重要节点融入"江汉朝宗"主题 践行生态文明理念

2）构建"文化+"产业业态，彰显汉口地域文化特色

以"文化+"为手段的产业引领策略，促进各类业态升级过程的特色化、个性化。江汉路蕴含着丰富的历史记忆和文化资源。规划强调在商业、食宿、演艺、艺术、展示等各类业态升级提质的过程中，充分挖掘和利用诸如特色里分、非遗技能、传统产业、老字号、历史文脉的等文化要素的作用（表8-1）。使未来的江汉路步行街业态，既具有国际标准，又能传承汉口文化基因、彰显武汉文化特色。

3）活化历史文化资源，构建文化魅力场所

江汉路沿线及周边街区分布着数量众多且独具时代和艺术特色的文保单位、历史建筑、特色里分，成为江汉路区别于国内外其他著名公共街道的重要历史资源和文化特征。然而这些历史资源中有相当部分目前作为普通住宅或办公场所等，作为公共场所的开放程度尚有待加强。规划认为应通过对这些历史资源的保护、修茸和功能置换，为步行街的文化、艺术、旅游、商业功能拓展和升级提供具有原真性文化内涵的空间载体，使这些建筑本体文化魅力与活化升级后的内部使用功能相得益彰，为公众带来复合性、高品质的城市体验。

3. 场景化片区

立足场景营造，塑造"老汉口新八景"，强化场地空间文化氛围。"以路为轴，三时为线，讲江汉故事；串中山道、连四周地、话汉口八景"。

江汉路步行街以空间环境、建筑特色、业态分布为基础，大致分为三段。从强化街道文化景观的角度，规划以景观装置、城市家具、铺装纹样的设计选型、选址布局等为手段，塑造"江汉史话－华中风尚－慢城游憩"三段主题序列，使公众在步行街漫步体验、购物休闲的同时，也能体会独具特色文化氛围（图8-28）（高飞等，2021）。

通过对重要公共片区的改造提升形成"汉口八景"，分别是位于江汉路上的江汉关片区"路首望江"、九通卡广场－上海邮片区"今昔叙事"、璇宫广场－联保里片区"璇宫秀场"、北入口片区"都市森林"，以及位于中山大道的民众乐园－积庆里片区"积庆

民乐"、水塔 - 永康里片区"红塔永康"、交叉口片区"通衢融贯"、美术馆片区"金城艺荟"。通过这"八景"的设置，将环境提升、功能提升与文化彰显相统一。

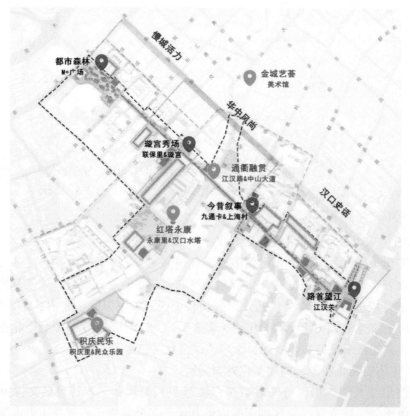

图 8-28　江汉路文化主题景观图

（四）场景设计内容

1. 生态沁人——空间重组，回归绿色交往场景

本次提升重点对主街空间重组（图 8-29），力图改善江汉路步行街行人步行速度快、只逛街不进店的问题，构建多样化的空间环境，适应不同人群的环境需求。

首先，基于环境行为心理与零售购物人群动线的分析，在街道两侧建筑前区留出四至五米的连续步行空间，满足人群逛店流线的连续性，并保证行人与商家店招清晰的视线关系。其次，在较宽的街道中部合理布局休憩模块，"见缝插针"式地增加绿化种植，利用多彩的花草植物提供绿色空间，并于绿荫下布置座椅等街道家具，满足停留休憩需求。在街道中间形成"之"字形的自由穿行空间组织，引导人群放慢步行速度，增加橱窗前的商业逗留行为。希望通过街道功能组织的重构，绿意盎然的植物营造，增加人的绿意感知，缓解武汉夏季的炎热，让行人慢下脚步，自由停留交往，使江汉路成为一个融合商业零售与休闲活动的公共交往空间（高飞等，2021）。改造提升后，通过地面绿化、立体绿化等手段，实现步行街绿化覆盖率达到 21%，美化街区景观环境，营造舒适的小气候环境，提升市民游客的步行体验。

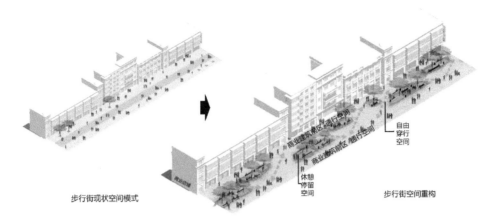

图 8-29 江汉路步行街空间模式重构图

2. 形态宜人——易达慢行，构建步行体验街区

针对步行体验，规划梳理优化交通组织，并加强步行主街与辅街的步行联系，拓展慢行系统，以街串巷，使步行街转变为步行街区。对于机动车交通组织，通过路网联通、开放地块内部通道，构建"四象限微循环"交通单向微循环组织方案，保障街区车行交通通畅，并减小对核心步行区的交通干扰。采取适度供给、多点分散的停车位配给策略，结合四个单向组织和区域公共停车场控规方案，规划新建停车场，满足步行街紧缺的停车需求（图 8-30）。

图 8-30 江汉路步行街交通组织优化图

在完善街区交通组织的基础上，拓展延伸步行系统，将步行主街作为拓展的主轴，向周边呈鱼骨状增加步行街道或慢行共享街道，串联传统里份的巷道空间及商业休闲设施等各类公共空间。实现以街串巷、由街入坊，从单一的街道空间拓展为场所多样、交织互联的网络状公共慢行街区（高飞等，2021）。

3. 业态引人——功能转型，重拾特色消费场景

针对街区功能业态，基于现状高流量、年轻化、高流动的客群特征，受武汉未来年轻态、强活力的城市发展特征影响，未来江汉路业态发展将呈现年轻化、跨界化、场景化、体验化、精细化、多元化的发展趋势。在产业空间上，研究发现纽约第五大道、英国牛津街、东京表参道等著名商业街都呈现主街向支巷拓展的发展态势，满足不同档次和偏好的客群需求。未来江汉路的产业空间也将由单一的零售步行街道向融合多元化商业、生活方式的功能街区转变。

在具体功能类型上，规划抓住文化特色，以文化引领街区功能转型，彰显汉口历史底蕴。在凸显江汉路历史文化特征、武汉汉口地域文化特色的引领下，构建"文化+"产业业态，实现产业从单一零售到文旅商融合的转型。构建"3+N"商旅文融合产业发展体系，形成以商业服务、旅游观光、文化体验三大产业为核心，特色零售、精品购物、时尚展销、休闲娱乐、餐饮美食、潮流体验、旅游服务、观光摄影、特色民宿、文创体验、艺术展销、艺术摄影等N项产业为拓展的产业发展体系。在历史文化遗存保护的基础上，通过文化展示、价值传承、新兴功能的植入，形成特色文化业态，彰显老汉口商业街地域文化特色。

4. 活态聚人——激活亮点，营造多元活力场景

规划重点对主街沿线的四个重要节点空间进行整体提升，塑造街区亮点，营造多元活力场所。节点空间的选择主要依托江汉关、璇宫饭店、长江等重要的历史文化资源与空间资源，与地铁站点及节点广场等交通集散空间，聚焦城市核心空间。结合江汉路商埠与商业历史发展脉络，四个节点空间主题由南到北依次为"路首望江（历史）"——"今昔叙事（交融）"——"璇宫秀场（时尚）"——"都市森林（未来）"（图8-31）。通过对节点空间进行景观环境、建筑立面、夜景照明、功能业态多个专项的集成提升，塑造精细化、高品质的活力场所，综合展示提升理念与提升效果（高飞等，2021）。

节点空间在改造后，成为江汉路的一个个聚集人气的打卡点。例如在江汉关广场聆听跨年钟声、夜晚看光影樱花灯光秀、在璇宫广场感受双十一的人声鼎沸等。通过亮点空间的营造，汇聚人气，举办节庆活动，营造多元活力场景，带动商业街繁荣发展。

5. 神态动人——文化表达，重塑特色魅力场景

在商业街的形象个性上，通过将文化表达融入街道景观设计及建筑立面提升，塑造独具江汉特色的魅力场景。具体提升包括重塑江汉意象和重现老街记忆两大策略。

首先，针对江汉路现状毗邻长江而难以感知的问题，希望强化长江元素，重塑江汉意象。空间格局上，重塑以江为首的空间格局。规划在步行街南端江汉关处，通过空间拓展的方式，连通步行街与长江江滩，恢复江汉路因埠口而兴盛的历史格局，重现

"江-路-城"的格局关系（图8-32）。

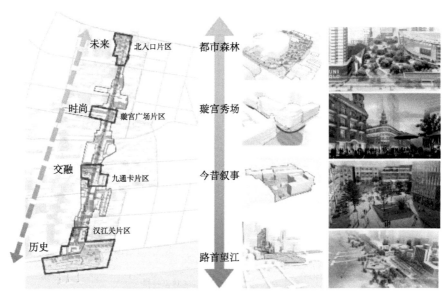

图8-31 江汉路步行街重要示范节点图

老汉口江汉关码头（摄于1926年）
（引自：https://zh.wikipedia.org/zh-cn/File:A_Postcard_of_Wuhan_Bund_from_1931.jpg）

江汉关码头改造前现状（作者自摄于2019年）

江汉关远期提升远景（作者自摄）

图8-32 江汉路码头今昔对比及提升愿景图

在路段铺装设计上，融入长江元素，通过深灰、中灰、浅灰三种颜色铺砖的色彩渐变，塑造如长江江水流动的形式，呼应街道滨临长江的空间关系。同时，依靠铺装色彩的变化，限定街道空间功能划分，以深色限定停留休憩空间，浅色引导自由穿行空间（图8-33）。结合铺装形式，在步行街中部与中山大道的交会口，设计一个动态变化的呼吸地灯，如江水潮汐般涌动，衔接步行街南北两段的人流，营造独特的夜景效果（图8-34）。

图 8-33　江汉路步行街铺装设计图

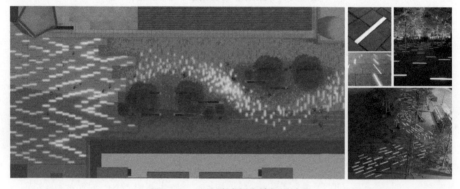

图 8-34　江汉路步行街地灯设计图

其次，针对江汉路现状历史底蕴深厚而彰显不足的问题，主要提升思路是重现老街记忆。在建筑提升上，对历史建筑进行妥善地保护与修缮，拆除建筑外包店招门罩，恢复建筑原貌。在历史保护的基础上，对历史建筑活化利用，进行内部功能提升，并带动外部空间与周边建筑群，塑造整体文化空间氛围。

在历史建筑周边的空间环境上，采用镌刻历史印记的手法来强化老街记忆。如历史建筑林立的璇宫广场，通过延续广场圆形形式、地面铺装镌刻历史印记的设计手法，来讲述周边历史建筑所见证的重要历史事件与江汉路往事，使人们在步行过程中能阅读街道的历史故事，唤起市民的城市记忆（图8-35）（高飞等，2021）。

在改造提升过程中，对怡廉里传统里份建筑形式进行恢复，并在改造过程中保留新发现的建筑石碑地界、老牌匾，使老屋重现历史原貌，展现过去的历史痕迹，并重现过去的生活场景。

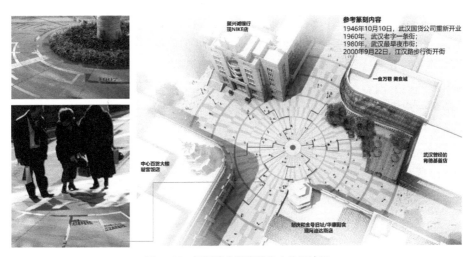

图 8-35 江汉路步行街璇宫广场设计图

（五）总结思考

本次步行街改造提升将在全国培育一批高水平的步行街，将统筹商业发展与城市空间提升，是推动老城区城市更新、缓解现有"城市病"的契机。未来随着城市的不断发展，将有越来越多的步行街面临转型升级，来激活城市公共空间，带动商业繁荣，满足当代人民需求。

古人说"城，所以盛民也。"商业步行街是城市重要的商业服务中心，也是城市的形象窗口和重要公共空间，步行街的提升改造关乎市民的获得感、幸福感与安全感。同时，改造提升是一项复杂的系统性工作，涉及多专业的衔接与共同提升，需要有多专业系统性的协作组织，与一体化的运营管理，保障从规划设计到后续运营管理的统筹安排。

新时代背景下，商业街的提升应从人的感受和体验出发，通过场景营造的思路，统筹业态、建筑、景观、交通等多个专业。通过五态协同的营造方式，创造独具地域文化特色、富有吸引力的新兴场景，重新吸引人气回归，带动商业街重焕时代活力（高飞等，2021）。

三、呼伦贝尔市古城旅游休闲街区提升规划

（一）规划背景

1. 工作背景

2021年4月，文化和旅游部办公厅与国家发展改革委办公厅联合印发了《关于开展旅游休闲街区有关工作的通知》，提出各地要加强旅游休闲街区品牌建设，开展省级旅游休闲街区认定工作，要加强国家级旅游休闲街区创建，塑造旅游休闲城市形象。因

此，呼伦贝尔市古城街区国家级旅游休闲街区的创建工作是落实新时代中央要求和文化和旅游部、国家发改委关于开展旅游休闲街区有关工作的重要举措，也是贯彻落实内蒙古自治区"十四五"规划，着力推动自治区旅游业差异化协调发展，打造国内一流的旅游休闲城市的重要内容。

呼伦贝尔市古城街区已于2021年10月29日被认定为内蒙古自治区级旅游休闲街区，通过古城街区三期的整体环境品质提升，强化城市文化旅游功能、激活城市活力、塑造城市名片，从而助力古城街区创建国家级旅游休闲街区，也为下一步呼伦贝尔市创建旅游休闲城市奠定良好的基础。

2. 工作层次与内容

1）工作范围

呼伦贝尔市古城街区位于海拉尔区伊敏河西岸，街区紧邻城市主干道胜利大街，周边设置多处公交车站，交通十分便利。本次规划的三期片区位于街区北大街以北，是古城街区内以现代商业为主的商业片区，也是目前街区内的活力核心，街区总面积26.6公顷。古城街区三期是本次规划重点设计片区，位于古城街区北段，场地四周分别以胜利大街、北大街、中央南路、草市路为界，规划用地面积为10.7公顷。

2）工作内容

为了全面系统的提升古城街区的环境品质，满足申报国家级旅游休闲城市的要求，本次规划包括以下两个层次的内容：

一是通过全面分析，找准定位，从城市层面出发，通过对国家形势、政策要求、自治区要求、环境特点、城市需求等的分析，找准街区定位，明确街区发展方向，明确规划目标。对标发展趋势，对标文化和旅游部国家级旅游休闲街区评分细则，对环境、业态、交通、设施等内容的进行系统规划，补齐短板全面提升街区品质，为申报国家级旅游休闲街区做好准备。

二是对接实施落地，规划针对三期现状问题，提出景观环境、建筑风貌、道路交通、景观设施等系统的设计方案。进一步挖掘街区的文化底蕴，并结合创建要求，对街区内建筑风貌、环境品质、各类景观设施提出提升要求。

3. 工作成效

本次规划于2022年3月组织开展现场调研和踏勘工作，于2022年12月完成方案编制工作，目前街区已进入改造施工阶段（图8-36）。

图8-36 场地现状照片

（二）现状概况

1. 空间（场景）特色

从空间格局来看，古城街区街区位于从西山到伊敏河的景观空间轴线上，具有依山傍水的优越区位格局特点。从发展演变来看，街区内，南门、古街、北斜街、现代化商场共同代表着1732年至今一路走来的城市记忆，形成了城市最重要的历史文化轴。同时从业态活力来看，从18世纪末19世纪初八大商户的入驻，到2000年的呼伦贝尔市第一条步行街，再到现在的步森、伊仕丹、友谊等大型商场，以及肯德基、星巴克这些国际连锁品牌的入驻，古城街区一直以来都是城市的活力中心和业态风向标，也是百姓最爱逛的、充满本地特色的烟火街区。这种多元、活力的特点及古城街区的发展过程也是呼伦贝尔这个边疆城市多民族守望相助、保疆卫国、共谋发展奋斗历程的代表和缩影。

2. 空间（场景）问题

从业态上看，现状古城街区内包括伊势丹、步森、华汇、大商友谊等大型商场以及北斜街、正阳街、仿古街及周边沿街店铺等小型铺面两种经营形式。从业态类别来看整个街区以餐饮、购物业态为主导（占比76%），同时包含面向本地居民的体育休闲、生活服务等业态（占比18%）。具有地方文化或创意文化的业态占比为17%（8%餐饮、2%土特、3%生活服务、4%体育休闲）。总体来看古城街区业态类型丰富，地方特色品牌缺乏影响力，缺少影响力的文化活动，文创类业态占比低，达不到文化和旅游部文创业态40%以上的占比要求。

从空间组织来看，现状步行空间只有苏炳文广场、南门至正阳街仿古街一条主街，背街小巷步行条件不佳且与主街缺少联系，而主街区内重要节点的空间特征及文化主题也不够明显，从而导致整个步行空间单一缺少体验感。

从环境要素来看，现状除南门城楼和正阳街牌坊具有鲜明的入口特征外，街区其他入口节点都缺少强调。现状主街铺装以大面积单一石材为主，缺少精细化和主题化设计。现状有三处景观小品皆为雕塑，分别为苏炳文广场中央苏炳文雕像、苏炳文广场东侧商队主题雕塑及正阳街南入口大铜钱雕塑，形式单一主题表达较为直接。从现状绿化来看，街区内整体绿化效果不佳，主街几乎没有绿化，植物主要集中在苏炳文广场和居住区内，绿化覆盖率约为8%，远达不到国家级步行街区的要求，且植物长势整体不佳，对已有林荫空间缺少有效利用。夜景照明整体亮化效果一般，缺少文化特质、独特性和创新性，存在亮化死角。

（三）方案设计

1. 设计构思

1）设计共识

首先，在价值主线上要始终坚持中华民族共同体、体现多民族交流交往交融的特点，通过对历史文化、民俗特色的挖掘，以环境特点来体现各民族守望相助、保疆卫国、共谋发展的奋斗历程，展现中华民族共同体的核心文化价值体现。其次，丰富业态和活动体验，在业态上强化体验、培育品牌，融入文化、注入科技，同时策划具有地域特色，现代感与参与感的活动。再次，延长旅游服务时间，注重对夜经济和冬季旅游的激活，从而打造"全时全季节"皆有亮点有活力的高品质旅游休闲街区。最后，在人群上游客与市民并重，打造能够吸引游客前往的旅游目的地，同时塑造市民日常交流交往的活力场所，形成生活方式目的地。从而以优美环境、优质体验、优秀服务为基础，整体塑造有特色、有温度、有服务，可以游憩感官、游牧心灵、游历人生的高品质休闲街区。

2）总体目标

规划提出了"最美草原古城、万家烟火暖街"的总体定位。

从区位条件来看，古城街区位于中国最美草原具有区位的唯一性，而古城厚重的历史渊源也使其在草原地区具有独特性。从发展来看，古城街区既是体现多民族融合的文化的集中承载地、也是市民能够找到归属感、游客能够找到体验感的特色街区。因此，规划希望把古城街区塑造成一个具有渊源文化故事、高品质空间环境以及多元业态的活力街区和一个空间有温度，人民的情感有寄托的烟火暖街。

2. 场景化片区

规划在古城街区空间上自南向北形成了一条从历史到未来、从传统到现代的三时故事轴。通过"忆往昔峥嵘岁月、话边城商贸旧事、谱幸福生活新章"三个篇章讲三时故事，体现各民族守望相助、保疆卫国、共谋发展的奋斗历程，展现中华民族共同体的核心文化价值。这条故事轴既是步行主轴同时也是空间轴、文化轴、体验轴和景观轴（图8-37）。

基于古城街区主街从古至今完整的故事轴线、三时篇章的规划内容，规划在古城三期范围内沿北斜街时间轴线，从南到北、从历史到未来，形成了三个主题场景化片区，分别是南端紧邻北大街，体现古今交融的今昔共叙，中部展现现代百姓幸福生活的百姓秀场，以及位于胜利大街的北入口、以未来为主题的北门新象。以三个从历史

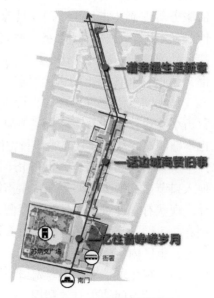

图8-37 三时故事轴规划图

到未来的主题场景强化街区文化轴的故事线，通过轴向开放空间场所序列，营造精致的城市文化魅力空间。

1）场景化片区一：今昔共叙

（1）场地解读。

今昔共叙场景位于北斜街与北大街的交叉口北侧，紧邻古城二期的仿古建筑群。现状场地周边建筑呈现仿古、现代等多种风格，整体风貌混合，与周边环境不协调，缺乏过渡。从景观上看，现状入口正中部有一处变电箱，对入口空间的景观环境产生较大影响。古城二期、三期被北大街相隔，步行动线的引导性不强，难以将游客向三期片区吸引。此外，入口空间缺少标志性的景观设施，空间功能仅为步行，整体空间利用低效，缺少能够停留、观赏的空间。

（2）设计思路。

方案平面采取简洁的直线折角形式，通过铺装的延续和方向变化引导步行动线，将二期与三期联系起来，形成由历史向现代的过渡。采取现代灯箱的"今昔斜街"LOGO景墙与二期中式牌楼对望，寓意历史与现代的对话，象征北斜街传承历史，并不断迈向未来。

（3）设计要点。

景观装置激发活力。入口的变电箱更换位置，留出完整的入口空间。入口处利用互动景观装置墙激发入口活力。景墙东侧设计翻转球球景墙，由814颗可翻转的圆球构成，可根据需要变换各种图案，作为互动、宣传等多重功能的景墙，景墙下利用木铺装设计休憩座椅（图8-38）。正对街口的位置利用简洁现代的手法设计街道LOGO灯箱，并配合灯带景墙强化入口景观，形成网红打卡点。侧墙采取一体化设计，布置街道标识墙。通过互动景墙的设置，将南入口空间从原来消极、混乱的环境，改造为能够停留、嬉戏、观赏、打卡的多功能空间。与互动景墙相映成趣，带动入口空间整体的商业活力。

图8-38　圆球景墙及转角建筑现状（上）及改造效果图（下）

2）场景化片区二：百姓秀场

（1）场地解读。

百姓秀场场景位于北斜街中部，现状西侧天信宾馆2～3层外墙装有连续的钢龙骨架，影响建筑风貌。场地正中部有一处变电箱，影响环境。周边均为通行空间，缺少必要的绿化、休憩功能。现状缺少环卫设施，导致路面脏乱，且铺装存在破损。

（2）设计思路。

方案平面延续简洁的直线折角形式，两侧建筑台阶向中心延伸，留出室外经营空间，并结合绿化种植池设置休憩设施。中心场地略低，形成天然的"秀场"，结合主题铺装形成集聚目光和能量的场地。通过市民的各类活动，烘托活跃气氛，寓意美好蓬勃的现代幸福生活。

（3）设计要点。

塑造活动舞台。在原变电箱的位置设计一处景观看台作为场地中的高点，看台下以玻璃围合，可作为小型快闪店。看台前主题铺装以海拉尔区1922年城市地图为纹样，凸显城市记忆文化，并作为"舞台"纹样，吸引市民在铺装范围内活动，例如室外驻唱直播、商业快闪活动等。同时，看台在重要节庆活动时也可作为安保巡视的高点。台下以绿化遮挡变电箱。

建筑"换装"激发街区活力。利用现状天信宾馆的钢龙骨架设计互动主题投影幕墙，形成可互动、易操控、动态化、更新快的多功能立面，加强来往游人与步行街道的互动性，增强游人参与感。在节假日时，通过建筑投影增加游览观赏性，举行灯光秀、露天电影、元旦倒计时等。在平日，可以通过摄像机捕捉街道行人的表情，投影在大屏幕上，形成与行人互动的趣味主题；或利用投影互动装置，以云、草等草原特色元素为主题，打造人过云动、人走草摆等互动性主题活动。通过秀场和互动投影的结合，将百姓秀场打造为展示市民风采、促进日常交往、举办小型节事活动的主要场所，感受人与人、人与城市街区互动交流的趣味和温暖，体现人情味和烟火气（图 8-39）。

3）场景化片区三：北门新象

（1）场地解读。

场地位于北斜街与胜利大街的交会处，步行流线、机动车流线以及停车空间相互交织，导致入口空间交通混乱。此外，除步森百货因近年进行过立面改造条件较好外，龙凤大厦建筑表面被广告牌包围，立面杂乱，严重影响风貌环境。同时，作为街区重要的北入口，缺少明显的标志景观。

（2）设计思路。

方案平面通过折线的铺装样式，将行人引导进街区。在入口处通过新北门、地面互动投影的序列，营造入口处热闹的商业氛围，起到引流的作用。整体形式简洁、现代、轻盈，通过具有未来感的装置和材质，寓意城市迈向未来的蓬勃活力。

（3）设计要点。

打造城市地标场所。针对龙凤大厦这栋面向城市的建筑，利用建筑转角处设计裸眼 3D 屏幕，根据节日主题或其他主题活动进行视频展示，同时也是未来内蒙古西部最大的裸眼 3D。通过"新鲜感"吸引过往人群，增强步行街街道活力。通过裸眼 3D 和互动景观的结合，将北入口打造为一个足够"吸睛"的空间，成为城市的地标场所（图 8-40）。

通过主街的三个主题场景化片区，强化街区的历史文化轴线，形成从南到北，突出怀旧风、人情味、未来感的主题场景，通过场所的塑造带动周边整体环境的提升。同时，通过街道内一系列互动设施的设置，打造温暖人心的街道、归属感的城市，使市民和游客都能感受人与人、街、城市之

图 8-39　百姓秀场现状（上）及场景效果图（下）

图 8-40　转角建筑现状（上）及裸眼 3D 效果图（下）

间的温暖，从而突出冬季暖街的主题。

（四）场景设计内容

1. 生态沁人

规划通过在北斜街和背街小巷三处开敞空间增加绿化，在温州城二层楼顶进行屋顶绿化，并通过立体绿化和布置花箱等方法，提升绿化覆盖率由现状 10.1% 至 16.2%。

在造景植物选择上，强调运用本土植物，与当地气候环境相适应，也在一定程度上减少日常的维护与管养。植物类型包括乔木、小乔和灌木、地被三种类型，乔木分为常绿乔木与落叶乔木，常绿乔木选用油松、樟子松、云杉，营造四季见绿的植物景观。落叶乔木选用糖槭、榆、白桦、落叶松、旱柳、元宝枫、丛生五角枫、蒙古栎，以彩色叶为主，营造四季季相变化明显的植物景观。小乔和灌木选用山丁子（山荆子）、山桃、山杏、紫叶李、金叶榆、丁香、榆叶梅、金银木、海棠、忍冬、连翘、沙棘、柠条、四季玫瑰，丰富植物种植层次。地被选用波斯菊、萱草、玉簪、景天，作为种植本底。根据各类植物观赏特性进行合理搭配，表现植物在观形、赏色、闻味上的综合效果。

2. 形态宜人

1）街道形态组织

从现状上看，街道仅有通行功能，缺少绿化、休憩交往的空间。主要步行空间被两排停车位占据，步行道狭窄，并且人车混行，存在安全隐患。街道中缺少休息设施，环卫设施脏乱，铺装存在破损，路挡摆放位置随意，阻碍交通的连贯性。

为形成合理舒适的空间布局，设计研究了国内外成熟商业街的空间布局经验。从空间尺度的角度看，国内成熟的步行街主街宽度集中在 10～18 米左右，例如南京夫子庙步行街宽 14～18 米、福州三坊七巷宽 10～14 米、武汉江汉路宽 12～18 米、重庆弹子石老街宽 7～15 米，这些街道宽窄不一，但街道中均布置了完善的休憩、绿化设施。而北斜街的宽度为 19～20 米，在满足步行舒适的前提下，有充裕的空间满足休憩、绿化需求，丰富街道功能。

同时，从空间组织的角度看，包括北京的望京小街、前门大街，成都太古里，美国伊萨卡步行街等街道均采用"中间通行，两侧绿化休憩"的空间组织方式。这种方式具有以下优势：在活动方面，中部开敞的通行空间能够作为举办巡游、小型聚会等各类活动的场地；在景观方面，中部开敞空间能够作为放置各类设施、标志物、雕塑等构筑物的场地，同时位置居中，能够有效成为视觉焦点；在安全方面，中部完整、宽阔的空间能够满足大量人流的通行和集散；在商业方面，两侧休憩空间能够作为商业空间的延伸，提供室外经营场地，增加游客在店前停留的时间。

结合对国内外成熟商业街的空间布局经验的研究，本次设计中主街北斜街同样采取中部通行和商业留白、两侧绿化和休憩的空间组织方式。街道中部留出 10～12 米的空间采用平坦的硬质铺装，为未来举办重要活动、游客聚集预留完整空间。春夏季可举办民族舞巡游，体现多民族团结特色，以及周末集市等；秋冬季可举行小型冰雕展和室外冰壶，从而形成四季皆可玩的趣味商街。同时，在中部空间的北、中、南三点设置景观互动装置，形成游客通行和交往的必要空间。街道两侧各留出 3.5～5 米的空间处理高差，并作为绿化和休憩空间。一方面，店前空间充裕，通过设置花池、座椅等景观设施，满足通行、停留、休憩的功能。另一方面，从公众意见调查看，现状近 6 成的商户均表示需要外摆空间，室外经营的需求很强。店前空间在满足通行、休憩功能的同时，也能够作为商户室外经营的场地，通过室外经营活跃街道氛围，为街道增加商业活力。

依据主街两侧店铺前不同的现状竖向特征，将街道分为南北两段，并采取不同的景观改造模式。北段店铺门前有 3～5 级的台阶，与中部步行空间存在高差。设计将两侧台阶向中部延伸 3.5～5 米，形成店铺前通行和室外经营空间。台阶与中部步行道之间通过设置花池、座椅来消解高差，并形成舒适的休憩空间。南段店铺前无台阶，店前空间与中部步行道为平接。设计通过设置树池分割店前与中部通行空间，并依托树池设计座椅、环卫等设施（图 8-41）。

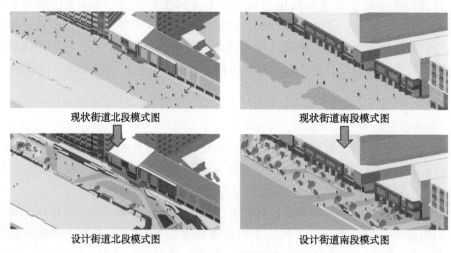

图 8-41　街道空间组织设计图

2）建筑形态设计

从设计灵感上来说，建筑立面采取了中国结。漫长的文化积淀使得"中国结"渗透着纯粹的文化精髓，富含丰富的文化底蕴。给人以团圆、亲密、温馨的美感。其图案仅仅聚集的样式也寓意着民族团结之意。日常生活中对此应用广泛，扇子、玉佩、剑柄等都用其装饰，且寓意祥瑞。结合"中国结"纹样，将之进行提炼变化形成本次设计主线。提炼"中国结"纹样，其基本构成由方形元素四个顶点相互连接，环环相扣形成，将纹样构成元素进行旋转形成本次建筑立面改造设计的基本单元，将之进行形态大小、组合方式、空间变化形成多样的设计方案。

街道两侧建筑立面改造通过二层商业橱窗与首层门头等方形元素交错结合的方式形成与"中国结"主题相呼应的街道立面，利用不同材质、不同大小的方形元素将步行街两侧连续的建筑立面进行划分，打破较长且平淡的原立面，塑造体块叠合的立面形象，增加建筑立面现代感与灵动感，同时利用金属幕墙增加立面丰富度，提高建筑可观性。南端商住楼居住部分以涂刷为主，通过效果较好的真石漆与涂料分缝使其精致耐看（图 8-42）。

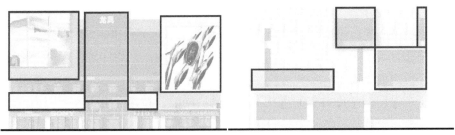

面向城市的大型商业立面划分　　　　　　面向北斜街的中型商业立面划分

沿街1~2层商业店铺立面划分　　　　　　背景建筑立面划分

图 8-42 "中国结"在建筑立面上的使用

3. 业态引人

1）塑造六个业态主题片区

结合现状业态基础及发展需求，通过对相关业态占比类型的调整，规划形成六个业态主题片区。

活力商业片区：现状北斜街片区为独立临街店铺，以现代服装、餐饮、零售等业态为主，有一家以皮艺店铺，周边为伊势丹等大型商场，商业氛围浓厚是呼伦贝尔城市的商业中心。同时，结合"谱幸福生活新章"的主题定位，规划形成以现代生活、活力时尚业态为主的活力商业片区。

正阳街文化片区：正阳街现状为仿古街，已有骨雕、皮雕、皮艺、羊毛毡艺、特色餐饮等有地方特色的文化业态，其空间主题也重在体现旅蒙商文化。因此，结合"话边城商贸旧事"的主题定位，规划正阳街以地域文化体验业态为主的文化片区。

综合服务片区：现状该片区有苏炳文广场、呼伦贝尔副都统衙门、南门城楼等主题节点，以及游客服务中心、旅游公厕旅游服务设施，片区外部公共空间开阔完整。因此，规划形成以游客服务中心、博物馆、集散广场、旅游大巴停车场、医疗站等为主，以集中服务、科普教育为主要功能的综合服务片区。

烟火街巷片区：该片区现状业态以小旅馆、民族服饰店、小饭馆、药店、修理铺等为主，是最能代表当地老百姓日常烟火气区域。因此，规划保留现有业态，扶持有地方特色的店铺，实现业态微更新，从而形成以市井生活主题的烟火街巷片区。

综合商业片区：该片区由伊势丹、华汇、步森、友谊生活广场等四个综合商场组成，规划依托现状商场业态形成综合商业片区。

宜居生活片区：规划范围内居住、医院及除去以上几个功能片区的其他区域，规划保留现状业态特点，形成宜居生活片区。

2）打造两个业态提升重点

（1）记忆中的海拉尔——温州城。

在最新潮的文化地标体验最地道的老呼伦贝尔记忆。规划以室内场景式步行街的形式对半个世纪前老海尔一些代表性生活场所及生活方式进行再现，通过环境原汁原味地还原了半个世纪前呼伦贝尔的市井生活场景。同时，在业态上引入怀旧集市、国潮零售、文化创意、科技体验等业态，打造沉浸式文化商业空间，推动文商旅融合。从而打造能够让本地人来探寻记忆，让外地人了解呼伦贝尔的沉浸式体验场所。为呼伦贝尔引入消费新形式、新活力，为古城街区赋予新场景、新业态，使之与北斜街形成室内与室外的空间互补、怀旧与现代的时间互动。

（2）正阳街八大商户商旅文化主题店。

从历史来看，海拉尔筑城后，成为呼伦贝尔的政治、经济、军事中心。"八大家"作为这座小城中的八家买卖，它们的产生、发展是和这座城市的命运紧密相连的。"八大家"包括：聚长成、大利号、隆大号、天聚号、广太号、晋升号、弘盛隆、鼎升号等8家商铺，主要做旅蒙贸易是呼伦贝尔旅蒙贸易史上的重要标志。

规划结合"八大家"传统经营类型，推出相关文创产品。其中，广太号为传统粮店，因此规划为地方特色美食主题店铺；晋升号为传统杂货铺并蓄养马匹兼营牲畜买卖，因此规划为以皮雕、皮艺等工艺品售卖及现场体现制作为主的皮艺文创店铺；鼎升号为传统药铺兼蒙医药制造，因此规划其为以蒙药售卖、蒙医养生为特色的传统蒙药香体验馆。聚长成、大利号、隆大号、天聚号、弘盛隆等五家传统主要经营杂货铺，因此规划为精品零售、旅游纪念品等业态店铺。

4. 神态动人

图8-43　老照片墙现状（上）及场景效果图（下）

在场景化片区的设计中，融入历史文化要素，将抽象的历史转化为形象的景观要素。

在今昔共叙的场景化片区中，形成文化的延续。在建筑立面的改造上，东侧建筑利用穿孔板与城市老照片结合形成展示城市记忆的照片墙，通过设计的手法，将海拉尔过去的文化记忆载体演变为现代景观元素（图8-43）。老照片墙将城市记忆具象化，使居民走到这个空间的时候，能够和场地产生情感共鸣，唤起人们对海拉尔过去的记忆。同时，展现19～20世纪的城市风貌，从时间上成为古城时期与现代时期衔接的过渡。东侧转角建筑及三层以上居住建筑修旧如旧，采用新中式的风格，形成二期的仿古风格到三期现代风格之间的过渡，协调整体环境风貌。

在北门新象的场景化片区中，让旧记忆融入新场所。《老海拉尔人文图景》一书中提到：正对北门有一条狭窄的小街叫北斜街，老海拉尔人都知道一句俗语叫"正阳街不正，北斜街不斜"。"老北门"是老一代人对于城市的记忆。设计在北入口以极具未来感的手法还原一处"新北门"，利用轻盈灵动的白色钢丝编制形

图8-44 "新北门"场景效果图

成景观门洞，在冬季可增加雪花装饰，突出洁白纯净的冰雪主题（图8-44）。将城市的旧记忆融入新场所。穿过"新北门"的时空门洞，也就意味着开始一段从新北门到老南门，沿着文化轨迹，从未来向历史溯源的文化之旅，也是一段探寻城市记忆，寻求城市归属感的情感之旅。

5. 活态聚人

1）体验线路组织

（1）文化体验游——领略街区精华。

对于跟团来的外地游客来说，古城街区是其在整个呼伦贝尔旅游线路中的一个点。在有限的时间内只用游憩步行主街，就可以通过领略城市从古至今浓缩的文化精华，感受古城街区的文化魅力。

（2）夜间特色游——打卡古城活力夜。

对于来体验夜间活力的游客和市民来说，在体验主街文化魅力的同时，在独具市井烟火气的背街小巷探访烟火气十足的地方美食小店，在转角的小酒吧小酌两杯会是另一种难忘的游憩体验。

2）节事活动组织

规划策划了多彩的文化、艺术、节事活动。在苏炳文广场，借助开敞的空间举办文化节、唱红歌、冰雪节、旅游节及演艺活动等大型活动。在古街片区延续老传统，举办啤酒节、美食街以及非遗展示、传统节庆等特色活动，在北斜街依托设计，举办互动演绎、科技体验、冰雪节等活动，同时把整个街区主街作为民族舞巡游的舞台，体现多民族融合的文化特点。以此培育具有全国性和地域特色的文化节事，提升古城街区的品牌价值和影响力。

（五）总结思考

现如今，随着城市高质量发展要求的提出，以及人们文化水平认知的提高，地域特色的体现对城市来说已经越来越重要。城市需要能让人记得住的地标区域，彰显城市魅力，激发公共活力，带动内城复兴。尤其是在这种人视角、小尺度可感知的空间维度，地域场景塑造就显得尤为重要。

呼伦贝尔古城街区本身的历史遗留与文化特征并不多，我们更希望让街区表达海拉

尔甚至整个呼伦贝尔的历史文化和地域特色。因此在街区地域场景的打造中，重点是将抽象的时间、历史要素转化为具象的景观要素。通过查阅历史文献，我们将城市的发展历程、街区的变迁转化为可见、可触、可互动的实体景观设施，让地域的历史文化在街区中得以延续，将城市的旧记忆融入新场景之中，使市民和游客能够更直观、更有趣味性地体会到地域性场景的魅力。

第九章

场景助力城市更新

一、宜川县城城市更新规划背景

1. 城市更新

城市更新是党和国家对城市工作的重大决策部署，是城市发展的必然途径。城市作为一个动态发展的人工建成环境，在使用过程中必然出现自然损耗的现象。不断地建设、更新改造、再升级是城市发展中永恒持续的过程。随着城镇化水平的不断提升，我国城市建设重点逐步由外向扩张转向对存量空间的挖潜与提质。

本项目所在的宜川县城作为中国上千座县城中的一员，经历三十余年的现代城市建设，城市人口不断集聚、规模不断扩张，在实现了许多规划目标的同时也积累了一些城市病，亟待通过城市更新推动城市健康发展、可持续发展。

2. 老城复兴

老城是城镇中最能体现其历史发展过程或某一时期风貌的地区，大部分老城承载着厚重的历史记忆、人文精神和重要的生产生活功能（王军，2021）。老城作为城市中独特的一类空间形式，蕴含着多年层层积淀的历史文化遗存，是城市中独一无二的宝贵资源。而在快速城镇化发展过程中，大量具备一定历史价值但未被列入法定保护体系的"非历史文化名城"型的老城正在被侵蚀与破坏。

此类老城因法定保护的失位而未能得到相应的保护与重视，导致其历史资源难以得到有效的传承，这种现象在我国比比皆是且大多分布在经济欠发达地区的小城镇中（胡航军和张京祥，2022），本项目所在的宜川老城便是典型代表之一。在当今更新的背景下，急需对"非历史文化名城"型的老城地段找到一条可持续的更新路径，协调好保护传承与更新发展之间的平衡，本轮城市更新或可成为挽救老城的一次宝贵契机。

二、现 状 概 况

1. 城市概况

宜川县位于陕西省北部，属延安市下辖，向东40公里即为黄河壶口瀑布，是中国距离壶口瀑布最近的县城。作为黄河沿岸的普通城市，宜川在经历城市快速发展的过程中积累了一些"城市病"，难以支撑未来健康持续发展的需要。在黄河流域生态保护和高质量发展的战略驱动下，宜川迎来了新的城市发展机遇，目标建设"黄河流域宜居宜业宜游的特色文化旅游城市"，提品质、促民生、活经济，建设更加外向的旅游城市。

宜川老城片区位于城市核心地带，现状多为老旧砖房及八九十年代所建的民宅，整体风貌较为杂乱，交通不畅，公共空间品质亟待提升。城外七郎山上尚存古城城墙遗址及简单的游步道，场地设施及历史文化的展示有待提升。老城片区作为宜川古城所在之处，拥有部分历史建筑，但处在空置状态，缺乏历史展示与利用。虽尚无评定的历史文化街区，但追溯古城的历史沿革，其城池的选址、与周边山水环抱的关系具有一定的历史价值与意义，同时老城也承载了宜川人民的历史记忆与情感。因此，如何在留住历史记忆的基础上，对本片区可持续的更新提升，具有很大的必要性与急迫性。

2. 场景特色与问题

1）山水形胜，而城市格局不显

山环水绕的空间格局奠定了宜川老城发展的基石。宜川县地属黄土高原丘陵沟壑区，境内沟壑纵横、川原相间，地形复杂险要。研究发现，古人在选址与营城时充分考虑了城市与自然山川环境的结合。宜川老城古选址于三川交会处，城池依托自然的南川河、西川河，形成三面绕水的天然护城河。西侧背靠险峻的七郎山，利用山势与城墙形成有效的防御格局。南、北有凤翅山、虎头山相拥而坐，扮演城市卫山的角色。整体呈现背山面水、山—城—水相融的格局形态与营城智慧。

而当今的城市城景关系不协调、城市风貌凌乱失序。在用地层面，城市建设向山水蔓延，自然山水空间不断被压缩。在建设形态层面，因整体城市形态管控的缺失，导致一些高层建筑突兀耸立，遮挡了重要的观山视廊。

2）历史悠久，而老城遗韵难觅

宜川县历史悠久，古城始建于唐朝，自唐永辉二年（651年）由丹阳川移至此地，已有1370余年建城历史，历史底蕴深厚。近年来，在快速城市建设的冲击下，传统老城形态遭到了一定破坏。自近代城墙拆除后，古城中珍贵的历史遗存在城市发展中逐步被蚕食。现状老城范围内虽有部分城墙、院落、商会旧址等历史遗存得以保留，但呈现"数量少、碎片化"的状态，分布散落。根据文物普查资料发现，老城内现存文保单位和不可移动文物尚有12处，但现状都处在年久失修、空置废弃或翻建的状态，保护利用不足。

3）文出两川，而文化难以感知

宜川建城历史悠久、文化底蕴深厚。特别是唐宋时期文风大盛、名人辈出，陕北文化发展史上流传的"文出两川"之说，其中之一便是指宜川。古人崇尚文教，历史上城内可见文庙、琴堂、文峰塔、魁星楼等展现文教色彩的地方风物，被天下考生供奉，书香氛围浓郁。此外，宜川是陕北黄土高原文化区的重要组成部分，其南部毗邻关中文化区、东部为晋中文化区。三区文化交叠融汇，使得宜川形成了黄土文化、黄河文化、抗战文化、关学文化等多元灿烂的地域文化特色。

然而因县城对自身文化认同度的不足，历史上的文化空间未能延续至今。徒有深厚的文化积淀，却缺乏展示与体验的实体空间场所与业态，使得游客难以感知城市的文化底蕴。

4）过往繁华，而民生问题突出

由唐朝至明清时期，宜川经济文化繁荣、商贸发达，古城内多为达官显贵的宅院。根据文物普查的资料显示，老城与七郎山片区内现存文保单位和不可移动文物 12 处，其中包括 1 处城墙遗址省级文保单位、1 处商会旧址县级文保单位、10 处以民宅为主的不可移动文物。这些文物多数主体结构基本保持原貌，个别建筑中存有雕琢精美的门柱、瓦片、匾额，从中依稀可见城市盛世时期的富贵繁华之象（图 9-1）。

图 9-1　宜川老城部分建筑细部展示

而当今老物质空间的逐渐衰败，导致城内发展基本停滞。旧有建筑被杂乱的新建民房取代，风貌杂糅，体量不一。城内基础设施匮乏，虽有现代式高层住宅，但地下管网铺设并不配套，排水设施不全，常有污水积水，卫生环境较差。居民自行加大的住宅建筑挤占了道路、广场等公共活动空间，削减了城内公共交往活动。

三、方　案　设　计

1. 规划构思

老城更新需求迫切，但面对城内量大面广的民宅，政府难以完全负担其更新改造成本。以往政府买单的单一更新模式已无法适应当今时代的老城更新，而房地产式的更新又将对遗存不多的老城格局带来毁灭性的破坏。如何探索出一条能延续城市山水格局、传承历史文脉、并满足民生需求的更新方法与路径，是实现老城更新的关键所在。

规划将场景营城理念运用在具体的更新途径上，主张采用针灸式的更新方法，以点带面实现有机更新，逐步打通老城的历史文化与物质空间脉络，激活片区活力。文化上，延续历史文脉，抢救式的保护与活化历史遗存。经济上，带动旅游发展，促进老城历史文化价值的转化。社会上，改善空间品质，提高当地百姓的满意度。目标未来成为体现宜川城市更新水平的名片区域，实现"重塑丹城故影、再现时代风华"的建设愿景（图 9-2）。

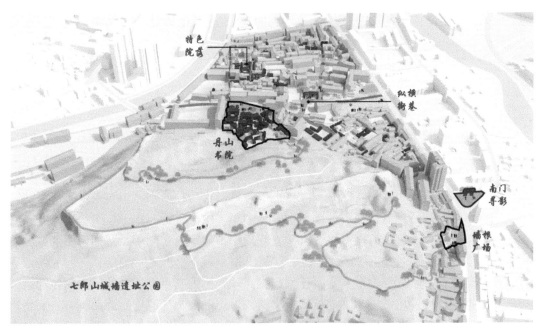

图9-2 宜川老城山城更新策略图

2. 规划策略

1）营场势——重塑山水城格局

基于现状山水城格局较为模糊的问题，规划主要从山城关系、老城、七郎山山体三个方面切入，力求强化山水形胜的空间感知，逐步恢复古代城池山水城相融合的场势特征。针对山与城，打通山城格局，利用出入口节点的更新，优化山与城的联系，把城市的人引导到山上，让山的价值延展到城市。对于老城，现状老城特征退化，需要强化老城遗韵，恢复最能代表老城特征的要素，重塑老城历史风貌。针对七郎山山体，以城墙为核心，立足城墙遗址保护，策划城市亮点活动，激活山体公园使用，彰显主山魅力。

2）塑场地——构建文脉展示体系

在历史遗产保护的基础上，以历史街巷、山城步道、滨水绿道等开放空间为载体，梳理、串联、整合分散的历史文化遗存，通过场地塑造，构建老城文化传承展示的空间体系。对老城历史风貌最为集中的地段进行"解剖"，塑造一条核心的历史文化体验轴——沿二道巷、西街进入老城，体验历史街巷与老宅韵味；登临七郎山城墙遗址，远眺城池山水格局；下山寻觅南城门故影。从多重维度与视角展示宜川历史文化精粹，让游客在诸多场地中系统地了解与感知宜川文化。

3）亮场景——开展点状有机更新

规划以核心节点、景点的场景化建设营造氛围空间，为老城居民的日常生活和游客的旅游消费注入新的活力动力，逐步带动老城有机更新。立足历史，一方面充分挖掘曾经的书院、文庙等特色空间场所及古代城门等历史标识，通过历史场景再现、现代化艺术演绎或景观标识提示等方法恢复老城历史记忆。另一方面结合现状存量空间与更新功能需求，聚焦新的功能性节点建设，重点打造丹山书院、墙根广场、南门寻影等大型节点，以及基于老宅院落的旅游经营空间，促进历史文化价值向经济价值的转化。

四、场景设计内容

1. 生态沁人

宜川县城群山环绕、河水穿城，城市沿山谷地形修建在山水之中，是黄土高原地区典型的山水城市。县城城市建设活动依山开展多年，山体破损与水土流失严重。开展城市山水环境修复，让市民游客有机会沉浸在环抱城市的绿色空间中，感知历史老城生态宜人的环境特征，是老城生态场景建设的重要任务。

规划科学识别了区域内重要水土流失破损点，确定需要重点修复的破损山体和遗留边坡。根据山体坡度植被、水文地质、生物资源保护、视觉敏感度、游憩机会、文化资源等要求，在坡面浅层固结后选择合理的修复模式，如：板槽复绿法、挂网喷播法、台阶式喷播法、植生袋法等等，恢复山林郁郁葱葱的景象。此外，地区多年粗放式造林，导致人工林面积过大、植物群落多样性和抗逆性较弱，也是造成山体生态退化的原因之一。规划利用建筑腾退后的空间进行荒地复绿，顺应演替规律，优化造林模式，因地制宜、就地选苗，营造低成本、可持续、自然化的山体林相。

老城地处"Y"字型川道交叉处，与西川河、南川河、仕望河三河遥望。伴随城市人口的不断聚集，新城也继续沿川道而建。但现状建设大部分紧贴河道，沿河活动空间平均宽度不足 15 米，水岸空间十分局促。规划综合采用多种城市设计手法，疏通岸线走廊，打开入口空间，增补水岸植被，营造出水清岸绿的生态场景，还原城市曾经蓝绿交织、沁人心脾的生态空间。

2. 形态宜人

老城历史悠久，街巷空间基本延续了千百年来的纵横肌理。但长时间缺乏系统风貌控制与引导，导致现状风貌杂糅突兀，不同体量、高度、色彩、样式的建筑"应有尽有"。如：建筑高度上，总体表现为外高内低，临街的外围建筑高，中心内部以平房与低层建筑为主；部分较高建筑与周边建筑缺乏过渡，破坏老城的传统格局尺度。在建筑质量上，大部分建筑为居民自建的砖混结构房屋，同时还存在少量的土坯房、窑洞，部分民宅与老院落年久失修，存在坍塌风险。在建筑风貌上，主要为历史延续遗留的民宅民居，但大多因缺乏维护修缮，存在破败或加建严重的问题；其他建筑多为 2000 年前后所建，小体量建筑多为一层的协调式建筑，大体量建筑多为四至八层，建筑尺度与立面风貌形式上均缺乏有效控制。

基于上述各类分析，本规划针对老城建筑风貌确定了"留、改、拆"三大提升策略，分类开展提升指引，重塑老城宜人的风貌形态。

留：主要针对现存亟待开展抢救性的保护的历史建筑与传统风貌建筑，规划梳理并确定保护建筑与院落的范围，尽可能保证宅院的完整性；对建筑形制、门头门墩传统要素、宅院进行保护与修缮；延续城市历史记忆，为未来塑造特色院落提供物质空间基础。

改：对大部分建筑进行风貌改造提升。规划基于不同风格、体量的现状建筑，制定了六大类风貌分类提升引导。针对历史建筑与传统风貌民居，开展文物保护修缮、传统风貌整饬；针对中小体量建筑，进行新中式或现代中式风貌整治；针对多层高层、大体量建筑开展立面改造。引导建筑整体风格体现沉稳厚重的陕北地域建筑特征，现代建筑需与传统建筑风貌相协调，在建筑局部可出现能够代表地域特色的元素，例如窑洞式拱券、青瓦坡屋顶等。建筑色彩以土黄色系、灰色系为主色调，赭石色系为点缀色，颜色组合应反映陕北的地域特征。

拆：通过对建筑质量、类型的分析，规划确定近远期需拆除的建筑分布，主要为老城的道路疏通与节点建设腾退空间。

3. 业态引人

老城位于宜川县城中央核心区位，但由于城市整体并无突出产业，且老城年代过于久远，现状多以简单的居住功能为主。规划针对本地居民产权集中的老宅院、居民楼，采用灵活的更新方式，以重点院落先行更新示范的方式，带动周边居民自发开展更新改造并经营，从而在老城内形成一系列特色院落。先行改造院落在建筑保护的基础上，考虑当今的功能使用，植入非遗体验馆、剪纸工坊、蒲剧剧场、胸鼓学堂等展示地域文化的新业态，让老建筑得以充分展示、并适应当下新需求。未来，在老城的历史街巷沿线中，将形成十余个特色院落，通过引入特色业态与品牌店铺，吸引游客与市民来老城游览。人们在打卡各个院落时，可走街串巷，品味宜川老城的历史格局与文化底蕴。

针对老城外围的多层居民楼，规划结合周边河流水系环境，改造底层灰色空间，以改造成本低廉、易实现的"微更新"方式，植入临水餐厅、茶室、咖啡、酒吧、饰品店、花店等新零售商店；上层鼓励居民自发开展公寓式酒店、民宿、棋牌店、桌游店、画室等文化旅游业态，营造生动有趣、富有活力的水畔商业氛围，激发城市活力（图9-3）。

图 9-3　宜川老城特色院落更新效果图

4. 活态聚人

在老城有限的面积内，各类建筑占据了绝大部分空间。尽管城内所剩空地不多，但仍应规划建设公共空间，提升老城居民生活品质和未来游客的游赏体验。规划在腾退道路连通与节点营造处的建筑后，采用见缝插绿的方式新增五个街角口袋公园；并结合周边历史文化资源、现有老树与空地进行营造，在延续老城文化记忆的同时，为本地市民及游客提供休憩场所与公共活动空间，提升老百姓日常生活的幸福感，凝聚城市活力氛围。

以墙根广场节点为例（图9-4），该广场位于老城后山七郎山的次入口，同时也是南大街沿线重要的路口节点，靠近环城东路路口。现状入口存在幽闭、狭窄的情况，为一条斜向进入的小路，人们很难意识由此可以走近城墙。针对现状入口通道幽闭狭窄的情况，规划未来局部腾退临街4栋建筑，营造积极的入口界面。以腾退的空间新建街头广场，打开街角空间，让主干路南大街的沿街街景与山上城墙遗址形成视线对望关系，加强山与城的联系。在具体设计手法上，通过线性的铺装设计、七郎山城墙遗址公园标

识牌的设立，来强化七郎山入口的标识性与引导性，吸引人进入、识别上山路径。利用草坡、台阶消减高差，并营造充足的观演空间与场地，为市民提供丰富的街头活动空间。未来可以承载广场舞、街头音乐会、街头艺人表演、遛娃等日常活动需求，补足老城片区的公共开放空间。

图9-4　宜川老城墙根广场节点效果图

5. 神态动人

宜川拥有2000多年的建县史，县域范围内遗存丰富，彰显地区厚重的历史底蕴。古城也有近1500年的建城史，古称丹州城。历史上，宜川古人十分重视山水精致的建设，以"景无大小、触目堪娱"的精神在贫瘠的土地上积极营建山水人文空间。此外，宜川作为蕴含丰富灿烂的陕北民间文化之地，文化底蕴深厚，老百姓日常的生活习俗、剪纸民间艺术、生活方式等无形的遗产，亦是值得被传承与发扬的一部分。因此，规划挖掘宜川历史文脉，梳理盘整老城内外的历史遗存遗迹，通过历史空间复原与现代化演绎，让城市文化得以复现；同时，鼓励发掘本土非物质文化遗产传承人，并创新传统文化品牌，将宜川独特的剪纸艺术、宜川胸鼓、蒲剧等传统文化艺术进行传承，并于老城中设置非遗体验场所，彰显宜川独特的文化魅力与神态。

以丹山书院节点为例（图9-5），该节点是七郎山登山的主入口，也是城墙、石碑等文物遗存的核心区域。据考证，宜川古城的七郎山脚下建有"丹山书院"，又名"瑞泉书院"，据县志与相关史书记载，书院始建于明崇祯十三年（1640年），"寺逾旧观，若堂，若室，若庑，而庖，而厩，而门"均备，计30楹。由此可见，老城内七

图9-5　宜川老城丹山书院节点效果图

郎山脚下兴修书院，是宜川古城历史延续至今的格局。因此，我们希望重新赋予本节点历史上的"丹山书院"之名，呼应历史上"文出两川"的美誉，再现老城文雅之风。

然而，场地现状大多为零散分布的简陋民居，存在空间品质低下、标识引导性不足、文物立碑位置尴尬等问题。规划主张利用山脚闲置的空地，腾退上山路沿线风貌与质量均较差的房屋，整体的改造更新本入口节点。设计方案保留并修缮现存窑洞，集中展示宜川当地不同类型的窑洞民居；在延续传统民居样式，展示民居建筑文化的同时，在功能上改造为窑洞书局、窑洞茶馆、剪纸展示等休闲服务功能，使得此处既是七郎山登山出入口休憩服务处，又是展示地域特色、历史文化、民居建筑特色的窗口，升华老城雍容文雅而又独具特色的文韵神态。

第十章

场景促进生态保护

一、成都公园城市天府绿道规划背景

1. 天府绿道概述

绿道（Greenway），最广义而言指的是与人为开发的景观相交叉的一种自然走廊。欧洲绿道协会，将其定义为"一条独立的专供非机动交通使用的道路，它的发展目标包括整合各种设施、提升环境价值和生活质量。绿道需具备舒适的道路宽度、坡度以及道路表面，以满足包括残疾人在内的大部分人可正常使用"。

天府绿道是成都市在建设规划的一个工程，《天府绿道总体规划》在2017年9月正式公布，规划里程16930公里，有生态保障、慢行交通、休闲旅游、城乡融合、文化创意、体育运动、农业景观、应急避难等多种功能。

2. 天府绿道的体系层级

天府绿道体系由区域级、城区级、社区级三级绿道构成。

按照建设大生态、构筑新格局的思路，成都市梳理市域11534平方公里生态基底和2800平方公里城乡建设用地情况，结合"双核联动、多中心、网络化"城市格局和"两山两环两网六片"生态禀赋，顺应自然肌理，规划总长1.69万公里的市域三级绿道体系，其中"一轴两山三环七带"区域级绿道1920公里，城区级绿道5380公里，社区级绿道9630公里，天府绿道为目前世界最长的绿道系统。

在覆盖城乡全域的绿道体系层级下，天府绿道扩充传统慢行绿道功能内容。形成生态体系、功能体系、交通体系、产业体系、生活体系等"五大体系"；生态保障、慢行交通、休闲旅游、城乡统筹、文化创意、体育运动、高标农业、应急避难在内的"八大方面"的功能构成。

3. 天府绿道建设历程

成都市自2017年5月正式提出"天府绿道"概念，但在之前却经历了思想理念上的"三次飞跃"，推动了天府绿道功能内涵的逐步深化。天府绿道建设发展和价值转化过程就是一个理论指导实践、实践反哺理论的循环过程，对天府绿道功能内涵呈现"城市绿地—开放空间—多维系统"三个阶段的认识。

1）雏形阶段：天府绿道1.0——环城生态区

为避免城市连绵发展、环境恶化等"大城市病"，2003年成都市编制城市总体规划时在主城区外围划定了郊区农村用地，后演化为城市重要的生态区。以城乡统筹一体化思路强化对城郊接合部的建设管控，形成中心城区生态隔离区，防止城市无序蔓延。2010 年 1 月，该地区进入生态及现代服务业综合功能区阶段，强化规划统筹与引导，并初步启动生态项目打造。

2）转型阶段：天府绿道 2.0——环城绿色开放空间

2012 年成都市沿绕城高速（四环路）设定环城生态区，作为中心城区的生态屏障和功能区隔。并出台《成都市环城生态区保护条例》，对环城生态区进行立法保护及深化实施。强化生态保护、严格开发建设行为监管，推动一批生态项目加快实施。天府绿道规划建设之初，基于环城生态区建设的延续和拓展，通过绿道将碎片、隔离、零散的生态斑块整合提升，在城市功能区隔和生态绿地基础上出现间断性绿道，成为天府绿道的雏形。但规划建设的出发点更多出于生态建设和环境保护本身。

3）成型阶段：天府绿道 3.0——全域统筹的多维功能体系

2017 年 5 月"天府绿道"概念正式提出，强调绿道区域的协同性和面向公众的开放性、参与性，引领绿道向外向型、多元化发展（图 10-1）。

对天府绿道的理念、内涵和建设主体等逐步规范完善，规划"一轴两山三环七带"的绿道框架体系，将全域内的慢行道路网及人行道都加以统筹整合，提出了 16930 公里的网络规模，成立专业绿道建设平台公司推进，构建市场导向、商业逻辑的运营模式，强调农商文旅体深度融合推进价值转化，确保天府绿道形成自我造血和生长的绿色体系。

概念阶段	功能定位	主要内涵	基本特征
天府绿道1.0	城市生态绿地	延伸拓展城市绿化体系	整合碎片、隔离、零散的生态斑块
天府绿道2.0	绿色开放空间	外向型公共空间	关注人的使用，可进入、可参与
天府绿道3.0	全域统筹的多维功能体系	植入生活场景发展绿道经济	自我造血、自我生长

图 10-1　天府绿道内涵发展阶段

二、天府绿道建成情况

天府绿道规划以"一轴两山三环七带"为主体骨架将在全市铺开绿网，锦江为轴，龙门山和龙泉山为支架，熊猫绿道、锦城绿道、田园绿道为环，通过市内 7 条主要河道向外辐射，全面构建天府绿道体系（图 10-2）。

截至 2022 年 4 月，成都市累计建成各级绿道 5327 公里，新建各类公园 86 个，新增公园面积达 4300 万平方米，全市森林覆盖率由 2018 年初的 39.1% 提升至如今的40.3%，建成区绿化覆盖率由 2018 年初的 41.6% 提升至 45.1%。其中，以锦江绿道（也称为锦江公园）、锦城绿道（现称为环城生态公园）、熊猫绿道为特色建成品牌。

图 10-2 天府绿道规划体系图

引自：《天府绿道总体规划》

1. 锦江绿道（锦江公园）

锦江绿道，范围为北绕城南侧 500 米到江滩公园的锦江段，河道共长 48 公里，包括锦江河道、滨江两侧开敞空间、沿线两岸 1~2 个街区，总面积 33.8 平方公里，涉及高新区、锦江区、青羊区、金牛区、武侯区、成华区、郫都区等 7 个区，规划建设绿道长度 96 公里。其中，两江环抱区域及望江公园段规划为锦江核心区，河道长约 17.6 公里，面积 4.2 平方公里。

截至 2022 年 4 月，通过实施水生态治理、交通重组、景观提升、风貌整治、社区治理、照明提升、业态提升、文旅策划、品牌塑造"九大行动"和锦江子街巷综合提升，范围内 96 公里绿道已完成景观提升 73 公里，已基本完成提升改造 95 条，打造滨水慢行街 11 条，建成后实现沿线 23 个公园、170 个林盘景区"串珠成链"，形成"一江锦水、两岸融城"城市滨水会客厅。

2. 锦城绿道（环城生态公园）

环城生态公园，位于成都市中心城区绕城高速两侧各 500 米范围及周边 7 大楔形地块，跨经 12 个区，涉及生态用地 133.11 平方公里，是天府绿道体系"三环"中的重要一环，按照规划，建设"5421"体系，500 公里绿道，4 级配套服务体系，20 平方公里多样水体，100 平方公里生态农业区（图 10-3~图 10-5）。

已累计对接商业类商家 1400 余家，落地拓高乐中国首店、达根斯马术、江家艺苑滑翔伞、肯德基公园首店等商业项目 34 个，覆盖潮流文化、体育运动、文化艺术、亲子教育、特色农业、酒店餐饮等全品类、多类型业态。

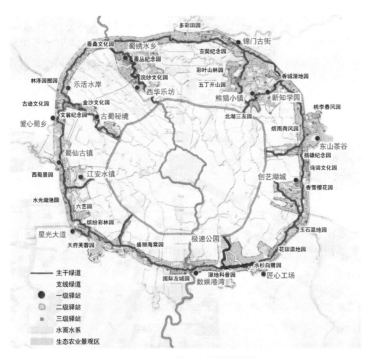

图 10-3 环城生态公园规划图

引自:《环城生态公园规划》

图 10-4 环城生态公园—桂溪生态公园实景图

成都市公园城市建设管理局,供稿

图 10-5 环城生态公园—青龙湖湿地公园实景图

成都市公园城市建设管理局,供稿

3. 熊猫绿道

熊猫绿道是全国首条主题绿道(图 10-6),以熊猫文化为特色,建设 5.1 平方公里环状"城市公园"和现代化、高品质的 102 公里区域级绿道,打造中国最大的露天熊猫文化博物馆。全线配置三级服务体系,实现文化展示、科普教育、慢行交通、生态景观、休闲游憩、体育健身等六大功能。

熊猫绿道全线已建成服务站 193 个、庭

图 10-6 熊猫绿道实景图

成都市公园城市建设管理局,供稿

院灯约 5000 盏、洗手池 118 个、导视牌 500 个，将人行道融入绿带，与其他区域级绿道、社区绿道无缝衔接，连接了 25 片社区，实现与 45 个地铁站的快速转换，全环形成 58 处人行过街通道，机动车与非机动车、行人与非机动车彻底分离，市民出行更加安全便捷。

三、建成效益评述

本次天府绿道使用情况调查，于 2021 年 10 月 2 日至 10 月 14 日期间，采用网络公开调查、街头拦截访问等方式调查成都市常住居民及游客，样本数量为 1290 个（图 10-7～图 10-9，表 10-1）。

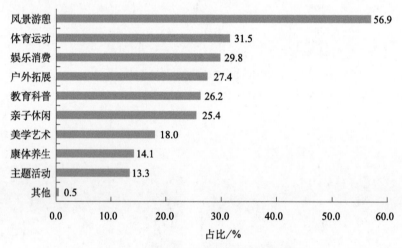

图 10-7　天府绿道的功能服务类型统计图

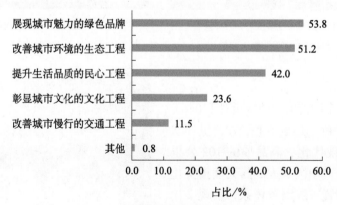

图 10-8　天府绿道建设的意义民意调查图

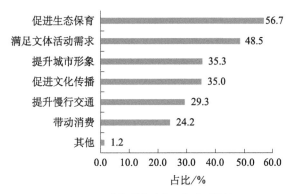

图 10-9 天府绿道的功能服务类型统计图

表 10-1 天府绿道各项功能服务的满意率统计表 （单位：%）

绿道功能	各项服务功能	满意率	绿道功能	各项服务功能	满意率
生态保障	1-1 生态保育	87.3	文化创意	4-1 历史文化展示	74.9
	1-2 景观打造	83.7		4-2 美学艺术品位	76.7
	1-3 生物多样性	80.2		4-3 潮流文化创意	74.9
公共服务	2-1 文体配套	78.2	交通出行	5-1 绿道交通接驳	77.3
	2-2 "回家的路"	78.4		5-2 慢行交通组织	80.2
	2-3 社区建设	78.9		5-3 城乡贯通	79.1
消费场景	3-1 场景塑造	75.8	品牌宣传	6-1 品牌打造	75.2
	3-2 消费内容	75.2		6-2 活动组织	77.5
	3-3 农田利用	75.7		6-3 政策宣传	80.9
天府绿道满意率		84.4			

当问及天府绿道对于成都最大意义，调查显示，受访者认可度最高的两项是，天府绿道是最能展现成都城市魅力的绿色品牌（53.8%）、是改善城市环境的生态工程（51.2%）；此外，提升生活品质的民心工程（42.0%）、彰显城市文化的文化工程（23.6%）、改善城市慢行的交通工程（11.5%）也是彰显绿道对成都意义的因素。

调查显示，受访者心目中天府绿道最突出的三项成就依次是：促进生态保育（56.7%）、满足文体活动需求（48.5%）、提升城市形象（35.3%）及促进文化传播（35.0%），另外提升慢行交通（29.3%）、带动消费（24.2%）也是天府受访者认可的建设成就。

天府绿道上的风景游憩、体育运动、娱乐消费、户外拓展、教育科普等、亲子休闲、美学艺术等是最吸引受访者的服务。调查显示，受访者认为天府绿道的最吸引人的服务是风景游憩（56.9%），第二是体育运动（31.5%）、娱乐消费（29.8%）、户外拓展（27.4%）、教育科普（26.2%）、亲子休闲（25.4%），第三是美学艺术（18.0%）。

四、场景设计内容

成都天府绿道，在改善地区生态环境、组织再塑慢行交通系统、激发消费活力、彰显地方历史文化、激发城市活力、提升居民获得感、幸福感、安全感等方面，形成了良好示范作用，以场景为手段，协调生态、形态、业态、神态、活态、心态，绘就"花重锦官"城市特色，展现中国式现代化的万千气象。

1. 生态沁人——蓝绿融合塑造公园城市骨架网络

《成都建设践行新发展理念的公园城市示范区总体方案》明确支持成都探索山水人城和谐相融新实践和超大特大城市转型发展新路径。以天府绿道助力建立全域公园体系，描绘"绿满蓉城、水润天府"大美图景。

天府绿道顺应成都自然地理格局，依托岷江、沱江水系的主要干流建设。绿道系统性联系锦江、走马河、江安河、金马河、杨柳河、沱江 - 绛溪河、毗河等七条水系廊道，形成了南北纵贯、东西织网的蓝绿网络体系，蓝绿交融的河流绿道尽显水润天府、绿满蓉城的资源特色。

天府绿道作为持续深入推进全域增绿的重大生态工程之一，依托绿道设置生态廊道73 条，串联生态区 57 个、绿带 325 个、公园 157 个、小游园 354 个、微绿地 407 个，增加开敞空间 752 万平方米，形成了生态区、绿道、公园、小游园、微绿地的五级城市绿化体系。增量以外，根据绿道所处区域特点采取差异化提质措施，着力提升生态系统服务功能。龙门山和龙泉山两山绿道区域，以生态保育、生态涵养为主，绿道精简设施建设，给予生态环境自行恢复的空间。采用本地树种植被进行修复，适地适树，因地制宜，乔灌草组合，针阔混交，增加物种多样性，减少森林病虫害的发生。

城郊绿道区域，加强基本农田保护，确保基本农田数量不减少，质量不降低，通过"整田、护林、理水"，重塑川西田园风光。保护林盘生态，通过植树造林进一步完善林盘形态，实施景观化提升改造，塑造与周边堰塘、水渠、农田等自然景观有机统合的原生态、四季美的林盘景观。尊重水系自然流向，保持天然的河滩、河心岛、河岸线的自然形态，划定沿岸建设控制线，保证村镇不夹河、贴河发展。引导岸边栽种本地植被，结合莲藕、果树等当地经济作物进行绿化配置。

城区绿道区域，充分利用本土植物，以植物的生态适应性和景观协调性为原则，在满足景观要求的同时，宜树种树、宜花栽花、宜草铺草、宜藤植藤，提高绿化效能和生态效益，降低养护成本。苗木种类的选择考虑区域立地条件和养护管理条件，以适生为原则，选择本地壮龄且抗逆性强的苗木。

2. 形态宜人——动静分区，人非分离，畅联慢行网络

区别于城市公园中的绿径，天府绿道更加强调与城市慢行道、城市公共交通之间的连通性，带动城乡联通，铺就全域慢行系统的整体性与全局性建构。天府绿道，以慢行系统为载体，助力成都市"轨道＋公交＋慢行"三网融合的绿色公共交通体系形成。

天府绿道以"车退人进"为理念，为居民出行提供更加安全便捷的出行环境感受、更加绿色低碳的出行方式选择，不断满足人民对美好生活的需要。在绿道组织形式上，按照国际标准，形成"环状＋放射"的主干支线的两级配置。主干、支线又与城市慢行道路与社区绿道互联互通，综合实现成都全域全线无障碍贯通，形成大慢行系统。

天府绿道实行"机非分离"的交通组织模式，机动车与非机动车分离，在《成都市天府绿道建设导则》中明确"避免机动车进入绿道，只允许对绿道进行维护管理和消防、医疗、应急救助用车临时通行。"在有条件的路段，更进阶提出"人非分离"的交通组织模式，行人与非机动车分离。根据《导则》，在区域级绿道断面示意中，形成了绿地、设施带、自行车道、绿地、游步道、水域等不同分区内容，以绿地将行人与骑行者分离，彼此互不干扰。环城生态公园中，其主干绿道不会与任何道路路面相交，就像国外的"自行车高速公路"，成为骑行与跑步的绝佳场所。

环城生态公园实施方案将其200公里的主干绿道实现"人车分离、人非分离"的全程无障碍贯通，其中自行车道设计宽度4～6米、人行步道2.5米。绿道骑行、步行交通系统完全独立分离，并各自均能串联起公园内主要景观区域与重要设施，且与城市慢行系统互联互通，为举办自行车、马拉松等国际体育赛事提供可能。环城生态公园一期的300公里的支线绿道，在部分重点地区亦能同样实现"人非分离"，其中自行车道设计宽度3.5米，人行步道2.5米（图10-10）。

图 10-10　环城生态公园中桂溪生态公园的
特色步行廊桥实景航拍图

成都市公园城市建设管理局，供稿

除在地面骑行步行的绿道交通系统外，为了强化"一路到底""全线贯通"的设计理念，天府绿道克服既有部分城市道路的现状制约，首次新建钢结构的"空中绿道"，即桥梁式绿道。跨线桥的造型考究，形成了"一桥一景"的特色（图10-11）。

图 10-11　跨江安河南桥实景图

成都市公园城市建设管理局，供稿

3. 业态引人——联动产业形成发展合力

蓝绿空间对提升周边地区物业价值有明显带动作用。以芝加哥河道整治为例，岸线整治带动周边住宅物业价值在15年内增加约5%。每花费1美元对蓝绿走廊的投资，就会获得1.75美元的经济增长回报。根据台北"好时价"房地产机构测算，以台湾省新北市住宅区的房价统计，房价随周边公园绿地的距离增加而降低，在距离绿地 0.23～0.95 km 的距离中，房价会自 0.76% 逐渐降低，最远甚至降幅可达 7.16%。

天府绿道作为生态民生建设项目，其经济效益正在显现。在建设模式上，以城市品质价值提升促进城市产业集聚；在发展模式上，以消费场景激发消费活力。根据《四川省成都锦江绿道一期示范项目》项目预期收益，主要包括土地出让溢价收入、经营性收入。从土地出让溢价收入来看，自 2017 年 11 月，6 个区域的绿道（试验段）项目开工以来，带动了周边土地的升值。目前土地价格已从 1500 万 / 亩升值到 1800 万 / 亩，按照土地溢价保守估计 100 万 / 亩，则锦江绿道一期示范项目沿线 2000 米范围内土地溢价达到 82.09 亿元。按照国家相关土地出让政策性收费标准，扣除土地出让成本（包括土地出让金、农村基础设施建设基金、耕保及社保基金、廉租房保证金等）按 40% 测算 2019～2026 年土地溢价净收益 49.25 亿元。从经营性收入来看，成都锦江绿道一期示范项目还可以通过经营性项目获得收入，包括旅游观光游览、水上娱乐项目等。通过积极培育锦江绿道特有 IP，利用经营性项目研究开发文旅体融合相关衍生品，多渠道增加项目收益。锁定全域范围内上述经营性项目建成后在债券存续期间的收益进行预测，观光旅游的游船和水上娱乐项目平均日客流量 400 人 / 日，全年按照 300 天进行计算：地下停车位收费标准为 5 元 / （个·小时），所有经营性项目地下停车位共计 800 个，全年按 300 天计算，其中 2020～2022 年预测客流量分别为正常年份客流量的 70%、80%、90%，预计 2020～2026 年将实现经营性收入约 2.51 亿元。

此外，成都积极推进 EOD（生态环境导向的开发）建设实践，积极引入"生态银行"概念，通过资源收储、资本赋能和市场化运作，实现片区综合开发中生态价值的普遍保护和增值。即鼓励土地拥有者通过建设修复来增加该区域的生态价值，并通过标准化估值获得生态资产；而开发者通过资本购买生态资产，弥补开发项目造成的生态影响。与此同时，衍生发展如生态担保、信贷等金融产品及服务。

创新"存量活化 + 弹性预留"的土地利用机制。通过置换调整存量建设用地指标，实现零星分散的地块集中使用；统筹其他建设用地节余指标，定向保障绿道产业发展和商业开发的适度规模；在政策允许范围内弹性划定临时性区域和植入临时性设施，从事特定经营性活动，实现土地效益最大化。

以"沸腾小镇"为例，实现了新消费场景赋能（图 10-12）。

天府沸腾小镇位于新都区三河街道五龙社区和龙伏社区，规划边界东起于三木路，西止于成都绕城高速，北起于新都绕城路南段，南止于三河街道与木兰镇交界处，占地 6000 余亩。作为成都市首批 25 个特色小镇之一，天府沸腾小镇计划总投资 30 亿元，按照 4A 级景区标准，规划建设以沸腾里为核心，主题游乐、园林

图 10-12 沸腾小镇夜景实景图

引自：红星新闻《以赛营城 成都向"世界生活名城"历史性跃迁》https://www.sohu.com/a/432936688_120237

美食、田园观光、文化创意为功能布局的"一核四区"，建成南接熊猫基地，北至音乐学院的"南北商业轴"和连接环城生态公园、熊猫绿道，联动周边开放空间的"东西景观轴"。沸腾小镇深入挖掘火锅和熊猫两个天府文化的特色元素，围绕火锅生产、制作、品鉴、销售、培训、孵化，构建全方位火锅产业链，同步串联"熊猫星球"项目，开发"熊猫＋火锅"世界级IP，努力打造展示成都天府文化魅力、美食之都美誉的"天下火锅第一镇"，形成以文化为核的"加乘效应"。

4. 神态动人——书写成都历史文化名城文化魅力与烟火生活特色

天府绿道连接起区域内的主要公园、自然保护区、风景名胜区、历史古迹和居民区等，供人们休闲享受自然风光（图10-13）。

以锦江公园为例，其串联世界文化遗产都江堰、世界自然遗产大熊猫栖息地、国家及省级文保单位35处、历史遗存7处、非物质文化遗产24项、历史文化名镇及街区10处、近现代优秀建筑12处，覆盖古蜀文明、水利文化、宗教文化、名人文化等主要天府文化类别。绿道通过考古遗迹展示、原貌恢复等方式，加强对古蜀文化遗产保护利用，重现蜀风雅韵的蜀川画卷。深度挖掘文学及诗词作品，打造诗意成都文化旅游线路，展现成都文化的优雅品性。

猛追湾位于锦江绿道望平滨河街区，被誉为锦江滨水黄金地之一（图10-14）。街区面积1.68平方公里，紧邻太古里—春盐商圈，地处一环路内侧，在东风大桥至水东门大桥之间。它是成都市天府锦城"八街九坊十景"首批示范段和锦江公园重点示范工程。猛追湾注重"市井烟火场景"的塑造，依靠丰富多样的小型舒适物和因地制宜的多种活动营造，备受年轻人青睐，是设施、人群和活动等元素的系统集成，共同催生了以街区为中心的新消费场景特质，吸引了大批的年轻人和游客。

图10-13　天府绿道大川巷实景图　　　　　图10-14　猛追湾地区实景图
成都市公园城市建设管理局，供稿　　　　成都市公园城市建设管理局，供稿

5. 活态聚人——组织各类活动丰富生活情趣

不断转型、不断开拓创新镌刻在天府文化的基因中。天府绿道积极将成都当代文化融入绿道建设体系中，开展音乐节、体育赛事等各类主题活动，营造城市活力景象。

以环城生态公园为例，天府绿道集团在全环规划建设体育设施1050处，已建成各类体育场地350处、在建372处；规划建设文化设施640处，已建成212处、在建238处；提供慢行、跑步、足球、健身、休闲等多类型场地及设施，引导市民简约健康生活。在已有的园区，相继举办了"sup"桨板赛、绿道马拉松、"雪山下迎新·公园里过年"春节系列节庆活动、"贺新春·迎大运"2021成都春季花卉展等特色活动500余场，园区接待游客突破1600万人次。

2020年11月1日，成都天府绿道杯王者荣耀公园城市赛于桂溪生态公园西区圆满落幕。赛事共历时三周，吸引四川、重庆、云南、贵州四大区域共64支战队参与，最终由四川KW战队突出重围，摘得最终的总冠军称号。

五、总结思考

成都，以天府绿道为空间架构，不断强化沿线区域的整体规划，推进多规融合，加强统筹推进，推进沿线社区治理、特色旅游街区建设和环境治理，推动周边区域与绿道建设协同发展。

天府绿道，让人"慢下脚步，静下心来，亲近自然，享受生活"。"天府绿道将向更低碳、更美好、更智慧的版本迈进；未来，将会充分利用已建成资源，开展节庆活动，常态化开展群众参与强、商家有收益的活动，营造可持续的绿道生活消费场景，促进文体旅商农融合。

第十一章
场景带动乡村发展

一、重庆石柱县逍遥半岛环境提升规划背景

1. 工作背景

本项目为中国风景园林学会 2021 年度"送设计下乡"公益活动工作。

中国风景园林学会"送设计下乡"志愿服务团队自 2019 年以来，先后走入陕西、甘肃、新疆、重庆等地，运用专业知识，助力乡村地区发展。2021 年 7 月，"送设计下乡"团队赴重庆石柱土家族自治县进行调研，启动《石柱土家族自治县长江库心盆景"逍遥半岛"环境提升规划研究》。此次工作，旨在落实乡村振兴战略要求，重点在宏观层面明确库心盆景逍遥半岛的发展定位和发展模式，并通过导则图示的方式，为地方建设提出具体细化场景指引。该项工作，自 2021 年 6 月开展到 2022 年 3 月，规划研究成果已完成交付。

2. 工作层次与内容

逍遥半岛的规划设计，分为两个层次工作内容。第一，以上位规划——《三峡库心·长江盆景规划》618 平方公里为研究范围，分析"逍遥半岛"所在区位与职能担当，谋划产业发展定位、区域功能。第二，以长江 175 米水位线为界，划定逍遥半岛 43.77 公顷的规划范围，形成"提升规划＋场景设计"工作内容（图 11-1）。

《"三峡库心·长江盆景"　　《"三峡库心·长江盆景"跨区　　　　规划范围43.77公顷
跨区域发展规划》区位图　　　域发展规划》618平方公里
　　　　　　　　　　　　　　　研究范围

图 11-1　逍遥半岛所在区位图

围绕逍遥半岛在生态、景观、人文等方面的重要特征与短板，形成问题清单；从区域联动的角度，审视其发展方向与功能承载，提出了"巴渝山居，疗愈仙岛"规划定位，形成"融格局""固生态""塑原乡"三方面设计策略；围绕道路交通、搬迁时序、

景观风貌等形成系统内容；结合重庆"场景营城"工作要求，探索美丽乡村场景的表达内容形式，为地方提供建设指引。

3. 工作成效

送设计下乡工作深入落实了党中央乡村振兴和重庆市乡村建设行动的需要，在完成相应规划设计成果的同时，该工作也得到中国科学技术协会的充分肯定，授予"科技志愿服务先进典型"。

2023 年 4 月，相关服务团队在第十三届中国风景园林学会年会"风景园林与长江大保护特别论坛"进行技术报告交流，该特别论坛被红星网、新浪新闻等媒体先后报道。

二、现 状 概 况

1. 空间特色

逍遥半岛，位于石柱土家族自治县西沱镇竹景山村工农村组中，处于长江沿线，毗邻石柱县水磨溪湿地公园，具有自然滨江聚落特征；半岛隔江对望忠县石宝寨，从岛驱车东行十五分钟直达所在镇区西沱古镇，交通便捷。半岛内，多座古宅民居坐落川渝典型建筑风貌特色承袭至今，具有典型原乡人居特色。

1）长江滨江重要生态地区

逍遥半岛，三面临江，随着长江水位涨落形成时令变化的自然生态特色。本次规划设计范围，虽然仅有 43.77 公顷，但生态资源要素却"品类繁多"，涵盖了包括坑塘、沟渠；山地、陡坎；滨江消落带；柠檬种植林、水田、林地、草地及滩涂等，是典型重庆滨江乡村聚落的生态"巨系统"。

除此之外，从区域整体来看，逍遥半岛包括以东的石柱县水磨溪湿地公园，是动植物重要栖息地。就植物来看，有苏铁、银杏、荷叶铁线蕨等国家级重点保护植物，樟、喜树、金荞麦等国家 1 级保护植物等，其中，生长在海拔 200 米左右的沿江岩石上的荷叶铁线蕨有"植物大熊猫"之称。水磨溪湿地有野生动物 514 种，鸟类包含了鹭科、鹬鸰科、雉科、鸭科等，其中中华秋沙鸭，为中国一级重点保护野生动物，有鸟中"大熊猫"之称。从"两个大熊猫"物种分布可看，该地区生态系统之重要。

2）历史人文民俗辐射地区

历史寻踪，逍遥半岛在民国初年出版的《长江三峡地图集》，为地图集所标注"陡碛子"的位置，其中"碛"的释义为浅水中的沙石。因地势为一块伸入江中的半岛，隔江对望被誉为"世界八大奇异建筑之一"的长江江中盆景——石宝寨，随着长江水气升腾，石宝寨时隐时现，在逍遥半岛人文魅境充盈，故被当地人称为"逍遥岛"（图 11-2）。

时至今日，逍遥半岛向北眺望依然可见石宝寨，两者直线距离仅约 1.3 km，且逍遥半岛是为观赏石宝寨全局的绝佳地点；半岛向东眺望即可观望到水磨溪、西沱古镇，具有着得天独厚的地理优势。

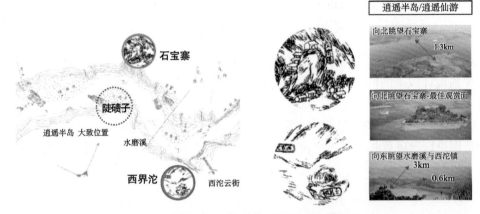

图 11-2　逍遥半岛历史地图与视线眺望系统分析

图片来源：民初长江三峡地图集——《最新川江图说集成》

从区域历史演化来看，逍遥半岛所在的西沱镇（古称西界沱），是巴盐古道、川盐销楚的必经之路。在古代，忠县的泔井和涂井两大盐泉，是巴人最重要的"锅巴盐"生产地。盐包用木船运到长江对岸的西沱，再用水运、人力背运至湖北鄂西的武陵山区。在北宋真宗咸平五年（公元 1002 年），西界沱已是川盐销楚的盐运大道起点和商业贸易街场。清乾隆二十七年，在此设巡检司，置塘汛，市场更加繁荣，成为连接川鄂"千里盐道"的交通枢纽。西沱古镇的非遗民俗表演精彩绝伦，其中土家玩牛、盐运习俗、舞水龙等表演深受游客喜爱。逍遥半岛的多位村民，都曾参与过旧时水运运盐工作，"川江号子"，国家级非物质文化遗产，曾在此久久回荡。

3）原乡风貌村落

和众多乡村一样，逍遥半岛经历着"空心化"的现象，现状户籍人口约 400 人，以传统柠檬种植为主，村落住宅"田园相伴""出门进林"，承袭了巴渝传统营造法式的特点，留存的部分老宅，具有典型吊脚楼式的传统建筑风貌，配合着乡野景观，形成了独特的原乡味道。

2. 空间问题

1）生态修复还需走深做细

岛内、岛周生态系统工作还需加强。岛内现存在 3 个小型用于种植或养殖产业的池塘，存在水体污染。林地分布主要形式为混合林、竹林、果林，林带呈破碎格局。田地主要分布在东南侧，两山之间汇水线处，依地势而形成的小尺度梯田，虽有田园气氛但稍许对消落带整体生态结构造成生态影响。此外，岛上耕地面积过大，草地斑块破碎，有大量草地裸露，生态格局不连续，斑块破碎（图 11-3）。

2）人居环境还需建设指引

经过对逍遥半岛上现有的"上湾、下湾、欧家、湾底"为主的村民组团进行排查，从建筑风貌、建筑质量、建筑层数三方面对现状人居环境进行判定。其中在建筑风貌方面：一般风貌建筑占比 66%，传统风貌建筑占比 3%，土坯房占比 28%。一般风貌建筑

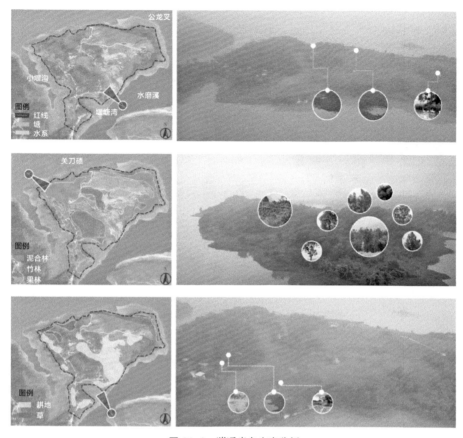

图 11-3 逍遥半岛生态分析

占主优势，传统风貌建筑保存量少。建筑保存方面：保存一般建筑占比 45%，较好的建筑占比 21%，废弃建筑占比 19%。闲置、废弃建筑存在安全隐患。建筑层高方面：一层建筑占比 51%，二层建筑占比 27%，三层建筑占比 16%，四层建筑占比 3%。虽然三四层建筑占比较少，但随着日后水磨溪湿地公园建设的辐射带动，岛内村民有发展农家乐的意愿，且开始自建房，村民随意翻建加建的现象会更加普遍，"碉楼"式农宅会日渐增多，对于逍遥半岛原乡空间氛围势必产生消极影响（图 11-4）。

3. 发展研判

1）跨区域发展为始终坚持

2021 年 3 月，重庆市发布《"三峡库心·长江盆景"跨区域发展规划》，规划提出，按照"三峡库心·长江盆景"价值定位，将石柱县西沱古镇、水磨溪，忠县石宝寨、皇华岛、独珠半岛及两县滨江地区建设成为长江经济带三峡库区绿色发展协同示范区。逍遥半岛所处的"石宝—西沱"片区作为其中重要建设节点，石宝寨、西沱古镇、水磨溪片区先后提出了"盆景产业小镇、人文魅力古镇、生态宣教基地"等等示范项目。

在《石柱县国土空间总体规划（2020—2035 年）》以及《石柱县"十四五"规划》中多次强调：石柱县以建设全国生态康养胜地为中心，以打好"全国绿色有机农副产品及加工品供给地、全国康养旅游消费目的地"两张牌为抓手，发展"风情土家·康养石

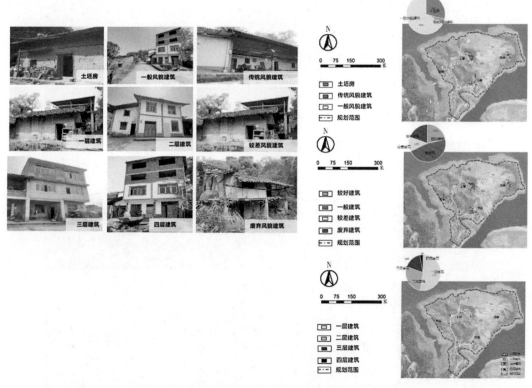

图 11-4 逍遥半岛建筑风貌、建筑质量与建筑高度分析

柱"形象定位。逍遥半岛凭借交通区位优势，需要明确功能定位，融入片区发展之中，提供一定的功能承载。

2）"共抓大保护，不搞大开发"要细化落实

2018 年 5 月 4 日，新华每日电讯 13 版刊发《毁坏湿地 5000 亩，招来工厂仅 3 家，长江重庆石柱段湿地自然保护区"变形"记》，指出"长江岸边 2 万多亩的湿地自然保护区，近四分之一被推平建设工业园，珍贵的湿地生态遭到毁灭性破坏，而多年来园区仅有 3 家企业入驻"，正式曝光水磨溪湿地生态环境破坏问题。同日，市生态环境局配合生态环境部生态司、中央督察办、西南督察局相关人员到水磨溪开展现场调查，要求石柱县全面排查保护区内违法违规项目并立即整改。

经过多年修复，目前水磨溪湿地公园"退园区还湿地修生态见绿水"初见成效。对于湿地公园西侧的逍遥半岛，在后续开发建设中，应吸取经验教训，筑牢全域生态系统"稳定器"，把修复长江生态环境摆在压倒性位置，稳固半岛生态系统，深入实施农村人居环境整治。

3）营造长江滨江文化意境为空间特色

《"十四五"推动长江经济带发展城乡建设行动方案》提出，营造长江传统聚落文化意象。针对逍遥半岛，滨江自然特点、原乡村居特色予以保持，另外需要考虑村民安置、村庄产业发展空间与建设管控，结合"逍遥半岛"在地营造法式，并为后续乡村旅游、康养产业发展提供支撑。

三、方 案 设 计

1. 工作策略

针对逍遥半岛"外明定位""内育生态""总显原乡"的发展诉求。规划提出"融格局、固生态、塑原乡"的发展策略，形成从总体定位到系统修复治理、场景塑造等具体工作内容。

第一，融格局。从区域格局，分析研判"逍遥半岛"功能定位与职能担当。

逍遥半岛虽处在长江沿线，但自身规模 43 公顷，不足以支撑大型景区的建设打造，规划认为不能"就岛论岛"，需要主动融入周边较为成熟的风景旅游资源之中；如，岛屿东侧水磨溪湿地公园、西沱古镇，以及长江对岸的石宝寨等一体化思考。为明确片区资源短板问题，规划通过大数据 POI 分析与可视化表达，分析出了区域缺乏中高端旅游接待设施的主要困境，再结合康养疗愈的发展热度，判定岛屿应该成为区域旅游中转、休憩疗愈的逍遥之所，结合废弃农宅腾退改造具体点位，发展精品民宿与酒店，弥补中高端接待设施缺口。

第二，固生态。从地域特色出发，构建重庆滨江乡村聚落生态修复系统。

严格遵守"共抓大保护，不搞大开发"的工作基调，重点开展生态修复技术指引。本规划，从山青、水秀、林美，三个层面出发，围绕"科学绿化指导意见"，采取近自然、原生态的修复技术要点，形成各类修复工程技术指引图示，便于业主后续工作开展。

第三，塑原乡。结合重庆市正在推广的"场景营城"工作，本次设计以场景营造为手段，突出长江滨江文化意境的表达，巴渝营建方法的展示，塑造若干微场景，指导后续改造建设。

2. 设计定位

规划提出"巴渝山居，疗愈仙岛"的规划定位，展现传统巴渝山村江村的示范样板，看巴渝山水聚落的原汁原味；打造山水田园的休闲疗愈胜地，享养心养神的诗情画意。

3. 场景化片区

以半岛现状为基点，构建逍遥半岛"一湾四片"的空间结构（图11-5）。

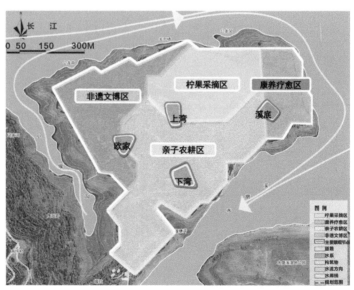

图 11-5　逍遥半岛规划结构示意图

一湾，指半岛北侧其总长约 3.2 公里的江湾消落带。主要包括对群落残损地区制定补种复植计划，梯田农耕区段升级农田生态系统，建设高标准田；对于生态保存较好的区域则实施生境保护策略，尽量减少人为干预，实现生态自然恢复。

划定四处重点场景化片区（图 11-6）。

图 11-6　四个场景化片区指引图

亲子农耕区，位于半岛西南入口方向，片区内农田肥沃，农户较多，可以眺望到对岸的水磨溪生态湿地公园，丰富的农田资源，开阔的视野环境为开展农耕主题活动提供了可能性，互动性交流不仅可以提升游客体验感，还有利于产业多元化。

文博非遗区位于逍遥半岛西北方向，为半岛的汇水湾处。片区内现状路网保存良好，分布农户较多，拥有茂密的竹林和自成一景的小堰沟消落带，对此片区通过营造以民俗民艺、非遗手工、西拓文化等为主题的体验活动，提升场地文化价值，延续场地传统脉络，提升游客体验感，带动消费。

柠果采摘区位于逍遥半岛北向，为半岛的主要滨江界面。该片区路网保存较好，紧邻长江界面，是逍遥半岛内柠檬种植产业的所在地。柠檬种植及加工是该地村民的特色产业，并在政府帮助下，效益显著。规划基于场地优势，对该片区柠檬种植功能给予完善，形成采摘、柠檬主题民宿、前店后厂形式的小微柠檬精油制作、柠檬伴手礼购物等功能。

疗愈静养区位于逍遥半岛东北角。该地环境清幽，空间静谧且是半岛的制高点，绝佳的地理位置，优美的自然风貌为提供观赏休养服务提供了可能性，在政府推动下位于此片区的溪底村民已组织进行农宅腾退。结合基地优势资源，通过原乡建筑群落升级改造，打造精品酒店，提供疗愈服务，最大化实现疗愈功能，落实康养主题产业。

通过对一湾，四片的规划，使逍遥半岛在生态修复、美丽乡村建设、场景营建、农业发展与旅游发展融合等方向的定位更加明晰，有利于后续规划实施。

四、场景设计内容

2021 年，《重庆中心城区"山水之城 美丽之地"场景营城规划》编制完成，在此规划中确定的全重庆市域"山水生态场景、巴渝文化场景、智慧科学场景、山城宜居场景、国际门户场景、美丽乡村场景"六类场景体系内容，形成了"生态沁人、形态宜人、业态引人、活态聚人、神态动人、心态悦人，五态协同"场景设计方法，并把场景规划纳入到了后续城市设计、详细规划、乡村规划、城市更新规划等规划设计工作当中，鼓励设计单位结合自身项目特点，开展"场景营造"。

在本次逍遥半岛规划设计当中，本项目充分应用场景规划的理念、"五态协同"的设计手法，深入剖析美丽乡村场景的内容与表达。

1. 生态沁人——优化提升逍遥半岛生态环境

逍遥半岛，承担着保护长江岸线生态安全的重要责任，以消落带治理为起点，同步加强场地内部生态建设，为半岛生态环境升级，周边及内部生态安全提供了保障。逍遥半岛，山林繁茂，水田遍布，坚持适度美化、保持原真的原则出发，坚持保护整体环境，稳固生态软环境，柔化原始硬空间；对裸露片区补植绿化，深层次林地修补。

首先，采取近自然生态治理措施，开展林相修复，筑牢生态底色（图 11-7）。

针对半岛上林相破碎的现状，采用不规则团状混交和散点式株间混交。在混交比例上，单种优势种混交林和多种优势种混交林结合，优势种比例不宜大于 70%，伴生树种 1~2 种，比例约为 20%，其余偶见种的种类数量不限，混交树种的数量呈正态分布状态。

针对林缘林窗区域由于树木郁闭度过高导致地表仅覆盖低矮草本，冠层缺失。清除选择区域内的乔木层、灌木层等速生侵略性先锋植物，保护生态价值较高的灌木层及草本层物种。补充本地色叶高大乔木树种及林下灌木。对新植苗木区域定期观察，形成稳

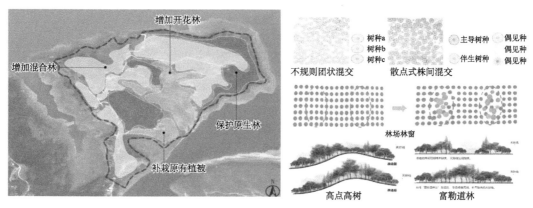

图 11-7　林相修复示意图

定群落。此外，采取高点高树，优化形成树木天际线，形成观江界面。宫胁造林，强调和提倡用乡土树种建造乡土森林。

其次，依据演替规律，丰富生境类型。

通过"丰富—构建—提高"三大手法，营建 9 种生境群落类型，形成多种多样的生境类型，更具体实现生物多样性、生态栖息地和生态格局的整体保护。形成复合林带隔离区、多重生态自净区，有针对性地丰富不同生境类型，提升岛域生境多样性，提升岛域生态系统稳定性，提高不同生境斑块间的连通性，优化生态岛栖息地功能。依据结果划定生态功能区，其中在破损较严重的区域组织进行生态修复，主要包括对群落残损地区制定补种复植计划，梯田农耕区段升级农田生态系统，建设高标准田；对于生态保存较好的区域则实施生境保护策略，尽量减少人为干预，实现生态自然恢复。

再次，开展自然生态活动，寓教于育。营造"人与自然和谐共生"的自然生态教育活动场景，形成"斑竹艺林、江涧公龙、碛滩轻舟、独基望寨、水磨鹭飞、稻田躬耕、柠田相伴"7 个自然场景。以"水磨鹭飞"场景为例，在半岛东南江岸，结合现状鸟类活动区，营造"水磨鹭飞"观鸟场景，补植前景植被，营造观鸟茶座、石子小径，景观远眺白鹭（图 11-8）。

最后，总体来说，对场地进行生态规划是在尊重场地原生生态环境的基础上通过展开不同标准的生态建设，以适宜的方式大大提升场地生态价值，促进生态系统良性发展。

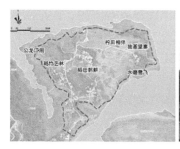

图 11-8　生态场景与水磨鹭飞场景示意

2. 形态宜人——顺承巴渝乡村聚落营造法式

传承地方文脉，展现巴渝营建法式特色。顺应川渝山地营建十八法，诸如台、挑、吊；坡、推拖、梭；靠、跨、架；跌、爬、转；退、钻、让；错、分、联，将其十八法融入后续建筑改造当中，提供技术指引。顺应场地地形条件，争取更多使用空间。此外，根据巴渝地区传统聚落不同层次的形态特征，按照"大分散、小集聚"，鼓励改造建筑以一字型、曲尺型、三合院为基本类型，预留院坝空间，用于作物晾晒、公众活动。在改造设计中注重对农宅、农田与周围的山林、水系等自然环境融合，呈现"山林-聚落、农田-水-山林"的格局，形成"宅绕田""宅田并置""田绕宅"空间组织。

开展原乡场景塑造，形成"宾朋广至、逍遥市集、下湾人家、归园田居、溪底小筑"5个村居场景（图11-9）。

对逍遥半岛入口景观风貌进行改造，布设宾朋广至场景，对外展示恬静闲适的原乡生活节奏，细部通过建筑升级改造，街巷整治，凸显原乡景象，传递农家好客情谊，带去美好生活体验，使来往游客陶醉其间。

在入口不远处的欧家村民聚落开设逍遥市集场景，正如《赶年集》中所描述的市集场景一般"野特新独成热卖，鸡鱼肉菜满囊中"，热气腾腾的烟火跃然而上，游客置身其中充分感受热闹繁华的市井街巷，体验当地的风俗人情。

下湾人家场景中，打造乡村院落景观，通过梳理补植院落植物，设置景观小品、LOGO、乡村老物件等，强化场景氛围；营造"坝坝茶"老茶馆，注入乡村传统茶技艺，为村民、游客提供休闲娱乐空间。

通过对归田园居的场景营造，修复民宅保证居住安全性，结合院坝空间，做村民议事厅，进行民艺汇演，唱一曲"川江号子"，展现当地水运文化。

溪底小筑场景设计，结合巴渝十八法营造法式，采取"搭、抬、架"等设计手法进行民宅整饬改造，建设疗愈民宿与精品酒店，利用地形、水塘，结合景观的手法，通过弯曲的小径与原生树林的梳理提升，营造曲径通幽、豁然开朗，小桥流水人家映入眼帘的美景。

3. 业态引人——谋划产业布局带动促进区域发展

在规划之初，对逍遥半岛及其临近石宝寨和西沱古镇进行了旅游资源、购物设施、住宿接待、休闲度假、餐饮设施等方面的资源情况进行了调查分析。经GIS设施核密度分析后发现，西沱镇、石宝镇两地的风景资源较充沛，其资源优势以石宝寨、西沱云梯为代表性景点，在整个"三峡库区"位置凸显（图11-10和图11-11）。依托西沱古镇的整体打造，"西沱—石宝"片区的设施核密度正逐渐向石柱县靠拢，这对逍遥半岛的下一步规划工作有良好的助推作用。

但从设施配套种类细分来看，住宿、休闲、餐饮设施方面体现明显不足性，这主要体现在西沱镇、石宝镇整体来说缺少中高端住宿接待、休闲度假的设施，游客住宿体验感欠佳，从而导致片区内人群聚集性差，多分流至南宾街道、忠州街道进行消费、住宿活动。

图 11-9 "宾朋广至、逍遥市集、下湾人家、归园田居、溪底小筑"5个村居场景

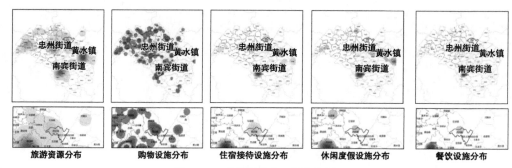

图 11-10 各类设施 POI 核密度分析

图 11-11 综合 POI 核密度分析

从逍遥半岛产业发展选择来看，针对地区缺乏中高端旅游接待设施的短板，围绕"巴渝山居，疗愈仙岛"的主题定位，结合当代中青年人对"疗愈""放松""躺平"等闲适康养需求存在缺口，在逍遥半岛，主打疗愈型主题康养。通过农事活动，锻炼身心健康，躬耕田园体味劳动放松；对闲置、废弃农宅进行回收改造，塑造"外朴内雅"的中高端乡村酒店，以自然环境吸引；以健康绿色食宿捕获中青年客群；"定制化"提供瑜伽、SPA、放空冥想等疗愈理疗服务，以达到"怡身、怡心、怡神"，体味放松安逸之乐，并区别于周边古镇精品民宿、自然野奢酒店等常规住宿业态，为逍遥半岛产业发展注入新的动力。

4. 神态动人——从诗文画作中提取逍遥意境

从"逍遥半岛"自然联想到庄子《逍遥游》这一道家经典。庄子的逍遥游理论，千百年来，深刻影响了后世关于生活的思维方式和处世态度，为人们开辟了一条通往自由的人生之路。逍遥人生观，从固步自封、自我局限的狭隘心境中摆脱出来，以免在平庸忙碌之中迷失与异化了自我。这扩展人们的思想视野，开阔人们的心灵空间，使人们的思想认识和精神内涵达到新的境界。在"逍遥半岛"的规划设计中，无论生态、形态、业态，无不体现"逍遥"文化带给人的松弛感、放松感与沁润感。在场景设计之中，从古诗文、古画作中提取原乡意境，将人居环境顺应自然条件布置，因势而为；控制建设强度，让人工环境与自然环境融为一体，注重人在其间的空间感受，配置景观与建筑，营造充满诗情画意的空间。

5. 活态聚人——岛内岛外活动流线串联

将逍遥半岛融入跨区域游线组织，强化其是"中转""停留"的重要节点。以逍遥半岛为纽带，连通石宝寨、水磨溪、西沱古镇等资源景点；辐射至千野草场、皇华岛国家湿地公园等景点；融入大风堡、万寿山等景区流线之中。在半岛内，结合节庆活动形成特色主题活动。策划"土家汉族"双节庆，组织春节、元宵、中秋；赶年、晒龙袍、玩水龙等节庆民俗活动。围绕疗愈休闲，设置逍遥半岛主题游线，串联各大场景化片区。形成如，逍遥岛一日游线规划，规划开展滨水游憩—农业观光—美食品尝—农耕体验—古村游览—庆演参观等活动，从早晨亲近自然到下午互动体验，最后晚上沉浸文化结束原乡游体验。逍遥岛二（多）日游线规划，规划开展滨水游憩—农业观光—美食品尝—农耕体验—古村游览—庆演参观—原乡民宿（食疗理疗）—果园采摘—文创体验—美食品尝等活动（图11-12和图11-13）。

图 11-12　区域游线组织

图 11-13　逍遥半岛内游线设计

五、总结思考

本次帮扶对象"重庆石柱县库心办"明确提出了为"逍遥半岛"未来发展出谋划策、成果可借鉴复制到石柱其他滨江乡村聚落的工作诉求。

第一，本次规划设计，从地方实际要求出发，形成区域职能定位分析、产业发展指引与具体项目等规划设计内容，为业主方提供新的发展思路与后续修复、改造的图示导则。通过本次工作，也为学会拓展了从送工程设计项目到送发展思路指引的"送设计下乡"工作内容扩充，形成了较为成熟的工作模式框架，便于日后类似发展定位类的"送设计下乡"工作参考。

第二，结合重庆"场景营城"前沿规划设计理念，应用"场景"技术方法，探索美丽乡村场景设计。当前，重庆市正以"场景营城"为规划设计工作创新，把场景应用到了城市更新、详细规划当中，来引领高质量发展、高品质生活。本次项目，按照重庆"场景营城"确定的理念、"五态协同"的设计方法、"美丽乡村"的场景分类，以"逍遥半岛"为对象，彰显原乡人居风貌特色，应用形成了具体的场景设计内容。

第三，充分展现学会平台特点，带动"院校结合""青年下乡""学术拓展"等系列后下乡工作拓展延伸。以本次规划设计为契机，在学会的组织联络平台搭建下，形成了外地设计院＋地方设计院＋地方院校联合的工作模式，促进了院与院、院与校之间的专业交流、技术共享；给予一批青年风景园林、城市规划从业者深入乡村调查研究、开展设计、服务乡村振兴的公益工作机会；围绕本次规划设计，相关服务团队在第十三届中国风景园林学会年会"风景园林与长江大保护特别论坛"进行技术报告，将实践总结形成技术方法与理论，形成了"后下乡"工作持续拓展延伸。

结　语

本书试图对场景这一全新的规划理念和技术进行系统的梳理和阐述，主要包括以下几个方面：

第一，探索一种全新的规划视角。运用场景理论，以人的感知与体验为切入点，着眼于从传统规划的"见地见物"到场景规划的"见人见情"的思路转变，探索了面向高质量发展的城乡规划新领域，落实以人民为中心的总体要求。

场景改变了我们认识城市空间的视角。场景来源于人对空间的情感共鸣，它继承了场地的方位性、场所的功能性，更增加了情感属性。在场营景，即为场景。场景，集结了人、事件、环境，描绘了人的感受，并产生久久的作用效果。同时，场景也是一种社会科学理论，以特里·尼克尔斯·克拉克为代表的芝加哥学派提出了"场景理论"，认为场景是包含了生态、设施、服务、文化、活动等五方面舒适物的组合，通过场景显现出文化风格与美学表达，推动城市内生动力。

场景也为我们探究人民城市建设提供启发。城镇化上半场中，我们通过控规，以建筑高度、容积率，后退红线等，实现了高速城镇化发展的速配与标配，在城镇化的中后期，城市到底应该有什么空间？能否构建出如绿视率、业态引人度、城市色彩度等基于人本感知的"可看可及可想可感可变"的特色指标，来满足个性与温度的表达，做到高质量空间的特配、匹配，场景规划呼之欲出。从城市设计层面来看，以往的上帝视角，通过轴廊带的空间组织关系、重点地标的个性彰显，显示了中国城市建设的"惊奇特"，在新常态下，城市是人们安居乐业与人文关怀的空间载体，需要更多的是眼前的近景中景远景的景物设计，城市需要"一路伴绿"的自然空间序列、"鸟语花香"的人与自然和谐共生环境、生活工作娱乐的无界交融混合……场景规划设计体现了人们需要的"在身边可感知"。空间规划，关注土地与资源，是对空间和资源的统筹与管控，建设硬空间，体现见地见物，而场景规划，关注人、消费、创新，内炼软实力，是"见人见情"，个性提质更新，实现对人的需求的个性化满足。

第二，尝试一种全新的规划类型。本项目构建了国内首个场景规划编制体系，探索出从"宏观区域"到"微观场所"的场景研究框架，及一套场景理论的空间落地（场景化片区与代表性场景）与设计方法（"五态"协同）。

本书首次明确了城市规划语境下，场景的内涵和在规划体系中的定位，相对于空间规划上溯性的反思与统筹，场景规划是下延式的关怀与设计，它以人的需求为出发点，是规划思维的转变趋势，也将是未来人本城市的构建单元。

建立场景思维。顺应重庆城市发展要求，以场景为手段，支撑充满诗意的大山大水与自然意象、底蕴厚重的历史文化与特色物产、活力迸发的创新创业与开发开放、特色鲜明的城市性格与生活意境等重庆特色的传达显扬。以场景构思重庆，西部大开发的重要战略支点、"一带一路"和长江经济带的联接点的"两点"定位；内陆开放高地，山清水秀美丽之地的"两地"目标；推动高质量发展，创造高品质生活的"两高"目标。

塑造场景格局。将场景思维融入城市规划各层面；明确了"场景化片区"和"代表性场景"。场景化片区，聚焦于步行 10～15 分钟，面积 1～5 平方公里的空间规模，能使人产生对片区整体氛围的感知，形成地域认同感与价值观，发挥激发创新、引领消费的作用。代表性场景。聚焦于步行 3～5 分钟、面积 5～30 公顷的空间规模，使人能准确识别建筑及场地的形态，甚至感知场地内人群的情绪氛围，发挥文化传递与公共交往的作用。

搭建场景体系。顺应上位规划的要求，提炼重庆"一区两群""五城六名片"场景化的战略构思，构建"总场景—次区域场景—中心城区中场景—微场景"，从宏观到微观的"穿透式"场景体系，形成"六类"中场景，引领城市发展方向，突出城市进取风度，提炼形成"山水生态场景、巴渝文化场景、智慧科学场景、山城宜居场景、国际门户场景、美丽乡村场景"六类中场景，策划规划长嘉汇、科学城、枢纽港、智慧园、艺术湾等代表重庆窗口形象的城市功能新名片，"致广大而尽精微"。

形成场景导则。构建了"五态协同"的场景营造方法。依据人的感知与体验，以第一视角，实现生态、环境、服务、活动和品质等要素的融合。这五态分为三个层面：第一层面是生态、形态形成空间，形成"场"；第二层面是通过业态、活态和神态来形成"景"；最终，第三层面是前面的一切凝聚人心，形成人民群众的幸福"心态"，守住民心。

第三，推动城市规划向项目实施端的延伸。依托场景的一系列规划，重庆市在国内率先建立了"全覆盖"的场景规划实施机制，在全市城市更新、乡村振兴及重大项目规划工作中均引入场景规划内容，实施推广效果显著。并建设实施了一系列相关建设项目。场景的研究，将城市规划与使用者的体验进一步拉进，向下延伸了城市规划领域的研究范畴，按使用者的需求做设计，按体验者的感受做氛围，按消费者的喜好做内容。

城市规划来到了做"空间内容"的时代要求之下，而场景营城是最好的答案。它统筹了硬件建设、软件内容、开发运营、管理维护的全过程，对地、人、钱进行有效的组织和高产出的加工，更好地为人民群众服务，更好地为城市经济发展服务！

参 考 文 献

蔡尚伟，江洋．2019．"世界文化名城"的建设路径分析——以成都为例．西部经济管理
　　论坛，30(1)：1-11．

陈波，侯雪言．2017．公共文化空间与文化参与：基于文化场景理论的实证研究．湖南社
　　会科学，180(2)：168-174．

陈波，吴云梦．2017．场景理论视角下的城市创意社区发展研究．深圳大学学报（人文社
　　会科学版），34(6)：40-46．

陈波，延书宁．2022．场景理论下非遗旅游地文化价值提升研究——基于浙江省 27 个非
　　遗旅游小镇数据分析．同济大学学报（社会科学版），33(1)：20-32．

陈冀宏．2022．文化场景理论视域下社区图书馆场景化建构研究．图书馆，330(3)：90-97．

陈萍萍．2010．基于"体验"视角的旅游景观主题化规划设计研究．浙江学刊，(4)：163-
　　168．

邓妍，吕攀，杨芊芊．2024．基于历史传承的老城更新探究——以宜川老城为例．建筑与
　　文化，(2)：180-183．

丁俊武，杨东涛，曹亚东，等．2010．情感化设计的主要理论、方法及研究趋势．工程设
　　计学报，17(1)：12-18，29．

傅才武，王异凡．2021．场景视阈下城市夜间文旅消费空间研究——基于长沙超级文和友
　　文化场景的透视．武汉大学学报（哲学社会科学版），74(6)：58-70．

盖琪．2017．场景理论视角下的城市青年公共文化空间建构——以北京 706 青年空间为
　　例．东岳论丛，38(7)：72-80．

高飞，邓妍，崔宝义．2021．人本需求视角下的步行街转型提升探究——以武汉市江汉路
　　步行街改造提升为例．中国园林，7(S1)：68-73．

高权，钱俊希．2016．"情感转向"视角下地方性重构研究——以广州猎德村为例．人文
　　地理，31(4)：33-41．

洪菊华．2019．从巴黎塞纳河看城市滨水空间资源的保护与利用．城市住宅，26(1)：60-64．

胡航军，张京祥．2022．历史街区更新改造的阶段逻辑与可持续动力创新——以南京市老城南为例．城市发展研究，29(1)：87-94．

江苏省住房和城乡建设厅．2023．江苏省"公园绿地＋乐享场景"建设管理指南（试行·2023）．

李昊远，龚景兴．2020．场景理论视域下城市阅读空间服务场景生成与策略研究．图书馆研究，50(6)：67-74．

李林，李舒薇，燕宜芳．2019．场景理论视阈下城市历史文化街区的保护与更新．上海城市管理，28(1)：7-13．

李云超，李雄，吴岩，等．2023．城市基础设施建设融资制度演变背景下的公园城市建设策略．风景园林，30(11)：35-43．

林玉莲，胡正凡．2006．环境心理学．北京：中国建筑工业出版社．

蒲科．2019．图书馆空间要素场景化适配模型与路径研究．国家图书馆学刊，1：46-57．

曲宝琪．2022．新消费时代下商业综合体空间场景化设计策略研究．济南：山东建筑大学．

邵娟．2019．场景理论视域下实体书店的公共阅读空间建构．科技与出版，296(8)：31-35．

谈佳洁．2019．消费者视角下城市消费空间"场景"概念的建构．城市问题，286(5)：85-94．

谭翀．2020．场景理论：大学书院文化空间分析的新路径——兼论书院思想政治教育的场景转向．江苏高教，234(8)：92-97．

特里·N.克拉克，丹尼尔·亚伦·西尔．2019．场景：空间品质如何塑造社会生活．北京：社会科学文献出版社．

王军．2021．新时代老城更新的系统方法探索．中国名城，35(10)：1-12．

王宁．2014．地方消费主义、城市舒适物与产业结构优化——从消费社会学视角看产业转型升级．社会学研究，29(4)：24-48，242-243．

王清华．2020．IP社群的符号消费与文化认同——以手游"阴阳师"玩家为例．东南传播，192(8)：84-88．

王韬，朱一中，张倩茹．2021．场景理论视角下的广州市工业用地更新研究——以文化创意产业园为例．现代城市研究，(8)：66-72，82，103．

温雯，戴俊骋．2021．场景理论的范式转型及其中国实践．山东大学学报（哲学社会科学版），244(1)：44-53．

吴军．2015．文化动力：一种解释城市发展与转型的新思维．北京行政学院学报，98(4)：10-17．

吴军，营立成．2023．场景营城——新发展理念的成都表达．北京：人民出版社．

谢晓如，封丹，朱竑．2014．对文化微空间的感知与认同研究——以广州太古汇方所文化书店为例．地理学报，69(2)：184-198．

徐晓林，赵铁，特里·N·克拉克．2012．场景理论：区域发展文化动力的探索及启示．国外社会科学，291(3)：101-106．

许晓婷 . 2016. 场景理论：移动互联网时代的连接变革 . 今传媒, 24(8)：85-86.

杨振之，周坤 . 2008. 也谈休闲城市与城市休闲 . 旅游学刊, 148(12)：51-57.

杨振之，邹积艺 . 2006. 旅游的"符号化"与符号化旅游——对旅游及旅游开发的符号学审视 . 旅游学刊, (5)：75-79.

杨智荣，王玮 . 2022. 公园城市理念下社区绿色开放空间的场景营造 . 设计艺术研究, 12(2)：24-28，33.

余丽蓉 . 2019. 城市转型更新背景下的城市文化空间创新策略探究——基于场景理论的视角 . 湖北社会科学, 395(11)：56-62.

俞孔坚 . 2000. 追求场所性：景观设计的几个途径及比较研究 . 建筑学报, (2)：DOI:10.3969/j.issn.0529-1399.2000.02.014.

臧航达，寇垠 . 2021. 文化场景理论视域下公共图书馆空间建设研究 . 图书馆学研究, 493(2)：24-29.

翟坤周 . 2020. 后全面小康时代乡村振兴的"文化想象"：意蕴、场景及路径 . 北京行政学院学报, 130(6)：10-19.

张朝枝 . 2018. 文化与旅游何以融合：基于身份认同的视角 . 南京社会科学, 374(12)：162-166.

赵明楠，李雨阳，史友宽 . 2022. 发达国家城市存量空间更新中体育场景注入经验与启示 . 体育文化导刊, 237(3)：26-32.

赵万民，吴斯好，杨光 . 2021. 重庆老旧小区公共空间场景化改造策略探究 . 规划师, 37(17)：38-44.

周详，成玉宁 . 2021. 基于场景理论的历史性城市景观消费空间感知研究 . 中国园林, 37(3)：56-61.

朱竑，钱俊希，吕旭萍 . 2012. 城市空间变迁背景下的地方感知与身份认同研究——以广州小洲村为例 . 地理科学, 32(1)：18-28.

宗敏，彭利达，孙旻恺，等 . 2020. ParK-PFI 制度在日本都市公园建设管理中的应用——以南池袋公园为例 . 中国园林, 36(8)：90-94.

邹威华，伏珊 . 2013. 斯图亚特·霍尔与"文化表征"理论 . 当代文坛, (4)：42-45.

左迪，孔翔，文英姿 . 2019. 文化消费空间消费者感知与认同的影响因素——以南京市先锋书店为例 . 城市问题, 282(1)：31-39.

Davies C, Peebles D.2010.Spaces or scenes: Map-based orientation in urban environments. Spatial Cognition & Computation, 10(2):135-156.

Jang Wonho.2012. Urban 'Scenes' and Local Development: The Case of Seoul. Social Science Journal, 14: 1-23.

Marc von boemcken Hafiz-Boboyorov-Nina-Bagdasarova. 2018. Living dangerously: securityscapes of Lyuli and LGBT people in urban spaces of Kyrgyzstan. Central Asian Survey, 37(1).

Marc von Hoemcken, Hafiz-Boboyorov, Nina-Bagdasarova. 2018. Living dangerously: securityscapes of Lyuli and LGBT people in urban spaces of Kyrgyzstan. CentralAsian

Survey, 37(1):68-84.

Schmisek J. 2002. This must be the place: Venues and urban space in underground musicscenes. Journal of Urban Cultural Studies, (7):41-57.

Serra J, Llinares C. 2008. I 'creative cities' have a dark side? Cultural scenes and socioeconomic status in Barcelona and Madrid (1991–2001). Cities, 35:213-220.

Silver D A, Clark T N. 2016. Scenescapes: How qualities of place shape social life. Chicago: University of Chicago Press.

Sklair L . 1994. The culture-ideology of consumerism[J]. Research in Consumer Behavior, (7): 259-292.

Valentine G, Skelton T. 2003. Finding oneself, losing oneself: the lesbian and gay 'scene' as a paradoxical space. International Journal of Urban and Regional Research, (27):849-866.

Wong Koon-kwai, Manfred D. 2005.The visual quality of urban park scenes of kowloonPark, Hong Kong: Likeability, affective appraisal, and cross-cultural perspectives. Environment and Planning B: Planning and Design, 32(4):617-632.

Yáñez Clemente J. Navarro. 2013. Do 'creative cities' have a dark side? Cultural scenes and socioeconomic status in Barcelona and Madrid (1991–2001). Cities, DOI:10.1016/ j.cities.2013.05.007.